Mathematische Geschichten für begabte
Schülerinnen und Schüler in der Unterstufe

Susanne Schindler-Tschirner ·
Werner Schindler

Mathematische Geschichten für begabte Schülerinnen und Schüler in der Unterstufe

Euklidischer Algorithmus, Schubfachprinzip, Modulo-Rechnung und Beweise

2. Auflage

Susanne Schindler-Tschirner
Sinzig, Deutschland

Werner Schindler
Sinzig, Deutschland

ISBN 978-3-658-50395-6 ISBN 978-3-658-50396-3 (eBook)
https://doi.org/10.1007/978-3-658-50396-3

Die Deutsche Nationalbibliothek verzeichnet diese Publikation in der Deutschen Nationalbibliografie; detaillierte bibliografische Daten sind im Internet über https://portal.dnb.de abrufbar.

Planung/Lektorat: Iris Ruhmann
Springer Spektrum ist ein Imprint der eingetragenen Gesellschaft Springer Fachmedien Wiesbaden GmbH und ist ein Teil von Springer Nature.
Die Anschrift der Gesellschaft ist: Abraham-Lincoln-Str. 46, 65189 Wiesbaden, Germany

Vorwort

Diese Neuauflage fasst die beiden essential-Bände „Mathematische Geschichten III" und „Mathematische Geschichten IV" (Schindler-Tschirner und Schindler, 2021a,b) [65, 66] in einem Werk zusammen. Die Neuauflage erweitert den Umfang der beiden essential-Bände deutlich, und es kommen auch neue Inhalte hinzu. Wir möchten uns an dieser Stelle beim Springer Verlag und insbesondere bei Iris Ruhmann bedanken, die diese zweite Auflage ermöglicht hat.

Mit diesem Buch setzen wir den Weg fort, den wir mit dem Grundschulband „Mathematische Geschichten für begabte Grundschülerinnen und Grundschüler" (Schindler-Tschirner und Schindler 2025) [64] begonnen haben, nämlich je zwei essential-Bände zu überarbeiten, stark zu erweitern und in einem Buch zusammenzufassen. In den kommenden Jahren stehen Neuauflagen für die Mittelstufe und die Oberstufe an, die auf den essentials (Schindler-Tschirner und Schindler 2022a,b) [67, 68] bzw. (Schindler-Tschirner und Schindler 2023, 2024) [69, 70] basieren.

In diesem Buch werden Konzeption und Ausgestaltung der „Mathematische Geschichten für begabte Grundschülerinnen und Grundschüler" (Schindler-Tschirner und Schindler 2025) [64] fortgeführt und die bewährte Struktur beibehalten. In 16 Aufgabenkapiteln werden mathematische Techniken motiviert und erarbeitet und zum Lösen einfacher wie anspruchsvoller Aufgaben angewandt. Weitere 16 Kapitel enthalten ausführlich besprochene Musterlösungen und Ausblicke über den Tellerrand.

Die Zielgruppe sind mathematisch begabte Schülerinnen und Schüler in der Unterstufe. Auch wenn der Erzählkontext auf diese Altersklasse zugeschnitten ist, können die Aufgaben auch von älteren Schülerinnen und Schülern mit Gewinn bearbeitet werden. Die behandelten mathematischen Methoden und Techniken sind auch für sie interessant und nützlich.

Auch mit diesem Band möchten wir einen Beitrag leisten, Interesse und Freude an der Mathematik zu wecken und mathematische Begabungen zu fördern.

Sinzig
im März 2026

Susanne Schindler-Tschirner
Werner Schindler

Competing Interests Die Autor*innen haben keine für den Inhalt dieses Manuskripts relevanten Interessenkonflikte.

Inhaltsverzeichnis

Symbolverzeichnis

$\mathbb{N}$	$\mathbb{N} = \{1, 2, \dots, \}$ (Menge der natürlichen Zahlen)
$\mathbb{N}_0$	$\mathbb{N}_0 = \{0, 1, 2, \dots, \}$
$\mathbb{Z}$	$\mathbb{Z} = \{\dots, -2, -1, 0, 1, 2, \dots, \}$ (Menge der ganzen Zahlen)
$\mathbb{Q}$	$\mathbb{Q} := \{\frac{m}{n} \mid m \in \mathbb{Z}, n \in \mathbb{Z} \setminus \{0\}\}$ (Menge der rationalen Zahlen)
$x < y$	die Zahl x ist kleiner als die Zahl y
$x \leq y$	die Zahl x ist kleiner oder gleich der Zahl y
$x > y$	die Zahl x ist größer als die Zahl y
$x \geq y$	die Zahl x ist größer oder gleich der Zahl y
$x \neq y$	x ist ungleich y
$\{\}$	leere Menge
$M \subseteq H$	M ist eine Teilmenge von H
$M \subsetneq H$	$M \subseteq H$ und $M \neq H$
$M \supseteq H$	M ist eine Obermenge von H
$M \supsetneq H$	$M \supseteq H$ und $M \neq H$
$|M|$	Anzahl der Elemente der endlichen Menge M
$n!$	$n! = 1 \cdot 2 \cdots n$ für $n \in \mathbb{N}$, $n > 0$, und $0! = 1$ (Fakultät)
$\binom{n}{k}$	$\frac{n!}{(n-k)! \cdot k!}$ (Binomialkoeffizient)
$\min\{n, m\}$	Minimum der Zahlen n und m
$\max\{n, m\}$	Maximum der Zahlen n und m
$\mathrm{ggT}(n, m)$	größter gemeinsamer Teiler der ganzen Zahlen n und m
$\mathrm{kgV}(n, m)$	kleinstes gemeinsames Vielfaches der ganzen Zahlen n und m
$a \equiv b \bmod m$	a ist kongruent b modulo m
$\mathbb{Z}_m$	$\mathbb{Z}_m = \{0, 1, \dots, m - 1\}$
QR_m	Menge der quadratischen Reste modulo m
$n = (\cdots)_g$	g-adische Darstellung von n
AB	Gerade durch die Punkte A und B
$\overline{AB}$	Strecke von Punkt A nach Punkt B
$|\overline{AB}|$	Länge der Strecke $\overline{AB}$
$\angle PCQ$	Winkel mit Scheitelpunkt C, der von den Strecken $\overline{CP}$ und $\overline{CQ}$ aufgespannt wird

Einführung 1

Dieses Buch ist die stark erweiterte zweite Auflage der beiden essential-Bände „Mathematische Geschichten III" und „Mathematische Geschichten IV" (Schindler-Tschirner und Schindler, 2021a, b) [65, 66]. Es enthält sorgfältig ausgearbeitete Lerneinheiten für mathematisch begabte Schülerinnen und Schüler in der Unterstufe.

Die bewährte Struktur der essential-Bände wurde beibehalten. Die Aufgaben befinden sich in Teil I, während Teil II detailliert ausgearbeitete Musterlösungen mit didaktischen Hinweisen, mathematischen Zielen und weiterführenden Perspektiven enthält.

Die ausführlichen Musterlösungen sind auf die Umsetzung in Arbeitsgemeinschaften zugeschnitten, können jedoch auch von Eltern als Leitfaden genutzt werden, wenn sie das Buch gemeinsam mit ihren Kindern bearbeiten.

Die Geschichte aus dem ersten Band „Mathematische Geschichten für begabte Grundschülerinnen und Grundschüler" (Schindler-Tschirner und Schindler 2025) [64] wird hier thematisch fortgesetzt. Die Protagonisten Anna und Bernd gehen in die fünfte Klasse und sind bereits Teil des CBJMM (‚Club der begeisterten jungen Mathematikerinnen und Mathematiker'). Dieses Mal möchten sie Mitglied der „Mathematischen Rettungstruppe" werden, kurz MaRT, eines Teils des CBJMMs. Die Aufgaben sind in einen Erzählkontext eingebettet, was den Titel „Mathematische Geschichten" motiviert.

Dieses Buch richtet sich an Leiterinnen und Leiter[1] von Arbeitsgemeinschaften, Workshops und Förder- bzw. Projektkursen für mathematisch begabte Schülerinnen und Schüler der fünften bis siebten Klassenstufe, an Lehrkräfte, die

---

[1] Um umständliche Formulierungen zu vermeiden, wird im Folgenden meist nur die maskuline Form verwendet. Dies betrifft Begriffe wie Lehrer, Kursleiter, Schüler etc. Gemeint sind jedoch immer alle Geschlechter.

© Der/die Autor(en), exklusiv lizenziert an Springer Fachmedien Wiesbaden GmbH, ein Teil von Springer Nature 2026
S. Schindler-Tschirner und W. Schindler, *Mathematische Geschichten für begabte Schülerinnen und Schüler in der Unterstufe*,
https://doi.org/10.1007/978-3-658-50396-3_1

einen differenzierenden Mathematikunterricht anbieten, sowie an engagierte Eltern, die ihre Kinder außerschulisch fördern möchten. Im Aufgabenteil wird der Leser direkt mit „du" angesprochen, während im Musterlösungsteil die formelle „Sie"-Form verwendet wird.

1.1   Mathematische Ziele

Das vorliegende Buch schließt sich in Aufbau und Konzeption dem Grundschulband „Mathematische Geschichten für begabte Grundschülerinnen und Grundschüler" (Schindler-Tschirner und Schindler 2025) [64] an und setzt dessen Ziele fort.

In ihrer Publikation von 2020 heben Bardy et al. [6] mit Nachdruck hervor, wie essenziell es ist, mathematische Begabungen bereits in jungen Jahren gezielt zu fördern. Neben der Bezugnahme auf einschlägige Arbeiten anderer Experten im Bereich der Begabtenforschung stützen sie sich dabei auch auf eigene Erfahrungen sowie auf Erkenntnisse des renommierten Hirnforschers und Neurobiologen Wolf Singer (Singer 2020) [6, S. 159 ff.] (Fritzlar et al. 2006) [21] richten ihren Fokus insbesondere auf die Klassenstufen 5 und 6. Sie begründen dies mit dem Hinweis, dass für diese Altersgruppe bislang nur wenige umfassende Veröffentlichungen zur Förderung mathematisch begabter Kinder existieren („da es zur Förderung mathematisch begabter Kinder in diesem Altersbereich bisher kaum umfangreichere Publikationen gibt") [21, S. 3]. Zudem verweisen sie darauf, dass eine systematische Förderung meist erst ab der 7. bzw. 8. Jahrgangsstufe beginnt und seit einigen Jahren verstärkt auch in den Grundschulklassen 2 bis 4 stattfindet [21, S. 5]. Für weiterführende Informationen zur Förderung mathematischer Begabung in der Sekundarstufe siehe insbesondere (Ulm 2020) [85] und (Leppmeier 2019) [38].

Die „Mathematischen Geschichten" bieten Unterrichtsmaterial für die Klassenstufen 5 bis 7. Zwar enthält das Buch ein Literaturverzeichnis mit relevanten didaktischen Publikationen für interessierte Leserinnen und Leser, doch verzichtet es weitgehend auf eine vertiefte Auseinandersetzung mit allgemeinen theoretischen Ansätzen zur Begabtenförderung. Im Mittelpunkt stehen die Aufgaben sowie deren exemplarische Lösungen. Besonderes Augenmerk liegt dabei auf den mathematischen Methoden und Verfahren, die zur erfolgreichen Bearbeitung erforderlich sind. Diese werden nicht nur vermittelt, sondern auch gezielt eingeübt – ein Aspekt, der im Sinne nachhaltigen Lernens ebenso bedeutsam ist wie das reine Lösen der Aufgaben. Dies ist ganz im Sinne des bekannten Mathematikers Paul Halmos (Halmos 1985) [26]: „ Die einzige Möglichkeit, Mathematik zu lernen, besteht darin, Mathematik zu betreiben." Damit hebt sich das vorliegende Buch deutlich von klassischen Aufgabensammlungen ab, die zwar oft anspruchsvolle und komplexe Knobelaufgaben enthalten, jedoch aus unserer Sicht das systematische Erlernen und Anwenden mathematischer Techniken zu wenig berücksichtigen.

Ziel dieses Buches ist es, die Freude an der Mathematik zu fördern und zugleich ein tieferes Verständnis dafür zu vermitteln, dass Mathematik weit über das bloße Anwenden vorgefertigter Lösungswege hinausgeht. Mathematisch begabte Schülerinnen und Schüler benötigen mehr als lediglich anspruchsvollere Aufgaben – sie brauchen Raum für kreatives Denken, eigenständiges Problemlösen und die Möglichkeit, über die Grenzen des klassischen Mathematikunterrichts hinauszublicken. So führt der bekannte Mathematiker Georg Pólya (Pólya 1979) [55, S. 12 f.] aus: „Was ist in der Mathematik praktisches Können? Die Fähigkeit, Aufgaben zu lösen, nicht bloß Routine-Aufgaben, sondern solche, die einen gewissen Grad von Unabhängigkeit, Urteilsfähigkeit, Einsicht, Originalität und schöpferische Tätigkeit verlangen. Darum ist die erste und vornehmste Pflicht des Mathematikunterrichts ... das Selbstdenken der Schüler zu fördern und zu diesem Zweck methodische Arbeit im Aufgabenlösen besonders zu betonen."

Es sei darauf hingewiesen, dass das vorliegende Buch unabhängig vom regulären Unterricht einsetzbar ist und keine spezifische Lehrwerksbindung erfordert. Es bietet somit eine flexible Grundlage für individuelle Förderung und eigenständiges mathematisches Entdecken.

Leistungsstarke Schülerinnen und Schüler bewältigen im regulären Mathematikunterricht die gestellten Aufgaben meist mit Leichtigkeit. In der Regel benötigen sie wenig Ausdauer, um sie zu lösen. Die Lösungswege sind für sie meist unmittelbar zugänglich, sodass sich rasch Langeweile einstellen kann. Daher stellt das vorliegende Buch Aufgaben bereit, die im regulären Mathematikunterricht kaum vorkommen und gezielt darauf ausgerichtet sind, das mathematische Denken der Kinder herauszufordern und weiterzuentwickeln. Diese Herangehensweise schafft nicht nur intellektuelle Anreize, sondern fördert auch die Motivation und die Freude am Lernen. Bereits (Krutetskii 1976) [36, S. 345] unterstrich die zentrale Rolle von Interesse und Begeisterung als treibende Kraft für die Entwicklung mathematischer Fähigkeiten: „It is expressed in a selectively positive attitude toward mathematics, the presence of deep and valid interests in the appropriate area, a striving and a need to study it, and an ardent enthusiasm for it. This kind of inclination, as a need for mathematical activity, is the strongest motivating force in the development of abilities."

Das vorliegende Buch stellt Aufgaben, die sich deutlich vom gewohnten Unterrichtsmaterial abheben und gezielt darauf ausgerichtet sind, das mathematische Denken zu stimulieren und weiterzuentwickeln. Abgesehen von wenigen einführenden Aufgaben werden selbst begabte Schülerinnen und Schüler kaum Aufgaben finden, die sie ohne Weiteres lösen können. Auch in dieser Hinsicht stellen die Aufgaben eine neue, anspruchsvolle Herausforderung dar.

Die Bedeutung der gezielten Förderung mathematisch begabter Schülerinnen und Schüler wird in der Fachliteratur vielfach hervorgehoben. Eine erfolgreiche Begabtenförderung sollte leistungsstarke Kinder nicht nur angemessen unterstützen, sondern sie auch durch passgenaue Maßnahmen herausfordern. Entscheidend ist, ihr Potenzial frühzeitig zu erkennen und Wege zu eröffnen, wie dieses in konkrete Leistungen, nachhaltige Motivation und kreative Innovationskraft überführt werden kann. Gerade in der Unterstufe – dem Einstieg in die weiterführende Schule – wird durch eine systematische Förderung der Grundstein für ein dauerhaftes Interesse an MINT-Fächern gelegt. In den Klassenstufen 5 bis 7 entwickeln sich zentrale Denkstrategien, Problemlösungskompetenzen und das individuelle Selbstkonzept. Nur durch eine strukturierte und bedarfsgerechte Förderung kann sich mathematische Begabung in ihrer ganzen Tiefe entfalten. (Leppmeier 2019) [38, S. IX] bringt dies prägnant auf den Punkt: „Mathematische Begabung ist viel zu wertvoll, um sie auf schulmeisterliche Denkweisen zu beschränken; sie ist vielmehr ein kostbares Geschenk, das in jeder Hinsicht Aufmerksamkeit und uneingeschränkte Entfaltungsmöglichkeiten verdient." Eine umfassende Darstellung der Merkmale mathematischer Begabung über verschiedene Jahrgangsstufen hinweg bietet (Zehnder 2022) [91, S. 134–139], insbesondere in Tab. 3.2 auf S. 136.

In seinem Beitrag „Mehr Mut zur Leistung" (Düll 2024) [18] weist Stefan Düll, Präsident des Deutschen Lehrerverbandes, auf eine oft übersehene Gruppe im schulischen Kontext hin: „Darüber hinaus darf allerdings eine andere Gruppe nicht übersehen werden: die Schülerinnen und Schüler, die weit überdurchschnittlich abschneiden. Gerade in sehr leistungsheterogenen Schulklassen fokussieren sich Lehrkräfte auf die Förderung der Leistungsschwächeren, die Begabten laufen einfach mit, weil sie in den meisten Fällen ‚keinen Ärger' machen und kaum Aufmerksamkeit einfordern. Aber auch sie benötigen eine bestimmte Form der Förderung, um ihre Begabungen im Schulalltag weiterzuentwickeln. Das Verhalten der Lehrkräfte in dieser Situation ist verständlich, denn auch ihnen stehen nur begrenzte Zeit und Energie zur Verfügung." Für weiterführende Informationen und vertiefende Aspekte zur schulischen Förderung begabter Schülerinnen und Schüler sei an dieser Stelle auf das „Praxisbuch Begabungsfördernde Schulentwicklung" (Miceli 2023) [49] verwiesen. So heißt es dort auf S. 9: „Alle Kinder und Jugendlichen ihren Interessen, Bedürfnissen, Potenzialen und ihrem jeweiligem Entwicklungsstand entsprechend zu fördern – das ist das Ziel eines begabungsgerechten Bildungssystems."

Vor dem Hintergrund aktueller Studienergebnisse wie der TIMSS-Erhebung „Trends in International Mathematics and Science Study" (Schwippert et al. 2020) [72] sowie der PISA-Studie wird der Ruf nach einer gezielten Förderung besonders leistungsstarker Schülerinnen und Schüler zunehmend lauter. Die Umsetzung entsprechender Fördermaßnahmen im schulischen Alltag gestaltet sich jedoch als herausfordernd. Häufig stehen strukturelle Hürden wie überfüllte Klassenräume und eine hohe Arbeitsbelastung des Lehrpersonals einer wirksamen Begabungsförderung entgegen. Das MINT-Nachwuchsbarometer (acatech & Joachim Herz Stiftung 2024) [1] unterstreicht diese Problematik mit deutlichen Worten: „Jedoch zeigt unsere Studie, dass die MINT-Kompetenzen von Jugendlichen in Deutschland in den vergangenen Jahren erheblich zurückgegangen sind. Auch an Gymnasien haben die mathematischen und naturwissenschaftlichen Leistungen der Neuntklässlerinnen und Neuntklässler in den letzten Jahren deutlich nachgelassen: Im Durchschnitt haben die Schülerinnen und Schüler eineinhalb Lernjahre verloren."

Wie bereits der Grundschulband „Mathematische Geschichten für begabte Grundschülerinnen und Grundschüler" (Schindler-Tschirner und Schindler 2025) [64], so richtet sich auch dieses Buch gezielt an besonders leistungsfähige Schülerinnen und Schüler mit einem ausgeprägten Interesse an Mathematik. Die enthaltenen Aufgaben fördern das strukturierte mathematische Denken und sollen die Freude am analytischen Problemlösen vertiefen. Für die Bearbeitung ist ein hohes Maß an mathematischer Vorstellungskraft und Kreativität erforderlich – Fähigkeiten, die durch kontinuierliche Beschäftigung mit anspruchsvollen Fragestellungen gezielt weiterentwickelt werden können. Im Zentrum steht das Wiedererkennen vertrauter Muster sowie die Übertragung bereits bekannter Konzepte auf neue Problemstellungen. Die Erschließung der einzelnen Themenbereiche gelingt am besten mit einer gezielten Begleitung durch die Kursleitung, da, wie bereits ausgeführt, viele Aufgaben bewusst so konzipiert sind, dass sie selbst für besonders begabte Schülerinnen und Schüler eine Herausforderung darstellen – und damit eine wertvolle neue Erfahrung bieten. Eine ausführliche Darstellung der mathematischen Inhalte findet sich in Abschn. 1.2.

Ein nachhaltiger Lernerfolg in der Mathematik setzt voraus, dass Schülerinnen und Schüler eigene Ideen entwickeln, erproben und weiterentwickeln. Besonders wichtig ist dabei die Fähigkeit, bereits erworbene Kenntnisse in veränderter Form wiederzuerkennen – etwa durch die Frage: „Wo habt ihr das schon einmal gesehen?" Eine zentrale Voraussetzung für mathematischen Lernerfolg ist die Fähigkeit, mit Misserfolgen konstruktiv umzugehen – also Frustrationstoleranz zu entwickeln. Gerade beim Lösen komplexer Aufgaben sind Rückschläge unvermeidlich, und nicht jeder Lösungsweg führt direkt zum Ziel. Die Bereitschaft, immer wieder neue Ansätze zu verfolgen, ist dabei ebenso wichtig wie die Ausdauer, sich langfristig mit einem Problem auseinanderzusetzen. In diesem Zusammenhang bringt Sylvia Plath (Plath 1997) [54] die Essenz von Begabungsentwicklung treffend auf den Punkt: „Alles, was man tun muss, um seine Begabung durchzusetzen, ist dauerhaft und intensiv nachzudenken und im Schweiße seines Angesichts zu arbeiten." Diese Aussage unterstreicht, dass Begabung nicht nur ein Potenzial ist, sondern vor allem eine Verpflichtung zur geduldigen und hartnäckigen Auseinandersetzung mit Herausforderungen – eine Haltung, die durch die Arbeit mit den Aufgaben in diesem Buch gezielt gefördert wird.

Die Bereitschaft, immer wieder neue Strategien zu entwerfen und zu verfolgen, ist ein zentraler Bestandteil mathematischen Lernens. Mathematische Begabungen lassen sich durch gezielte Aufgabenstellungen und Impulse gezielt fördern. Dabei ist es oft förderlich, neu gelernte Techniken zu wiederholen und einzuüben. „Das ist wie beim Erlernen eines Instruments", sagt Johannes Süpke im Rahmen des MINT-Nachwuchsbarometers (acatech & Joachim Herz Stiftung 2024) [1].

Darüber hinaus spielen sogenannte „Soft Skills" wie Geduld, Ausdauer, Beharrlichkeit, Neugier und Konzentrationsfähigkeit eine wichtige Rolle. Diese Kompetenzen werden – neben den fachlichen Fähigkeiten – durch die Arbeit mit den Aufgaben in diesem Buch systematisch gestärkt; vgl. (Käpnick 2014), [34, Abschn. 13.3 und 13.6]. Die „Mathematischen Geschichten" bieten den Schülerinnen und Schülern wertvolle Lernerfahrungen, die weit über den Unterricht hinausreichen. Sie unterstützen nicht nur den schulischen Werdegang, sondern bereiten auch auf ein späteres Studium im MINT-Bereich vor – und legen damit einen wichtigen Grundstein für langfristigen Erfolg.

Die in diesem Buch vermittelten mathematischen Methoden und Denkweisen erweisen sich als äußerst nützlich für die Teilnahme an Mathematikwettbewerben – insbesondere in der Unter- und Mittelstufe, vereinzelt auch in der Oberstufe. Die Aufgaben eignen sich auch zur gezielten Vorbereitung auf Wettbewerbsformate wie die jährlich stattfindende Mathematik-Olympiade mit klassenspezifischen Aufgaben (Mathematik-Olympiaden e. V. 1996–2025) [44–46], diverse Landeswettbewerbe sowie den Bundeswettbewerb Mathematik (Specht et al. 2020) [76], der sich vorwiegend an Schülerinnen und Schüler der Oberstufe richtet, aber auch für besonders leistungsfähige Mittelstufenschülerinnen und -schüler offen ist. Die im Buch behandelten Techniken ermöglichen es, zumindest einzelne Aufgabentypen des Bundeswettbewerbs erfolgreich zu bearbeiten. Darüber hinaus existieren zahlreiche regionale Wettbewerbe, etwa die Fürther Mathematik-Olympiade (Verein Fürther Mathematik-Olympiade e. V. 2013; Jainta et al. 2018, 2020; Andrews et al. 2023) [4, 30–32, 88], sowie andere nationale Formate wie die österreichische Mathematik-Olympiade (Ballik 2012) und die Schweizer Mathematik Olympiade [71]. Besonders teilnehmerstark ist der Känguru-Wettbewerb (Noack et al. 2014; Unger et al. 2020, 2024) [51, 86, 87], dessen Multiple-Choice-Struktur zwar ungewöhnlich ist, aber dennoch mathematisches Denken fördert. Neben Einzelwettbewerben gibt es auch Teamformate wie Mathematik ohne Grenzen oder die Mathenacht, die kooperatives Problemlösen in den Vordergrund stellen. Die Webseite der Deutschen Mathematiker-Vereinigung (DMV) [17], der größten Interessenvertretung von Mathematikerinnen und Mathematikern in Deutschland, bietet umfassende Informationen zu Wettbewerben, schulbezogenen Aktivitäten, Förderprogrammen und Ferienakademien [17]. Einen Überblick über eine Vielzahl von Mathematikwettbewerben findet man auch in (Schiemann 2024) [61, S. 189–315].

Das Literaturverzeichnis bietet interessierten Leserinnen und Lesern eine Auswahl weiterführender Bücher mit Aufgaben und Lösungen aus nationalen und internationalen Mathematikwettbewerben. Besonders hervorzuheben sind die Aufgabensammlungen (Schiemann und Wöstenfeld 2014) [62, 63], die eine Auswahl der spannendsten Aufgaben aus dem jährlich stattfindenden Schülerwettbewerb Mathe im Advent präsentieren – einem Format, das von der Deutschen Mathematiker-Vereinigung initiiert wurde und spielerisches Problemlösen mit mathematischem Tiefgang verbindet. Ähnlich wie die Mathematischen Geschichten legen auch (Löh et al. 2019) [39] und (Meier 2003) [47] den Fokus nicht allein auf das Lösen von Aufgaben, sondern auch auf das systematische Erlernen neuer mathematischer Denk- und Arbeitsweisen. Beide Bücher bieten wertvolle Impulse und können auch für fortgeschrittene Schülerinnen und Schüler eine lohnende Lektüre darstellen.

Die Zeitschrift „Monoid", herausgegeben vom Institut für Mathematik der Johannes Gutenberg-Universität Mainz (1981–2026) [29], erscheint viermal jährlich. Neben fachlichen Artikeln, die sich vor allem an ältere Schülerinnen und Schüler richten, bietet sie auch Wettbewerbsaufgaben für verschiedene Altersgruppen: Die Rubrik Neue Mathespielereien richtet sich an die Klassenstufen 5 bis 8, während die Neuen Aufgaben für die Jahrgänge 9 bis 13 konzipiert sind. Diese Aufgaben können zu Hause bearbeitet und zur Korrektur an die Redaktion eingesendet werden. Einige der Aufgaben lassen sich mit den in diesem Buch vermittelten Methoden erfolgreich lösen – was den Schülerinnen und Schülern motivierende Erfolgserlebnisse verschaffen kann. Besonders hervorzuheben sind auch mehrere Werke von Beutelspacher (Beutelspacher 2010, 2020) [9, 10] und Enzensberger (Enzensberger 2018) [20], die Mathematik auf unterhaltsame Weise mit erzählerischen Elementen verbinden und zum genussvollen Lesen einladen.

Nach Einschätzung der beiden Autoren zeigt sich ab der Mittelstufe bei überregionalen Mathematikwettbewerben ein deutliches Muster: Die Teilnehmerinnen und Teilnehmer stammen häufig aus einer vergleichsweise kleinen Anzahl von Schulen. An diesen Schulen wird engagierten Schülerinnen und Schülern meist eine gezielte Förderung angeboten – etwa durch Mathematik-Arbeitsgemeinschaften, spezielle Vorbereitungskurse oder andere unterstützende Maßnahmen, die das Wettbewerbsniveau systematisch stärken.

Die beiden Autoren, selbst ehemalige Stipendiaten der Studienstiftung des deutschen Volkes, engagieren sich seit Langem für die Förderung mathematisch begabter Schülerinnen und Schüler. Mit den „Mathematischen Geschichten" möchten wir gezielt zur Begabtenförderung in der Unterstufe beitragen und Freude, Interesse und Neugier an der Mathematik wecken und fördern. Die erste Autorin engagiert sich als MINT-Botschafterin im Verein „MINT Zukunft e. V." [50], der sich aktiv für die Förderung der Begeisterung junger Menschen in den Bereichen Mathematik, Informatik, Naturwissenschaften und Technik einsetzt.

1.2 Mathematische Inhalte

Anna und Bernd möchten in die Mathematische Rettungstruppe (kurz: MaRT) des CBJMM eintreten, des Clubs der begeisterten jungen Mathematikerinnen und Mathematiker. Wie beim Eintritt in den CBJMM müssen sie auch hierfür eine Aufnahmeprüfung bestehen, weil sie laut Clubsatzung eigentlich noch zu jung sind. Dieses Buch enthält 16 Aufgabenkapitel (Kap. 2–17) und 16 Kapitel mit den zugehörigen Musterlösungen (Kap. 18–33).

Fast alle Kapitel beginnen mit einem sogenannten „alten MaRT-Fall". Alte MaRT-Fälle sind relativ schwierige Anwendungsaufgaben, die die MaRT in der Vergangenheit gelöst hat und zu deren Lösung man die mathematischen Techniken benötigt, die in diesem Kapitel erarbeitet werden. Die alten MaRT-Fälle werden normalerweise erst gegen Ende des Kapitels gelöst, nachdem die Schülerinnen und Schüler die neuen Methoden verstanden und an einfacheren Beispielen eingeübt haben.

Die Aufgabenkapitel 2, 3, 6, 7, 8, 9, 10, 11, 12, 13, 15 und 16 waren bereits in den Vorgängerbänden (Schindler-Tschirner und Schindler 2021a ,b) [65,66] enthalten. Deren Kapitelüberschriften wurden beibehalten. Die Kap. 2, 3, 6, 9, 11, 13 und 16 wurden deutlich erweitert, während die Kap. 7, 8, 10, 12 und 15 nur geringe Änderungen und Ergänzungen erfahren haben. Die Aufgabenkapitel 4, 5, 14 und 17 sind neu hinzugekommen. Die Kap. 4, 5 und 17 sind zusammen mit ihren Musterlösungen die umfangreichsten Kapitel dieses Buches.

Kap. 2 behandelt das Schubfachprinzip, eine Beweismethode, die in unterschiedlichen mathematischen Gebieten nutzbringend eingesetzt wird. Die Schülerinnen und Schüler lernen das Schubfachprinzip in unterschiedlichen Anwendungskontexten kennen, auch um einen Eindruck von der vielseitigen Anwendbarkeit dieses Beweisverfahrens zu erhalten. Die Hauptschwierigkeit besteht normalerweise darin, geeignete „Schubfächer" zu definieren. Für Schülerinnen und Schüler, die die Mathematischen Geschichten für begabte Grundschülerinnen und Grundschüler

(Schindler-Tschirner und Schindler 2025) [64] (oder die Vorgängerbände) nicht kennen, stellt dieses Kapitel sicher eine Überraschung dar, weil hier nicht „gerechnet" wird, sondern Beweise geführt werden. In nahezu allen Aufgabenkapiteln werden Beweise geführt, und Beweise sind das verbindende Element aller „Mathematischen Geschichten". Die zentrale Bedeutung von Beweisen in der Mathematik wird in allen Bänden herausgearbeitet.

Kap. 3 enthält unterschiedliche Bewegungsaufgaben, in denen konstante Geschwindigkeiten und Durchschnittsgeschwindigkeiten auftreten. Die Schülerinnen und Schüler lernen, Gleichungen aufzustellen und diese zu lösen. Kap. 4 und 5 widmen sich ausgewählten Aspekten der ebenen Geometrie. Im Mittelpunkt stehen die Kongruenzsätze für Dreiecke und deren Anwendungen. Unter anderem beweisen die Schülerinnen und Schüler Formeln zur Flächenberechnung von Parallelogrammen, Trapezen und Dreiecken und wenden die Formeln an. Ferner werden einfache Konstruktionen mit Zirkel und Lineal geführt, und der Satz des Thales wird behandelt. Kap. 6 und 7 führen tiefer in die Kombinatorik ein. Sie setzen die einführenden Überlegungen aus den Kap. 14 und 20 der Mathematischen Geschichten für begabte Grundschülerinnen und Grundschüler (Schindler-Tschirner und Schindler 2025) [64] fort. Kap. 6 behandelt Permutationen und Anordnungen, und in Kap. 7 werden verschiedene Urnenmodelle besprochen (Ziehen mit Zurücklegen mit geordneten Stichproben, Ziehen ohne Zurücklegen mit geordneten und mit ungeordneten Stichproben).

Kap. 8 und 9 behandeln den Euklidischen Algorithmus, mit dem man den größten gemeinsamen Teiler von zwei natürlichen Zahlen berechnen kann. Im Gegensatz zum Standardverfahren, das die Schülerinnen und Schüler aus dem Mathematikunterricht kennen sollten, benötigt man keine Primfaktorzerlegung, was für große Zahlen einen ganz erheblichen Vorteil darstellt. In den beiden Kapiteln wird der Euklidische Algorithmus angewendet, und es werden mehrere Beweise geführt. Insbesondere wird die Korrektheit des Euklidischen Algorithmus bewiesen, und der Zusammenhang zwischen dem größten gemeinsamen Teiler und dem kleinsten gemeinsamen Vielfachen wird beleuchtet. Binomische Formeln sind klassischer Schulstoff, aber die Anwendungen in Kap. 10 sind dies sicher nicht, wenn man einmal von den ersten Aufgaben absieht, die die Schülerinnen und Schüler mit den binomischen Formeln vertraut machen bzw. diese wieder in ihr Gedächtnis zurückrufen sollen. In Kap. 10 lernen die Schülerinnen und Schüler, wie man mit binomischen Formeln Minima und Maxima von quadratischen Termen und ganzzahlige Lösungen von speziellen Gleichungen mit zwei Unbekannten bestimmen kann.

In den „Mathematischen Geschichten für begabte Grundschülerinnen und Grundschüler" (Schindler-Tschirner und Schindler 2025) [64] wurde die Modulo-Rechnung eingeführt und elementare Anwendungen behandelt. In Kap. 11 und 12 wird die Modulo-Rechnung auf negative Zahlen erweitert und thematisch vertieft. Vorkenntnisse in der Modulo-Rechnung werden in diesem Band nicht vorausgesetzt, obgleich sie zweifellos hilfreich sind. In Kap. 11 wenden die Schülerinnen und Schüler Rechenregeln an, bearbeiten Aufgaben zur Teilbarkeit, beweisen Teilbarkeitsregeln und wenden diese an. Der größte Teil von Kap. 12 befasst sich mit quadratischen

Resten und Anwendungsaufgaben zur Existenz bzw. Nicht-Existenz von speziellen Quadratzahlen. Die Modulo-Rechnung ist beispielsweise für viele Wettbewerbsaufgaben der Mathematik-Olympiaden und des Bundeswettbewerbs Mathematik notwendig oder zumindest hilfreich. Kap. 13 befasst sich mit Stellenwertsystemen, welche die Schülerinnen und Schüler bereits aus dem Mathematikunterricht kennen sollten. Einige Aufgaben stellen Bezüge zu vorangegangenen Kapiteln her. Dies dient einerseits der Wiederholung, zeigt den Schülerinnen und Schülern aber auch, wie eng mathematische Teilgebiete miteinander verknüpft sein können.

In Kap. 14 wird kein neuer Stoff eingeführt. Stattdessen werden wie in Kap. 3 Sachaufgaben behandelt. Die Schülerinnen und Schüler leiten zunächst lineare Gleichungen oder lineare Gleichungssysteme her, die sie dann lösen. Dies verschafft den Schülerinnen und Schülern eine gewisse „Atempause".

In Kap. 15 lernen die Schülerinnen und Schüler beschränkte konvexe Polyeder kennen. Es wird der Eulersche Polyedersatz eingeführt, den die Schülerinnen und Schüler mehrfach anwenden. Bei der Lösung des alten MaRT-Falls mit kriminalistischem Hintergrund beweisen die Schülerinnen und Schüler mit dem Eulerschen Polyedersatz, dass ein Polyeder mit den beschriebenen Eigenschaften gar nicht existieren kann. In Kap. 16 wird der Eulersche Polyedersatz in zwei komplexen Aufgaben angewandt. Dabei nehmen die platonischen Körper, die bereits Euklid beschrieben hat und deren Bedeutung über die Mathematik hinausgeht, einen breiten Raum ein. Kap. 17 beschreibt die Abschlussprüfung von Anna und Bernd in die MaRT. Zur Lösung der Aufgaben werden mathematischen Techniken benötigt, die die Schülerinnen und Schüler in den Kap. 2–16 gelernt haben.

Tab. II.1 zeigt, welche mathematischen Techniken in den einzelnen Kapiteln erlernt werden. In den Musterlösungen bieten die „Mathematischen Ziele und Ausblicke" einen Blick über den Tellerrand.

1.3   Didaktische Anmerkungen

Teil II des Buches bietet ausführliche Musterlösungen, ergänzt durch didaktische Hinweise und praktische Vorschläge zur Umsetzung in unterschiedlichen Förderformaten – etwa in Arbeitsgemeinschaften, Workshops, Mathe-Clubs, speziellen Förderprojekten oder im Rahmen individueller Begleitung. Die Lösungen richten sich in erster Linie an Kursleiterinnen und Kursleiter und sind nicht direkt für die Schülerinnen und Schüler bestimmt. Die Lösungswege sind bewusst so formuliert, dass sie größtenteils auch für fachfremde Personen nachvollziehbar sind – etwa für engagierte Eltern ohne mathematisch-naturwissenschaftlichen Hintergrund. In den Abschnitten „Mathematische Ziele und Ausblicke" werden die inhaltlichen Schwerpunkte der jeweiligen Kapitel reflektiert. Darüber hinaus wird punktuell aufgezeigt, in welchen Bereichen der Mathematik und Informatik die erlernten Techniken Anwendung finden. Gelegentlich wird auch auf weiterführende Bände für höhere Klassenstufen verwiesen, um die Kontinuität in den „Mathematischen Geschichten" hervorzuheben.

Die Schülerinnen und Schüler sollen dazu angeregt werden, eigenständig über die Aufgabenstellungen nachzudenken. Bei Bedarf erhalten sie gezielte Unterstützung durch die Kursleitung. Im Rahmen eines interaktiven Unterrichtskonzepts haben die Kinder die Möglichkeit, ihre Gedanken und Lösungswege in der Gruppe zu diskutieren und zu präsentieren. Dieser Austausch fördert nicht nur ein vertieftes Verständnis der Inhalte, sondern stärkt zugleich zentrale Kompetenzen wie das strukturierte Darlegen eigener Überlegungen und das mathematische Argumentieren. Gerade für mathematisch besonders begabte Schülerinnen und Schüler ist es entscheidend, nicht nur mit herausfordernden Aufgaben konfrontiert zu werden, sondern auch mit Lernumgebungen, die Raum für individuelle Denkprozesse bieten. Wie Käpnick und das Österreichische Zentrum für Begabtenförderung und Begabungsforschung (ÖZBF) treffend formulieren (Käpnick 2024) [35, S. 5]: „Mathematisch begabte Schülerinnen und Schüler benötigen nicht nur anspruchsvolle Aufgaben, sondern auch didaktische Räume, in denen sie ihre Denkwege entfalten und reflektieren können." Dieser Ansatz unterstreicht die Bedeutung eines lernförderlichen Rahmens, der sowohl kognitive Tiefe als auch kommunikative Offenheit ermöglicht.

Die Auswahl der Teilnehmerinnen und Teilnehmer einer Begabten-AG sollte mit besonderer Sorgfalt erfolgen. Eine dauerhafte Überforderung oder das Gefühl, keinen Erfolg zu haben, kann zu nachhaltiger Frustration führen – mit negativen Folgen für die Einstellung zur Mathematik. Genau das gilt es zu vermeiden. Daher ist es wichtig, von Beginn an transparent zu kommunizieren, dass selbst von sehr leistungsstarken Schülerinnen und Schülern nicht erwartet wird, dass sie alle Aufgaben eigenständig lösen können. Auch unsere Protagonisten Anna und Bernd, die zweifellos über eine ausgeprägte mathematische Begabung verfügen, benötigen gelegentlich Hinweise zur Lösung – und selbst sie stoßen an Grenzen. Komplexe Aufgaben lassen sich besonders gut in Kleingruppen bearbeiten. Dies fördert nicht nur das mathematische Verständnis, sondern auch soziale Kompetenzen wie Teamfähigkeit und Kommunikationsfähigkeit. Es ist zu erwarten, dass Schülerinnen und Schüler der Klassenstufe 7 aufgrund ihrer weiter entwickelten kognitiven Fähigkeiten gegenüber jüngeren Teilnehmenden aus den Klassenstufen 5 und 6 im Vorteil sind. Die Kursleitung sollte diese Unterschiede im Blick behalten und bei der Aufgabenverteilung gezielt berücksichtigen.

Die Kap. 2 bis 17 beschreiben die Aufnahmeprüfung von Anna und Bernd in die „Mathematische Rettungstruppe", oder kurz: MaRT. Jedes Kapitel enthält eine Vielzahl von Aufgaben, deren Schwierigkeitsgrad und Anspruchsniveau normalerweise ansteigen. Das letzte Aufgabenkapitel, Kap. 17, enthält ein Potpourri vieler Aufgabentypen, die in den Kap. 2 bis 16 behandelt wurden. Die einzelnen Kapitel dürften in der Regel drei Kurstreffen erfordern, wenn man von etwa 60 min ausgeht. Kap. 17 ist deutlich aufwändiger.

Die Schülerinnen und Schüler sollten dazu ermutigt werden, die Aufgaben möglichst selbstständig zu bearbeiten – bei Bedarf mit gezielter Unterstützung durch die Kursleitung. Es ist kaum möglich, Aufgaben zu entwickeln, die exakt auf die Bedürfnisse jeder Mathematik-AG, jedes Förderkurses oder gar jeder einzelnen Schülerin und jedes einzelnen Schülers zugeschnitten sind. Eine realistische Einschätzung der Fähigkeiten der Teilnehmerinnen und Teilnehmer ist dabei von zentraler Bedeutung.

Daher liegt es im pädagogischen Ermessen der Kursleitung, Aufgaben auszuwählen, zu modifizieren oder eigene Aufgaben zu ergänzen, um den Schwierigkeitsgrad flexibel an die jeweilige Lerngruppe anzupassen. In den Musterlösungen wird auf diese Differenzierung regelmäßig hingewiesen. Die individuelle Zuweisung durch die Kursleitung ermöglicht eine möglichst individuelle Förderung und hilft, Überforderung zu vermeiden.

Für Schülerinnen und Schüler mit geringerer Vorerfahrung oder Leistungsfähigkeit empfiehlt sich zunächst der Einstieg über zusätzliche einfachere Aufgaben. Auch das Arbeiten in Kleingruppen kann sich als besonders förderlich erweisen – nicht nur zur Lösung anspruchsvoller Aufgaben, sondern, wie bereits erwähnt, auch zur Stärkung sozialer Kompetenzen und Teamfähigkeit. Wichtig ist, dass die Schülerinnen und Schüler in ihrem eigenen Tempo arbeiten dürfen, um sowohl Über- als auch Unterforderung zu vermeiden und ihr individuelles Potenzial bestmöglich entfalten zu können. So heißt es auch in (Joder 2023) [33]: „Mathematisch sehr begabte Schülerinnen und Schüler verlieren oft die Freude an der Mathematik, wenn ihre Denkwege nicht gesehen und gefördert werden." Nicht zuletzt sollte die Kursleitung darauf achten, dass die Leistungen der Kinder beim Bearbeiten der Aufgaben wertgeschätzt und anerkannt werden – denn positive Rückmeldungen stärken Motivation und Selbstvertrauen nachhaltig.

Ein gezieltes Wiederholen oder kurzes Einführen der notwendigen Grundlagen durch den Kursleiter – etwa anhand leicht zugänglicher Übungsaufgaben – kann sich als äußerst hilfreich erweisen. Dabei sollten mögliche Verständnisprobleme bei den Aufgabenstellungen unbedingt ernst genommen und keinesfalls unterschätzt werden, insbesondere im Hinblick auf die jüngeren Schülerinnen und Schüler, für die viele Inhalte noch Neuland darstellen. In mehreren Kapiteln dieses Buches ist die Fähigkeit erforderlich, einfache Gleichungen – insbesondere lineare – sicher umzuformen. Für Schülerinnen und Schüler der Klassenstufe 5, mitunter auch der 6. Klasse, stellt dies häufig ein neues Lernfeld dar, sofern sie nicht bereits durch sogenannte Drehtürmodelle am Unterricht höherer Jahrgangsstufen oder anderen Förderprogrammen teilgenommen haben. Für diese Schülerinnen und Schüler kann ein kompakter Einstieg in das Lösen von Gleichungen sinnvoll sein. Da es sich jedoch um mathematisch begabte und interessierte Schülerinnen und Schüler handelt, dürfte dieser Einstieg keine allzu große Hürde darstellen.

Das Verständnis der Lösungswege sollte für die Schülerinnen und Schüler stets im Vordergrund stehen – wichtiger als das vollständige Abarbeiten aller Aufgaben im Kurs. Die Kursleitung sollte die Schülerinnen und Schüler ausdrücklich darin unterstützen, auch alternative Lösungsansätze zu verfolgen, selbst wenn diese nicht in den vorgegebenen Musterlösungen enthalten sind. In der Mathematik führen häufig mehrere Wege zum Ziel, und unterschiedliche Herangehensweisen können wertvolle Einsichten eröffnen. Die Schülerinnen und Schüler sollten ermutigt werden, eigene Ideen zu entwickeln und auszuprobieren. Auch Lösungsversuche, die nicht zum korrekten Ergebnis führen, können von großem didaktischem Wert sein – etwa indem sie zu einem tieferen Verständnis der Aufgabenstellung beitragen oder neue Denkprozesse anstoßen.

Alle Schülerinnen und Schüler sollten regelmäßig die Möglichkeit erhalten, ihre Lösungsansätze und Ergebnisse vorzustellen. Dies fördert nicht nur die Reflexion der eigenen Denkprozesse, sondern stärkt zugleich zentrale Kompetenzen wie das präzise Formulieren mathematischer Überlegungen und das argumentative Begründen von Lösungswegen. So heißt es bei (Hartkens 2018) [27, Kap. 5, S. 99–112]: „Mathematische Reflexion in argumentativ geprägten Unterrichtsgesprächen ermöglicht Lernenden, eigene Denkprozesse zu strukturieren, zu verbalisieren und im Austausch mit anderen weiterzuentwickeln." Darüber hinaus kann das strukturierte schriftliche Darstellen von Lösungen gezielt geübt werden. Eine erste Beschreibung des Lösungswegs lässt sich im Anschluss gemeinsam überarbeiten, präzisieren und auf das Wesentliche verdichten, sodass die relevanten Schritte in klarer und nachvollziehbarer Reihenfolge dargestellt sind. Gerade im Kontext von Mathematikwettbewerben wird diese Fähigkeit – die lückenlose, logisch aufgebaute und verständliche Dokumentation eigener Lösungsstrategien – ausdrücklich vorausgesetzt und bewertet.

1.4 Der Erzählrahmen

Die Abkürzung CBJMM steht für den ‚Club der begeisterten jungen Mathematikerinnen und Mathematiker'. In den CBJMM darf man laut Clubsatzung frühestens eintreten, wenn man die fünfte Klasse besucht. Vor ein paar Jahren gab es eine Ausnahme. Nachdem sie ihre mathematische Ausdauer und Begabung unter Beweis gestellt hatten, wurden Anna und Bernd in den CBJMM als Mitglieder aufgenommen, obwohl sie damals erst in die dritte Klasse gingen. Seitdem dürfen Anna und Bernd das Clubwappen des CBJMM tragen, welches in Abb. 1.1 (links) zu sehen ist.

Dazu mussten sie dem Zauberlehrling Clemens, dem Clubmaskottchen des CBJMM, helfen, achtzehn mathematische Abenteuer zu bestehen (d. h. in 18 Kapiteln Aufgaben zu lösen), um an begehrte Zauberutensilien (z. B. einen Zauberstab oder ein Quäntchen Drachensalbe) zu gelangen.

Die „Mathematischen Geschichten für begabte Grundschülerinnen und Grundschüler" (Schindler-Tschirner und Schindler 2025) [64] enthalten 20 Aufgabenkapi-

Abb. 1.1 Links: Wappen des Clubs der begeisterten jungen Mathematikinnen und Mathematiker (CBJMM); rechts: Mitglieder der Mathematischen Rettungstruppe dürfen ein Wappen mit dem Zusatz „MaRT" tragen

tel (und 20 Musterlösungskapitel). Im ersten Aufgabenkapitel erfährt der Leser, wie Anna und Bernd den CBJMM kennengelernt haben, und das letzte Kapitel enthält Aufgaben aus allen behandelten Gebieten, die Anna und Bernd vor ihrer Aufnahme lösen müssen.

Innerhalb des CBJMM gibt es eine „Mathematische Rettungstruppe", kurz MaRT, die Aufträge übernimmt, um Hilfesuchenden bei wichtigen und schwierigen mathematischen Problemen zu helfen. In die MaRT werden nur besonders gute und erfahrene Mathematikerinnen und Mathematiker des CBJMM aufgenommen, was aber eigentlich erst ab Klasse 7 möglich ist. Anna und Bernd sind inzwischen in der 5. Klasse. Sie möchten bereits jetzt Mitglied in der MaRT werden und fragen den Clubvorsitzenden des CBJMM, Carl Friedrich, ob nicht vielleicht wieder eine Ausnahme möglich ist.

Carl Friedrich stimmt zu, aber Anna und Bernd müssen sich wie schon für die Aufnahme in den CBJMM zunächst bewähren. Dabei lernen Anna und Bernd wieder neue mathematische Techniken kennen und anzuwenden. Im Abschlusskapitel (Kap. 17) müssen sie noch einmal zeigen, dass sie den erlernten Stoff wirklich verstanden haben.

Verschiedene Mentoren, allesamt selbst Mitglieder der MaRT, geben Anna und Bernd Hilfestellung und leiten sie an. Damit übernehmen die Mentoren die Aufgabe der Phantasiefiguren im Grundschulband (Schindler-Tschirner und Schindler, 2025) [64].

Abb. 1.2 illustriert die Zusammenhänge zwischen den auftretenden Akteuren (in blau) und den wichtigsten Elementen dieses Buches (in grün), den Aufgaben- und Musterlösungskapiteln. Besondere Rollen übernehmen der CBJMM, die MaRT und die Schülerinnen und Schüler, die dieses Buch bearbeiten.

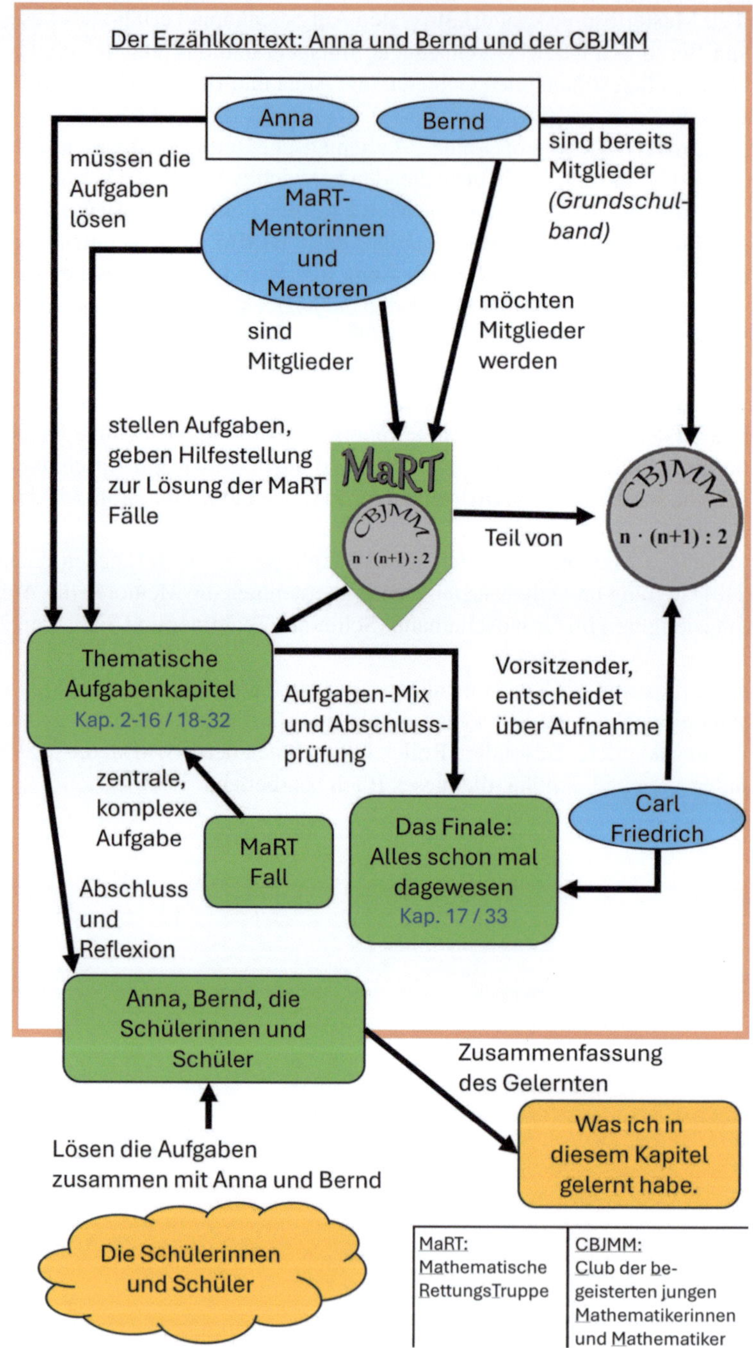

Abb. 1.2 Das Schaubild zeigt die Zusammenhänge zwischen den Akteuren, den Elementen dieses Buches und den Schülerinnen und Schülern

Teil I
Aufgaben

Strukturbeschreibung

Die 16 Aufgabenkapitel 2 bis Kap. 17 beschreiben die Aufnahmeprüfung von Anna und Bernd in die MaRT, die mathematische Rettungstruppe des CBJMM, des Clubs der begeisterten jungen Mathematikerinnen und Mathematiker. Es werden neue mathematische Begriffe und Techniken eingeführt und an Aufgaben praktisch geübt. Dazu gehört auch eine Vielzahl von Beweisen. Das letzte Kapitel (Kap. 17) enthält Aufgaben aus allen Themengebieten, die Anna und Bernd in den Kap. 2 bis 16 gelernt haben. Die Erzählung, die aufeinander aufbauenden Aufgabenstellungen und natürlich der Kursleiter leiten die Schüler auf den richtigen Lösungsweg.

Jedes Aufgabenkapitel endet mit einem Abschnitt „Anna, Bernd, die Schülerinnen und Schüler", der die aktuelle Situation aus Sicht von Anna, Bernd, den Schülerinnen und Schülern beschreibt. Am Ende tritt das Kapitel aus dem Erzählrahmen heraus („Was ich in diesem Kapitel gelernt habe"). Diese Beschreibung erfolgt nicht in Fachtermini wie in Tab. II.1, sondern in schülergerechter Sprache.

Wohin die Tauben fliegen

2

„Hallo Anna und Bernd. Ich weiß von Carl Friedrich, dass ihr in die MaRT aufgenommen werden möchtet. In eurem Alter ist das ein ehrgeiziges Ziel. Ich bin Gustav, euer erster Mentor. Heute lernt ihr eine neue mathematische Beweistechnik kennen, aber zuerst schildere ich euch einen alten MaRT-Fall. Mal sehen, ob ihr den lösen könnt. Nachher werde ich Carl Friedrich berichten, wie es gelaufen ist."

Alter MaRT-Fall Im vergangenen April kam Karl Eloquens zu uns, das ist der Vorsitzende des Debattierklubs „Scharfe Zunge" an unserer Schule. Vielleicht habt ihr ja schon von dem Debattierklub gehört. Immerhin hat er 51 Mitglieder. Ein neues Mitglied, Peter Sponsio, hatte Karl die folgende Wette vorgeschlagen: Aus den insgesamt 51 Klubmitgliedern sollten per Losentscheid 27 Mitglieder (also eine 27-elementige Teilmenge) zufällig ausgewählt werden. Peter Sponsio wollte 10 EUR darauf wetten, dass es unter diesen 27 Mitgliedern mindestens zwei gibt, die innerhalb dieser Personengruppe die gleiche Anzahl an Freunden haben. (Wenn ein Mitglied des Debattierklubs ein anderes als Freund betrachtet, gilt das auch umgekehrt.) Karls Wetteinsatz wäre nur 1 EUR gewesen. Karl Eloquens wusste, dass die Mitglieder seines Klubs durchaus zerstritten sind, so dass nicht mit allzu vielen Freunden zu rechnen ist. Andererseits lockte ihn der Gewinn von 10 EUR doch sehr. Da Peter Sponsio als (cleveres) Schlitzohr bekannt ist, das gerne und erfolgreich wettet, wurde Karl misstrauisch und hat die MaRT um Rat gefragt.

„Was denkt ihr, haben wir Karl geraten? Sollte er die Wette annehmen oder lieber nicht?" Schweigen. Weder Anna noch Bernd wollten einen Tipp abgeben. „Bevor ihr richtig loslegt, erkläre ich euch zuerst ein paar Begriffe, die ihr noch brauchen werdet. Mathematiker sprechen übrigens von Definitionen."

Definition 2.1 $1, 2, 3, \ldots$ sind *natürliche Zahlen*. Es bedeutet $a \in M$, dass a ein Element der Menge M ist. Endliche Mengen kann man durch das Aufzählen ihrer

© Der/die Autor(en), exklusiv lizenziert an Springer Fachmedien Wiesbaden GmbH, ein Teil von Springer Nature 2026
S. Schindler-Tschirner und W. Schindler, *Mathematische Geschichten für begabte Schülerinnen und Schüler in der Unterstufe*,
https://doi.org/10.1007/978-3-658-50396-3_2

Elemente beschreiben; beispielsweise ist $M = \{a, b\}$ die Menge, die nur die beiden Elemente a und b enthält. Enthält M kein Element, nennt man $M = \{\}$ die *leere Menge*. Eine Menge M_1 heißt *Teilmenge* von M, wenn jedes Element aus M_1 auch in M enthalten ist. Wir schreiben $M_1 \subseteq M$. Die Menge $\mathbb{N} = \{1, 2, 3, \ldots\}$ ist die Menge der natürlichen Zahlen.

„Zurück zum alten MaRT-Fall: Vielleicht können wir alle Möglichkeiten ausprobieren, die es gibt. Dann wüssten wir ja die Antwort", schlägt Anna vor. „Das sind doch viel zu viele", wirft Bernd ein. „Stimmt, da hast du leider Recht, Bernd", räumt Anna ein und sagt nach kurzem Nachdenken: „Lass uns trotzdem erst einmal kleine Teilmengen von Klubmitgliedern untersuchen. Vielleicht bekommen wir dabei eine Idee, wie sich das verhält, wenn man eine Teilmenge von 27 Mitgliedern auswählt. Fangen wir doch mit Teilmengen aus 2 und 3 Mitgliedern an. Die Mitglieder nennen wir dann der Einfachheit halber A und B bzw. A, B und C." „Das machen wir", stimmt Bernd zu. Gustav mischt sich mit einer Testfrage ein: „Wie groß ist die Gesamtmenge, aus der ihr die 2-elementigen bzw. 3-elementigen Teilmengen auswählt?".

Anna erklärt: „Die Gesamtmenge spielt gar keine Rolle, weil nur die Mitglieder in der Teilmenge von Bedeutung sind. Ob diese mit anderen Mitgliedern des Debattierklubs befreundet sind oder nicht, ist ganz egal." „Sehr gut, Anna", lobt Gustav, und Anna fährt fort: „Der Fall mit 2 Mitgliedern ist einfach: Entweder sind A und B befreundet, oder sie sind es nicht. Im ersten Fall haben beide einen Freund, im zweiten Fall beide keinen." „Wären in dieser Wette also nicht 27, sondern nur 2 Mitglieder zufällig ausgewählt worden, hätte Peter die Wette in jeden Fall gewonnen", bestätigt Bernd. „Wie sich das wohl bei größeren Teilmengen verhält?"

a) Untersuche den Fall, dass nur drei Mitglieder (anstatt 27) zufällig ausgewählt werden. Erfasse dabei alle möglichen (Freund/kein Freund)-Kombinationen in einer Tabelle. Wie viele Kombinationen gibt es?

„Das war schon mühsamer, aber immerhin wissen wir jetzt, dass Karl auch bei Teilmengen aus 3 Personen immer verloren hätte. Teilmengen aus 4 Personen bekommen wir sicher auch noch hin", meint Bernd. „Halt!", unterbricht sie Gustav. „Bei 27 Personen könnt ihr das nicht. In ein paar Wochen werdet ihr ausrechnen, wie viele (Freund/kein Freund)-Kombinationen ihr da berücksichtigen müsstet, aber das machen wir nicht heute.

Heute lernt ihr eine wichtige Beweismethode kennen, nämlich das *Schubfachprinzip*. Ich vermute, dass ihr davon noch nichts gehört habt." „Stimmt", sagen Anna und Bernd fast gleichzeitig.

Gustav erklärt: „In seiner einfachsten Form lautet das Schubfachprinzip so:"

Schubfachprinzip: Wenn man $n + 1$ Kugeln in n Schubfächer legt, enthält (mindestens) ein Schubfach (mindestens) zwei Kugeln.

„Das hört sich ganz simpel an, aber das Schubfachprinzip ist oft sehr nützlich. Dabei bezeichnet n eine natürliche Zahl, z. B. kann $n = 4$ oder $n = 5$ sein."

„Übrigens lässt man die beiden (mindestens)-Klammern normalerweise weg. Wenn Mathematiker sagen, dass ein Objekt mit einer bestimmten Eigenschaft existiert, also zum Beispiel ein mehrfach belegtes Schubfach, meinen sie damit, dass *mindestens ein* solches Objekt existiert, vielleicht aber auch mehrere. Sonst sagen sie, dass *genau ein* solches Objekt existiert."

„Wir haben schon bei der Aufnahme in den CBJMM gelernt, dass man in der Mathematik gerne Buchstaben verwendet, um Sachverhalte möglichst allgemein auszudrücken. Sonst müsste das Schubfachprinzip ja für jede natürliche Zahl neu formuliert werden", bemerkt Bernd.

Gustav fährt fort: „Im Englischen bezeichnet man das Schubfachprinzip übrigens als „pigeonhole principle". Übersetzt heißt das „Taubenschlagprinzip". Wir üben das Schubfachprinzip zunächst an ein paar einfachen Beispielen ein."

b) Formuliere das Schubfachprinzip für den Spezialfall $n = 5$.

c) In einem Raum sitzen 8 Personen. Beweise, dass es zwei Personen gibt, die am gleichen Wochentag geboren sind. Was sind hier die Schubfächer?

d) An einer Silvesterfeier im Jahr 1980 haben 150 Personen teilgenommen. Beweise, dass mindestens zwei Gäste im gleichen Jahr geboren worden waren.

„Anna und Bernd, jetzt seid ihr fit genug, um den alten MaRT-Fall zu lösen."

e) (Alter MaRT-Fall) Beweise, dass Karl Eloquens die Wette in jedem Fall verloren hätte. (Zur Erinnerung: Zwei Mitglieder sind entweder Freunde oder sie sind es nicht.)

„Diese Aufgabe war aber schon schwerer als die vorhergehenden", meint Anna, und Bernd ergänzt: „Zum Glück haben wir es schließlich doch geschafft." Gustav erklärt: „Aufgabe f) verallgemeinert e) auf beliebige Teilmengengrößen. Und dann habe ich noch fünf weitere Aufgaben mitgebracht, damit ihr seht, wie nützlich und vielfältig anwendbar das Schubfachprinzip ist. Meistens besteht die Hauptschwierigkeit darin, geeignete „Schubfächer" zu finden."

f) Löse Aufgabe e) für beliebige k-elementige Teilmengen, wobei $k \in \{2, \dots, 51\}$ ist.

g) In einem rechteckigen Blumenbeet stehen 25 Sonnenblumen. Das Beet ist 6 m lang und 4 m breit. Beweise, dass ein Quadrat der Seitenlänge 1 m existiert, in dem mindestens zwei Sonnenblumen stehen. (Der Durchmesser der Sonnenblumenstängel kann dabei vernachlässigt werden.)

h) Beweise: Jede 11-elementige Teilmenge von $M = \{1, 2, \dots, 20\}$ enthält zwei Zahlen, deren Summe 21 ergibt.

i) Beweise: Die Folge $3, 3^2, 3^3, \dots$ enthält eine Zahl, die mit den Ziffern 000001 endet.

j) Gilt die Aussage von Aufgabe i) auch für die Potenzen $2, 2^2, 2^3, \dots$?

„Aufgabe j) geht doch genauso wie Aufgabe i), nicht wahr?", fragt Anna erstaunt. Aber Gustav mahnt zur Vorsicht: „Gehe den Beweis von Aufgabe i) noch einmal Schritt für Schritt durch, Anna." Nach kurzer Zeit stellt Anna fest: „Jetzt habe ich den Unterschied verstanden!"

„Bevor ich es vergesse: Es gilt auch eine naheliegende Verallgemeinerung des Schubfachprinzips", erklärt Gustav.

> **Schubfachprinzip (Verallgemeinerung):** Wenn man $kn + 1$ Kugeln in n Schubfächer legt, enthält (mindestens) ein Schubfach (mindestens) $k + 1$ Kugeln. Dabei bezeichnet k eine natürliche Zahl.

k) In einem Raum sitzen 36 Personen. Beweise, dass es sechs Personen gibt, die am gleichen Wochentag geboren sind.

„Die Verallgemeinerung des Schubfachprinzips ist ja total einleuchtend und auch nicht schwieriger", stellt Bernd beruhigt fest, und Gustav nickt zustimmend.

Der Nachmittag neigt sich dem Ende zu, und Gustav sagt: „Für heute sind wir fertig. Aber das Schubfachprinzip wird euch sicher noch häufiger begegnen. Ich werde Carl Friedrich berichten, dass ihr heute richtig gut wart."

Anna, Bernd, die Schülerinnen und Schüler

„Ich bin ziemlich erschöpft. Vom Schubfachprinzip hatte ich noch nie etwas gehört. Aber es hat mir wirklich Spaß gemacht, Bernd." „Ja, Anna, mir auch. Wir haben wieder Beweise geführt. Mit einem Beweis hatte unsere Aufnahmeprüfung in den CBJMM ja auch begonnen. Erinnerst du dich noch?" „Und wir haben wieder gesehen, dass man beim Übertragen eines Beweises auf eine ähnliche Aufgabe vorsichtig sein sollte."

Was ich in diesem Kapitel gelernt habe

- Ich habe das Schubfachprinzip kennengelernt.
- Ich habe Beweise geführt.
- Das Schubfachprinzip kann man auf sehr unterschiedliche Typen von Aufgaben anwenden.

Bewegung ist gesund 3

„Ich bin Velocita, ich bin heute eure Mentorin. Ihr macht doch sicher gerne Sport, oder? Auch in der Mathematik können wir uns mit Bewegungen beschäftigen. Bewegungsaufgaben sind meine Leidenschaft", eröffnet Velocita den Nachmittag.

„Wir werden uns mit Aufgaben befassen, bei denen sich die Beteiligten mit konstanter Geschwindigkeit fortbewegen. Wie ihr vielleicht schon wisst, gilt dann die folgende Formel:"

$$v = \frac{s}{t} \tag{3.1}$$

„Dabei bezeichnet der Buchstabe v die Geschwindigkeit, s die zurückgelegte Strecke und t die Zeit, die dafür benötigt wird. Ihr wisst ja schon, dass Mathematiker Dinge gerne möglichst allgemein ausdrücken. Es wird übrigens deutlich schwieriger, wenn sich Geschwindigkeiten im Lauf der Zeit ändern. Wenn wir uns aber nur für die Durchschnittsgeschwindigkeit interessieren, gilt (3.1) aber immer noch", erklärt Velocita.

a) Katharina fährt mit ihrem Fahrrad in 2 h genau 42 km. Wie schnell ist Katharina (im Durchschnitt) gefahren?
b) Paul benötigt für einen 400 m-Lauf 62 s. Wie hoch war seine Durchschnittsgeschwindigkeit, ausgedrückt in m/s (Meter pro Sekunde)?
c) Rechne die Geschwindigkeit aus Aufgabe a) von km/h (Kilometer pro Stunde) in m/s (Meter pro Sekunde) um. Gib die Geschwindigkeit aus Aufgabe b) in km/h an.

„Manchmal sind nicht s und t, sondern v und t oder aber v und s bekannt", fährt Velocita fort. „Aber auch dann bestimmen die beiden bekannten Größen die dritte eindeutig. Dazu müsst ihr nur (3.1) nach der gesuchten Größe umstellen. Wisst Ihr, wie man das macht, Anna und Bernd?"

© Der/die Autor(en), exklusiv lizenziert an Springer Fachmedien Wiesbaden GmbH, ein Teil von Springer Nature 2026
S. Schindler-Tschirner und W. Schindler, *Mathematische Geschichten für begabte Schülerinnen und Schüler in der Unterstufe*,
https://doi.org/10.1007/978-3-658-50396-3_3

„Ja, Velocita", antwortet Bernd, „das haben wir erst neulich gelernt." „Gut, dann hilf mir bitte, Gl. (3.1) nach s umzustellen."

„Dazu multipliziert man die Gl. (3.1) auf beiden Seiten mit t. Aus (3.1) erhält man dann"

$$vt = \frac{s}{t} \cdot t \quad \text{und damit} \quad vt = s \tag{3.2}$$

erklärt Bernd. „Wenn man auf beiden Seiten einer Gleichung das gleiche tut, also zum Beispiel auf beide Seiten den gleichen Wert addiert oder subtrahiert oder beide Seiten mit dem gleichen Wert multipliziert oder dividiert, bleibt die Gleichung richtig", fügt Anna hinzu und löst gleich die nächste Aufgabe, die Velocita gestellt hat. „Teilt man beide Seiten der rechten Gleichung in (3.2) durch v, erhält man die gesuchte Formel für t."

$$\frac{vt}{v} = \frac{s}{v} \quad \text{und damit} \quad t = \frac{s}{v} \tag{3.3}$$

„Sehr gut", lobt Velocita. „Zur Herleitung von (3.3) kann man übrigens auch (3.1) mit $\frac{t}{v}$ multiplizieren. Aber auch deine Lösung ist einwandfrei."

„Kann man Geschwindigkeiten nur in $\frac{m}{s}$ oder $\frac{km}{h}$ angeben", fragt Anna interessiert. „Nein. Zwar sind $\frac{m}{s}$ und $\frac{km}{h}$ am gebräuchlichsten, aber jeder andere Quotient einer Längen- und einer Zeiteinheit ist auch möglich. In der nächsten Aufgabe sollt ihr ungewöhnliche Einheiten für Geschwindigkeiten in andere umrechnen."

d) (i) Drücke die Geschwindigkeit $\frac{3\,cm}{s}$ in $\frac{m}{h}$ aus.

   (ii) Drücke die Geschwindigkeit $\frac{7000\,mm}{min}$ in $\frac{m}{s}$ aus.

   (iii) Ein Radfahrer erzielt eine Durchschnittsgeschwindigkeit von $\frac{300000\,m}{Tag}$. Drücke diese Geschwindigkeit in $\frac{km}{h}$ aus.

e) Ein Motorrad fährt in 69 min von A-Dorf nach B-Dorf, und ein Auto benötigt 2 h von C-Dorf nach D-Dorf. Welche Durchschnittsgeschwindigkeit ist höher, wenn A-Dorf von B-Dorf 88 km und C-Dorf von D-Dorf 155 km entfernt ist?

„Die letzte Aufgabe war ziemlich leicht, aber sich drei Formeln zu merken, ist gar nicht so einfach", stöhnt Bernd. „Das ist auch nicht nötig, Bernd. Es genügt, wenn du dir eine Formel merkst. Die beiden anderen kannst du dir bei Bedarf dann leicht herleiten. Ich zum Beispiel merke mir die Definition der Geschwindigkeit, also $v = \frac{s}{t}$", beruhigt Velocita. „Stimmt", nickt Bernd überrascht, aber auch erleichtert.

f) Herr Grün ist mit seinem Auto auf der Autobahn 3 h lang konstant 120 km/h gefahren. Welche Strecke hat Herr Grün zurückgelegt?

g) Wie lange ist ein Radfahrer unterwegs, wenn er einen Rundkurs der Länge 55 km mit einer konstanten Geschwindigkeit von 20 km/h fährt?

„Ich sehe, dass ihr beide bestens für die beiden nächsten Aufgaben gerüstet seid. Weiter geht's", ermuntert Velocita.

h) Hugo startet um 14:00 Uhr mit seinem Fahrrad in A-Dorf, um nach B-Dorf zu fahren. Um 14:40 Uhr startet sein Freund Herbert mit seinem E-Bike in B-Dorf und fährt in Richtung A-Dorf. Hugo benötigt 70 min, während Herbert doppelt so schnell fährt. Wer kommt zuerst an seinem Ziel an?

i) A-Dorf und B-Dorf sind 60 km entfernt. Ein Autofahrer startet um 13:00 Uhr in A-Dorf in Richtung B-Dorf, und der andere fährt zur gleichen Zeit von B-Dorf nach A-Dorf. Wo treffen sich die beiden Autos, wenn das Auto, das in B-Dorf startet, doppelt so schnell fährt wie das andere?

j) Anton und Maria treffen sich im Sportstadion auf der Laufbahn. Beide laufen gleichzeitig von der Start-/Ziellinie los. Eine Runde ist 400 m lang. Anton läuft konstant $v_A = 12$ km/h, während Maria nur $v_M = 11$ km/h läuft. Nach welcher Zeit überrundet Anton Maria zum ersten Mal? Wie weit sind die beiden bis dahin gelaufen?

„Jetzt kommt der Schlussspurt. Die letzten Aufgaben sind die schwersten", warnt Velocita.

k) Die Freundinnen Merle und Clara fahren mit ihren Fahrrädern um die Wette. Nach dem Rennen stellt sich heraus, dass Merle im Durchschnitt $v_1 = 24$ km/h und Clara $v_2 = 27$ km/h schnell gefahren ist. Obwohl Clara ihrer Freundin Merle 4 min Vorsprung gegeben hatte, war sie 2 min früher im Ziel. Wie lang ist die Rennstrecke?

l) An jedem Sonntagmorgen macht Antonia einen Waldlauf. Ihre Laufstrecke ist 8 km lang. Am vorletzten Sonntag hat Antonia bei der Hälfte der Strecke festgestellt, dass sie bis dahin im Durchschnitt 6 km/h schnell war. Wie schnell muss sie auf der zweiten Streckenhälfte (durchschnittlich) laufen, um für die gesamte Strecke eine Durchschnittsgeschwindigkeit von 8 km/h zu erreichen?

m) Zwei Züge fahren auf benachbarten Gleisen einander entgegen. Wie viele Sekunden dauert der Passiervorgang, wenn der erste Zug 170 m lang und 185 km/h schnell ist, während der zweite Zug eine Länge von 230 m hat und sich mit 135 km/h fortbewegt? (Gesucht ist die Zeit zwischen den Zeitpunkten, an denen sich die beiden Lokomotiven bzw. die beiden Zugenden treffen.)

„Für heute ist es Zeit, aufzuhören. Ihr habt verschiedene Bewegungsaufgaben bearbeitet und erfolgreich gelöst. Es ist schwierig, allgemeine Regeln zu formulieren, wie man solche Aufgaben lösen kann. Letztlich nutzt man die Formel (3.1) oder die daraus abgeleiteten Formeln (3.2) und (3.3), um aus der Aufgabenstellung eine oder mehrere Gleichungen herzuleiten, die man dann löst. Bei Aufgabe m) musste man erkennen, dass die Zugenden während der Passierphase zusammen eine Strecke zurücklegen, die der Länge der beiden Züge entspricht. Und bei der Waldlaufaufgabe war der Schlüssel, zu erkennen, dass die Gesamtlaufzeit die Durchschnittsgeschwindigkeit bestimmt", beschließt Velocita den Nachmittag.

Anna, Bernd, die Schülerinnen und Schüler
„Das waren interessante Anwendungsaufgaben. Wir haben jetzt noch mehr Erfah-

rung im Umgang mit Gleichungen", meint Anna. „Stimmt", nickt Bernd zustimmend. „Jetzt gehen wir erst einmal nach draußen und bewegen uns! Vielleicht fallen uns dabei noch mehr Bewegungsaufgaben ein."

Was ich in diesem Kapitel gelernt habe

- Ich habe verschiedene Typen von Bewegungsaufgaben kennengelernt.
- Ich kann Gleichungen umstellen.
- Ich habe selbst Gleichungen aufgestellt, die ich dann gelöst habe.

„Ich bin Georg. Ihr hattet doch in der Schule schon Geometrie, nicht wahr?" „Ja",
antwortet Anna. „Wir kennen schon einige Konstruktionen mit Zirkel und Lineal",
und Bernd ergänzt: „Was Scheitelwinkel und Wechselwinkel sind, wissen wir auch."
„Das sind ja gute Voraussetzungen. Heute und beim nächsten Mal befassen wie uns
mit ebener Geometrie."

Alter MaRT-Fall Im letzten Sommer plante der bekannte Archäologe Peter Altmann seine nächste Forschungsreise. Nach drei Wochen wollte er von der Grabungsstätte A zu Grabungsstätte B gehen. Dazwischen wollte er zum Ufer des geheimnis-
umwitterten Flusses Enigma wandern, dessen Nordufer in diesem Gebiet kerzen-
gerade verläuft. Außerdem bot dieser Abstecher die Gelegenheit, seine Wasservor-
räte aufzufüllen. Abb. 4.1 illustriert die Situation. Da das Wandern in großer Hitze
sehr anstrengend ist, wollte Peter Altmann den Gesamtweg von A nach B, also
$|\overline{AC}| + |\overline{CB}|$, minimieren. Da er nicht wusste, wie man den günstigsten Punkt C am
Nordufer bestimmen kann, ist er zur MaRT gekommen.

„Wir lassen den alten MaRT-Fall erst einmal liegen und wenden uns den Grundlagen zu. Wir beginnen mit einer Definition.

Abb. 4.1 Für welchen Punkt
C am Nordufer ist die
Strecke $|\overline{AC}| + |\overline{CB}|$
minimal?

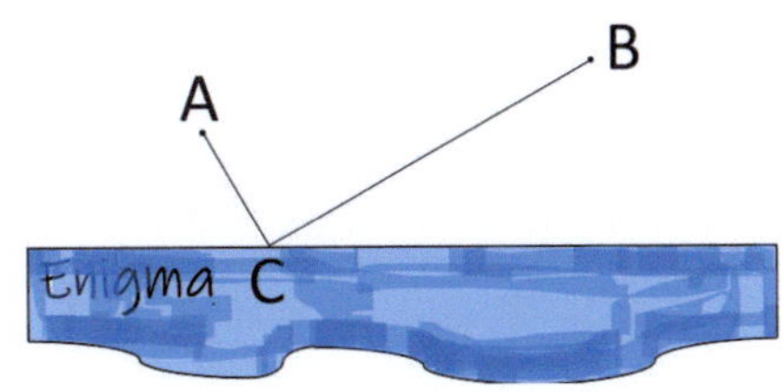

S. Schindler-Tschirner und W. Schindler, *Mathematische Geschichten für
begabte Schülerinnen und Schüler in der Unterstufe*,
https://doi.org/10.1007/978-3-658-50396-3_4

Definition 4.1 Es seien A und B zwei unterschiedliche Punkte in der Ebene. Die Gerade durch A und B wird mit AB bezeichnet, und $\overline{AB}$ steht für die Strecke mit den Endpunkten A und B. Die Länge der Strecke $\overline{AB}$ bezeichnen wir mit $|\overline{AB}|$. Winkel (und deren Winkelgröße) bezeichnen wir mit kleinen griechischen Buchstaben ($\alpha, \beta, \gamma, \ldots$). Einen Winkel kann man auch durch drei Punkte beschreiben; vgl. z. B. Abb. 4.2, linke Skizze. Dabei gibt der mittlere Punkt den Scheitelpunkt an. Die Halbgerade AQ kann man um A gegen den Uhrzeigersinn (d. h. im mathematisch positiven Sinn) auf die Halbgerade AP drehen. Daher bezeichnet man diesen Winkel mit $\angle QAP$.

Definition 4.2 Ein Winkel α heißt *spitzer Winkel (rechter Winkel, stumpfer Winkel, gestreckter Winkel, überstumpfer Winkel, Vollwinkel)*, wenn $0° < \alpha < 90°$ ($\alpha = 90°$, $90° < \alpha < 180°$, $\alpha = 180°$, $180° < \alpha < 360°$, $\alpha = 360°$) gilt. In Skizzen werden rechte Winkel mit einem Punkt („·") gekennzeichnet.

„Ihr kennt ja schon Stufenwinkel, Wechselwinkel, und Nebenwinkel. Dann sollte die erste Aufgabe für euch kein Problem sein."

a) Wie groß sind in der rechten Skizze von Abb. 4.2 die mit „?" bezeichneten Winkel? Welcher Zusammenhang besteht zwischen den Winkeln α und β? Begründe deine Lösung.

„Wisst ihr, wie groß die Winkelsumme in einem Dreieck ist? Die Winkelsumme ist die Summe aller Winkel." „Nein", sagt Bernd und schüttelt den Kopf. „Das sind $180°$", erklärt Georg. „Das ist eine wichtige Eigenschaft von Dreiecken, die ihr für die beiden nächsten Aufgaben benötigt." „Wie kann man diese Aussage beweisen?", fragt Anna interessiert. „Einen Moment Geduld! Das werdet ihr bald selbst tun."

b) In den Teilaufgaben (i) und (ii) sind jeweils zwei von drei Winkeln eines Dreiecks gegeben. Bestimme den dritten Winkel.

(i) $\alpha = 23°$, $\beta = 58°$.
(ii) $\beta = 93°$, $\gamma = 43°$.

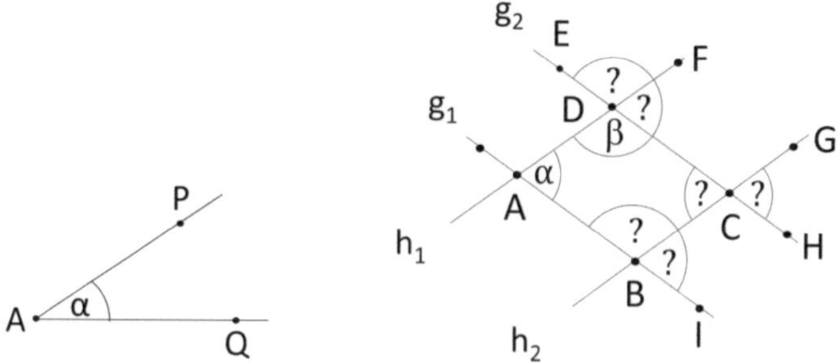

Abb. 4.2 Links: $\angle QAP = \alpha$; rechts: Die Geraden g_1 und g_2 sowie die Geraden h_1 und h_2 sind parallel

c) Bestimme in der linken Skizze von Abb. 4.3 die mit „?" bezeichneten Winkel. Begründe deine Lösung.
d) Beweise: Die Winkelsumme in einem Dreieck beträgt 180°.
   Tipp: Zeichne in der rechten Skizze von Abb. 4.3 eine parallele Gerade g zu AB, die durch den Punkt C geht.

„Wisst ihr, wann ein Viereck ein Rechteck ist?" „Ja, bei einem Rechteck sind alle Winkel 90°", erklärt Anna, und Bernd ergänzt ein wenig stolz: „Quadrate sind besondere Rechtecke, bei denen alle Seiten gleich lang sind." „In Abb. 4.4 seht ihr ein paar besondere Vierecke", erklärt Georg.

Definition 4.3 Ein *Parallelogramm* ist ein Viereck, bei dem gegenüberliegende Seiten parallel sind. Eine *Raute* ist ein Viereck mit vier gleich langen Seiten.

„Rauten erinnern an Quadrate, abgesehen davon, dass die Winkel normalerweise nicht 90° sind." Bernd blickt Georg fragend an: „Dann sind Quadrate nicht nur besondere Rechtecke, sondern auch besondere Rauten, nicht wahr?" Georg nickt und fügt hinzu: „Rauten haben interessante Eigenschaften. Einige werdet ihr später noch kennenlernen und auch beweisen. Eine wichtige Eigenschaft solltet ihr euch jetzt schon merken, weil ihr sie bald brauchen werdet. In Abb. 4.4(d) seht ihr eine Raute. Bei einer Raute schneiden sich die Diagonalen rechtwinklig, und zwar teilt der Diagonalenschnittpunkt die Diagonalen in jeweils zwei gleich lange Strecken."

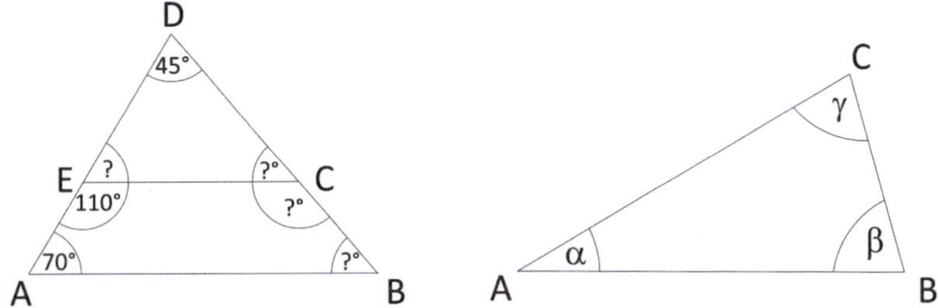

Abb. 4.3 Links: Die Geraden AB und EC sind parallel. Rechts: Dreieck mit Winkeln

Abb. 4.4 (a) Rechteck, (b) Quadrat, (c) Parallelogramm, (d) Raute, (e) Trapez, (f) Viereck ohne besondere Eigenschaften

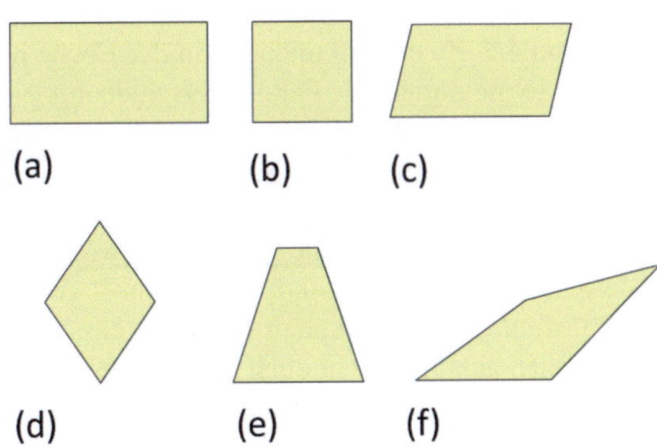

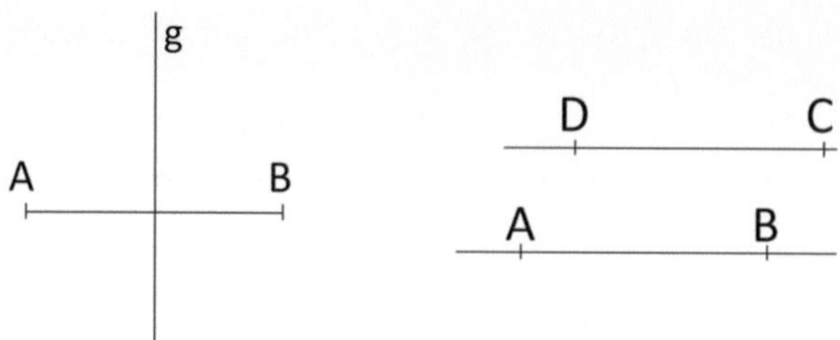

Abb. 4.5 Links: Die Gerade g ist die Mittelsenkrechte auf $\overline{AB}$. Rechts: Die Geraden AB und CD sind parallel, und es ist $|\overline{AB}| = |\overline{CD}|$ (Aufgabe k))

Georg schreibt schon die nächste Definition an das Whiteboard, immerhin schon die vierte am heutigen Nachmittag.

Definition 4.4 Die *Mittelsenkrechte* von $\overline{AB}$ ist die Gerade, die die Strecke $\overline{AB}$ in ihrem Mittelpunkt senkrecht schneidet; vgl. Abb. 4.5, linke Skizze.

„Nach so vielen Erklärungen seid ihr wieder dran", leitet Georg die nächsten Aufgaben ein.

e) Es ist P ein Punkt in der Ebene. Welche Punkte haben von P den Abstand 2?

f) Konstruiere die Mittelsenkrechte zu einer Strecke $\overline{AB}$ mit Zirkel und Lineal. Beweise, dass deine Konstruktion korrekt ist.

„Dann ist in Aufgabe f) doch AB auch die Mittelsenkrechte von $\overline{CD}$, nicht wahr?", sagt Bernd fragend. „Das ist richtig. Wie ihr schon wisst, schneiden sich die Diagonalen einer Raute in der Hälfte", gibt Georg einen Hinweis für Aufgabe g).

g) Es ist g eine Gerade in der Ebene und P ein Punkt, der nicht auf g liegt. Konstruiere mit Zirkel und Lineal eine Gerade, die durch P geht und g senkrecht schneidet. (Mit anderen Worten: Fälle das Lot von P auf g.)
   Beweise, dass deine Konstruktion korrekt ist.

h) Konstruiere mit Zirkel und Lineal den Streckenmittelpunkt der Strecke $\overline{AB}$.

Definition 4.5 Zwei Punktmengen in der Ebene heißen *kongruent* oder *deckungsgleich,* falls sie durch eine Parallelverschiebung, eine Drehung, eine Achsenspiegelung oder durch die Hintereinanderausführung mehrerer solcher Abbildungen ineinander überführt werden können.

„Diese Definition hört sich aber kompliziert an", stöhnt Bernd. „So kompliziert ist das gar nicht, Bernd. Ihr wisst doch, was Parallelverschiebungen, Drehungen und Achsenspiegelungen sind, nicht wahr?" Anna und Bernd nicken. „Hintereinanderausführen oder Verketten bedeutet, dass man nacheinander mehrere solcher Operationen ausführt. Seht euch Abb. 4.6 an. Dort wird das Dreieck DEF schrittweise in das Dreieck ABC überführt. Die Dreiecke ABC und DEF sind kongruent. Kongruenz könnt ihr euch anschaulich so vorstellen: Stellt euch vor, ihr schneidet zwei geometrische Figuren, zum Beispiel zwei Dreiecke oder zwei Vierecke, aus

Abb. 4.6 Aus (**a**) folgt durch Parallelverschiebung des Dreiecks DEF Skizze (**b**). Skizze (**c**) entsteht durch eine Drehung von $BE'F'$ um den Punkt B. In einem letzten Schritt wird das Dreieck $AF''B$ durch eine Achsenspiegelung an AB auf ABC abgebildet

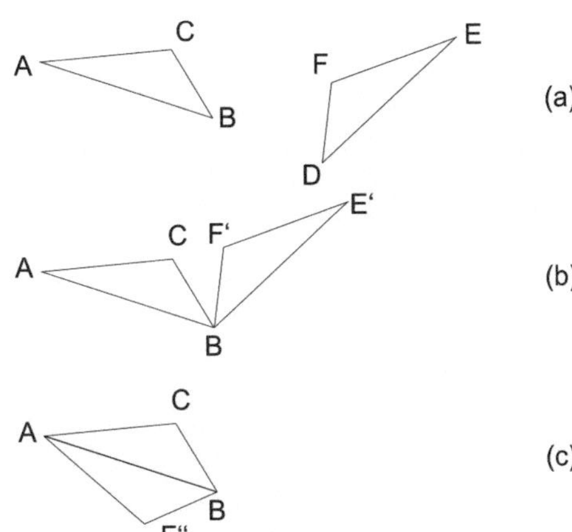

einem Bogen Papier aus. Die beiden Figuren sind kongruent, falls ihr sie deckungsgleich übereinanderlegen könnt. Eventuell müsst ihr eine Figur wenden, d. h. die Rückseite nach oben legen." „Bedeutet das, dass bei zwei kongruenten Dreiecken die entsprechenden Seiten und Winkel gleich groß sind?", fragt Anna. „Sehr gut, Anna. Das ist völlig richtig. Auch die Flächen sind gleich", ergänzt Georg.

„Wir konzentrieren uns auf die Kongruenz von Dreiecken", fährt Georg fort. Da ist die Situation günstig. Kongruenzsätze geben hinreichende Bedingungen an, unter denen zwei Dreiecke kongruent sind. Da braucht man sich nicht mehr darum zu kümmern, ob und wie man die Dreiecke aufeinander abbilden kann. „Ich habe gehört, dass zwei Dreiecke kongruent sind, wenn alle Seitenlängen übereinstimmen", bemerkt Anna. „Das ist richtig", lobt Georg. „Man bezeichnet diesen Kongruenzsatz übrigens mit „SSS", wobei „S" für Seite steht", erklärt Georg und schreibt die Kongruenzsätze an das Whiteboard. „Übrigens steht „W" für Winkel."

(SSS)	Zwei Dreiecke sind kongruent, wenn die Längen aller drei Seiten übereinstimmen.
(SWS)	Zwei Dreiecke sind kongruent, wenn die Längen zweier Seiten und der eingeschlossene Winkel übereinstimmen.
(WSW)	Zwei Dreiecke sind kongruent, wenn die Länge einer Seite und die beiden anliegenden Winkel übereinstimmen.
(SWW)	Zwei Dreiecke sind kongruent, wenn die Länge einer Seite, ein anliegender Winkel und der gegenüberliegende Winkel übereinstimmen.
(SSW)	Zwei Dreiecke sind kongruent, wenn die Längen zweier Seiten und der Winkel übereinstimmen, der der längeren Seite gegenüberliegt.

In Klammern stehen die Kurzbezeichnungen der Kongruenzsätze. Abb. 4.7 illustriert die Kongruenzsätze.

„Die beiden nächsten Aufgaben helfen euch, mit dem Kongruenzsätzen vertraut zu werden", erklärt Georg.

Abb. 4.7 Die Skizzen illustrieren die Kongruenzsätze. Die relevanten Größen sind in blau fettgedruckt

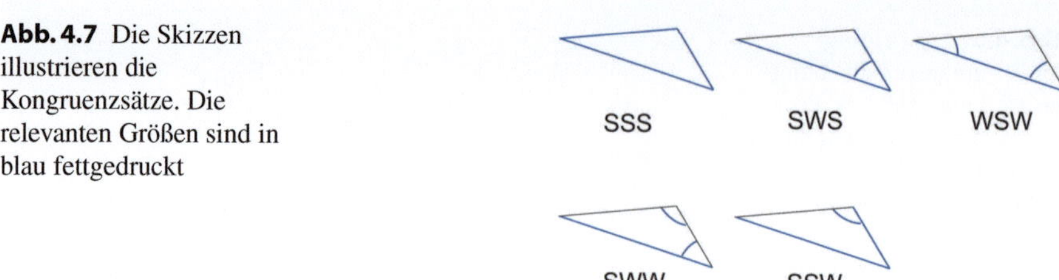

i) Beweise: In einem Parallelogramm sind die Längen gegenüberliegender Seiten und gegenüberliegende Winkel gleich.

j) Beweise: In einem Parallelogramm teilt der Schnittpunkt der beiden Diagonalen jede Diagonale in zwei Strecken gleicher Länge.

k) Beweise: Das Viereck $ABCD$ in Abb. 4.5, rechte Skizze, ist ein Parallelogramm.

„Jetzt fehlt nur noch der alte MaRT-Fall", motiviert Georg Anna und Bernd am Ende eines langen Nachmittags.

l) (alter MaRT-Fall) Löse den alten MaRT-Fall. Konstruiere die Lösung mit Zirkel und Lineal.

„Dreiecke besitzen die Winkelsumme 180°. Gilt eine ähnliche Eigenschaft auch für Vierecke, Georg?" „Das ist eine gute Frage, Bernd. Die Winkelsumme bei Vierecken beträgt 360°. Übrigens ist das gar nicht so schwierig zu beweisen. Man zerlegt das Viereck in zwei Dreiecke. Der Nachmittag war lang. Für heute sind wir fertig. Beim nächsten Mal werden wir uns intensiv mit verschiedenen Anwendungen der Kongruenzsätze befassen."

Anna, Bernd, die Schülerinnen und Schüler
„Aufgaben zur Bestimmung von Winkeln und einfache Konstruktionen mit Zirkel und Lineal hatten wir ja schon in der Schule, aber die Kongruenzsätze finde ich echt toll", schwärmt Anna. Bernd pflichtet ihr bei: „Ja, es vereinfacht Beweise, wenn man keine Kongruenzabbildungen suchen muss, sondern anhand einiger Seiten und Winkel entscheiden kann, ob zwei Dreiecke kongruent sind. Ich fand die Aufgaben zu den Parallelogrammen total interessant." „Mal sehen, was man mit den Kongruenzsätzen noch alles machen kann, Bernd."

Was ich in diesem Kapitel gelernt habe

- Scheitelwinkel, Stufenwinkel und Wechselwinkel können sehr nützlich sein, um unbekannte Winkel zu bestimmen.
- Ich habe Konstruktionen mit Zirkel und Lineal durchgeführt.
- Ich kenne die Kongruenzsätze für Dreiecke und habe sie angewandt.

„Hallo, Anna und Bernd! Heute machen wir da weiter, wo wir beim letzten Mal aufgehört haben. Ihr werdet noch einige weitere Anwendungen der Kongruenzsätze kennenlernen."

Alter MaRT-Fall Charly backt leckere Nussecken nach einem alten Familienrezept. Die Familientradition verlangt, dass die Nussecken die Form von rechtwinkligen Dreiecken haben und dass die Seite der Nussecke, die dem rechten Winkel gegenüberliegt, 6 cm lang ist, damit die Nussecken beim Essen auch gut in der Hand liegen. Charly hat sich gefragt, wie er unter diesen Randbedingungen möglichst große Nussecken herstellen kann. Oder anders ausgedrückt: Wie groß muss er die beiden anderen Winkel wählen, damit die Fläche der Nussecken maximal wird? Welche Fläche kann er höchstens erreichen?

„Prinzipiell kann man Winkel und Seitenlängen beliebig bezeichnen", erklärt Georg. „Abb. 5.1 zeigt die gängige Beschriftung, wenn das Dreieck die Eckpunkte A, B und C besitzt. Die Längen der Seiten $\overline{AB}$, $\overline{BC}$ und $\overline{CA}$ bezeichnet man mit c, a bzw. b, und die Winkel an A, B und C heißen mit α, β und γ. Diese Bezeichnungen werden wir im Folgenden auch verwenden."

Abb. 5.1 Dreieck ABC mit Seitenlängen und Winkeln (übliche Beschriftung)

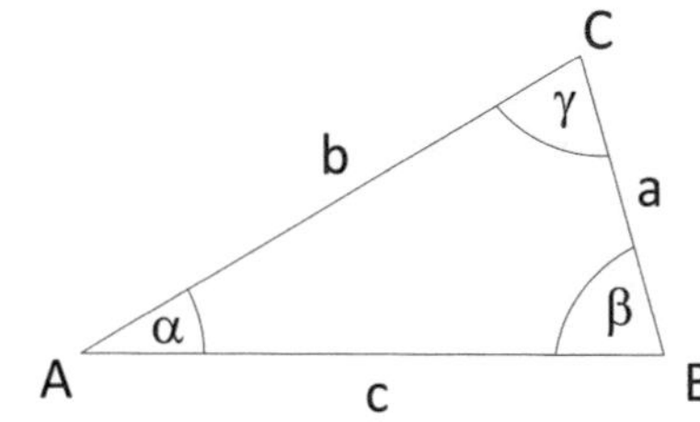

© Der/die Autor(en), exklusiv lizenziert an Springer Fachmedien Wiesbaden GmbH, ein Teil von Springer Nature 2026
S. Schindler-Tschirner und W. Schindler, *Mathematische Geschichten für begabte Schülerinnen und Schüler in der Unterstufe*,
https://doi.org/10.1007/978-3-658-50396-3_5

a) Konstruiere mit Zirkel und Lineal ein Dreieck mit den Seitenlängen $a = 3\,\mathrm{cm}$, $b = 4\,\mathrm{cm}$ und $c = 5\,\mathrm{cm}$. Ist das Dreieck damit eindeutig festgelegt? Wenn mehr als ein Dreieck mit diesen Eigenschaften existiert: Sind die Dreiecke kongruent? Hinweis: Wie üblich, spielt hier die Lage des Dreiecks in der Ebene keine Rolle.

b) Entscheide für jede Teilaufgabe, ob das Dreieck durch die Angaben bis auf Kongruenz eindeutig bestimmt ist.

Falls ja: Gib an, aus welchem Kongruenzsatz dies folgt.

Falls nein: Konstruiere zwei Dreiecke, die die Anforderungen erfüllen, aber nicht kongruent sind. (Ein Lineal mit Skala und ein Winkelmesser sind erlaubt.)

   (i) $b = 3\,\mathrm{cm}$, $\alpha = 48°$, $\gamma = 67°$

  (ii) $a = 2{,}5\,\mathrm{cm}$, $b = 3{,}5\,\mathrm{cm}$, $\gamma = 70°$

 (iii) $a = 2{,}5\,\mathrm{cm}$, $b = 3{,}5\,\mathrm{cm}$, $c = 4{,}5\,\mathrm{cm}$

 (iv) $a = 1{,}8\,\mathrm{cm}$, $c = 3{,}1\,\mathrm{cm}$, $\alpha = 27°$

  (v) $b = 4{,}2\,\mathrm{cm}$, $\alpha = 42°$, $\beta = 57°$

 (vi) $a = 1{,}8\,\mathrm{cm}$, $c = 3{,}1\,\mathrm{cm}$, $\gamma = 27°$

„Erinnert ihr euch noch an die besondere Eigenschaft von Rauten, auf die ich euch beim letzten Mal hingewiesen habe?" „Natürlich, Georg", antwortet Bernd schnell, und Anna führt aus: „Bei einer Raute schneiden sich die Diagonalen senkrecht und sie halbieren sich gegenseitig." „Da habt ihr aber gut aufgepasst. Jetzt sollt ihr das beweisen."

c) Beweise die folgenden Aussagen über Rauten: Jede Raute ist auch ein Parallelogramm. Der Schnittpunkt der Diagonalen teilt diese jeweils in zwei gleich lange Hälften. Die Diagonalen schneiden sich rechtwinklig.

„Habt ihr euch schon mit der Berechnung von Flächen befasst, Anna und Bernd?" „Die Fläche eines Rechtecks mit den Seitenlängen a und b ist das Produkt ab, aber mehr wissen wir leider noch nicht", erklärt Bernd. „Das macht nichts", beruhigt Georg. „Mit Parallelogrammen haben wir uns ja schon beim letzten Mal befasst. Die linke Skizze in Abb. 5.2 zeigt ein Parallelogramm. Die Höhe h gibt den Abstand der parallelen Seiten $\overline{AB}$ und $\overline{CD}$ an. Aus Kap. 4, Aufgabe i), wisst ihr ja schon, dass beim Parallelogramm gegenüberliegende Winkel gleich groß sind. In der rechten Skizze von Abb. 5.2 seht ihr ein Trapez. Ein Trapez besitzt zwei parallele Seiten. Auch hier gibt die Höhe h den Abstand der parallelen Seiten an. Für die beiden übrigen Seiten eines Trapezes gibt es keine Einschränkungen."

d) Beweise: Der Flächeninhalt F eines Parallelogramms beträgt $F = ah$ (Bezeichnungen wie in Abb. 5.2, links).

e) Berechne die Flächen der folgenden Parallelogramme. Gib die Fläche jeweils in Quadratmetern und in Quadratzentimetern an.

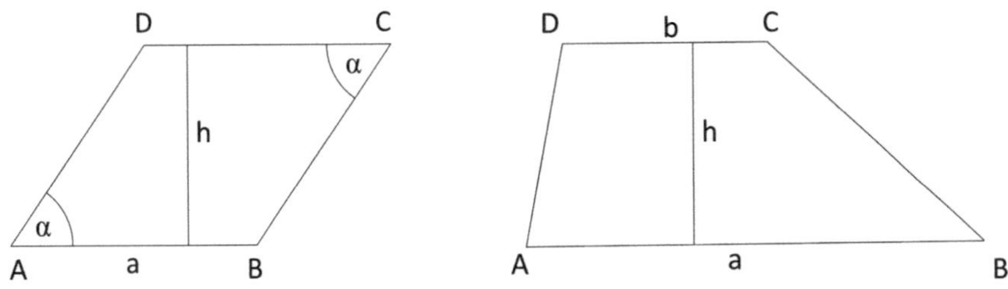

Abb. 5.2 Links: Parallelogramm mit Grundseite a und Höhe h; rechts: Trapez mit der Höhe h

(i) $a = 5\,\mathrm{m}$, $h = 2\,\mathrm{m}$.

(ii) $a = 3\,\mathrm{cm}$, $h = 0{,}5\,\mathrm{m}$.

Definition 5.1 Unter der Höhe in einem Dreieck verstehen wir eine Gerade, die durch eine Ecke geht und die gegenüberliegende Seite (oder deren Verlängerung) senkrecht schneidet. Ebenso wird die Länge der Strecke zwischen dem Eckpunkt und der gegenüberliegenden Seite als Höhe bezeichnet. vgl. Abb. 5.3, links. In einem Parallelogramm oder einem Trapez bezeichnet die Höhe den Abstand zwischen gegenüberliegenden parallelen Seiten.

„Dann gibt es in einem Dreieck drei Höhen, nämlich durch jede Ecke eine, nicht wahr?", stellt Anna fest. „Das ist völlig richtig, Anna. Besitzt das Dreieck wie in Abb. 5.1 die Eckpunkte A, B und C, bezeichnet man die Höhen durch die Punkte A, B und C oft mit h_a, h_b und h_c, um sie unterscheiden zu können. Wird nur eine Höhe benötigt, verwendet man häufig die Bezeichnungen g und h, was Indizes spart und Formeln griffiger macht." „Kann es denn sein, dass eine Höhe außerhalb des Dreiecks verläuft?", fragt Bernd, weil ihm in der Definition 5.1 die Bedeutung der Klammer ‚(oder deren Verlängerung)' unklar ist. „Das ist eine gute Frage. Schaut euch die rechte Skizze in Abb. 5.3 an. In Dreieck (a) verläuft die h_c innerhalb des Dreiecks. Das zweite Dreieck (b) hat einen rechten Winkel in B. Dort liegt h_c auf der Seite $\overline{BC}$. Das Dreieck (c) hat eine stumpfen Winkel B. Dort verläuft h_c außerhalb des Dreiecks. Jetzt seid ihr wieder mir zwei Aufgaben dran."

„Eine Frage habe ich noch, Georg! Besitzt ein Parallelogramm zwei unterschiedliche Höhen, und zwar für jedes Parallenpaar eine?" „Das hast du gut erkannt, Anna!"

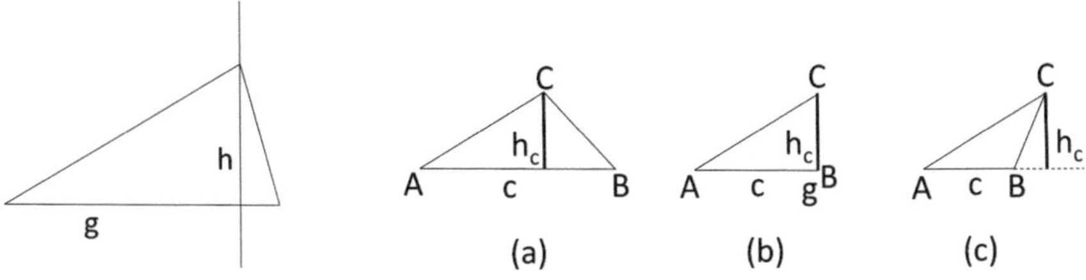

Abb. 5.3 Links: Dreieck mit Grundseite g und Höhe h; rechts: Höhe h_c für unterschiedliche Dreiecke

f) Beweise: Die Fläche F eines Dreiecks beträgt $F = \frac{gh}{2}$ (Bezeichnungen wie in Abb. 5.3, linke Skizze).

g) Berechne die Fläche der folgenden Dreiecke.
   Hinweis: Es gelten die Bezeichnungen aus Abb. 5.1

   (i) $a = 3, h_a = 2$.
   (ii) $c = 31, h_c = 18$.
   (iii) $\gamma = 90°, a = 4, b = 2$.

„Ihr habt die Flächenformeln für Parallelogramme und Dreiecke bewiesen. Verwendet dieses Wissen, um auch noch die Flächenformel für Trapeze zu beweisen."

h) Beweise: Der Flächeninhalt F eines Trapezes beträgt $F = \frac{(a+b)h}{2}$ (Bezeichnungen wie in Abb. 5.2, rechte Skizze).

i) Für ein Trapez gelten $a = 2,4\,\text{m}$, $h = 1,6\,\text{m}$, und die Fläche ist $F = 2,88\,\text{m}^2$. Berechne b.

„Das ist ja echt klasse", bemerkt Bernd. „Mit den Kongruenzsätzen war es gar nicht so schwierig, Flächenformeln für spezielle Vierecke zu beweisen." „Hier ist ein Schaubild (Abb. 5.4), auf dem unterschiedliche Vierecke angeordnet sind", erklärt Georg. „Pfeile weisen von Vierecken mit stärkeren Eigenschaften auf Vierecke mit schwächeren Eigenschaften."

Und er ergänzt: „Wir brauchen noch eine Definition, Anna und Bernd".

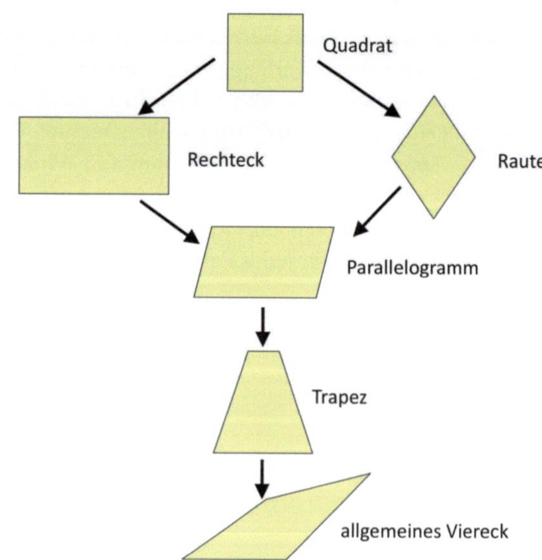

Abb. 5.4 Hierarchische Anordnung von Vierecken; Der Pfeil vom Rechteck zum Parallelogramm bedeutet beispielsweise, dass jedes Rechteck ein Parallelogramm ist

Definition 5.2 Ein Dreieck mit zwei gleich langen Seiten nennt man *gleichschenklig.* Die dritte Seite ist die *Basis,* und die Winkel, die den gleich langen Seiten gegenüber liegen, heißen *Basiswinkel.* Sind alle drei Seiten gleich lang, spricht man von einem *gleichseitigen Dreieck.*

j) Es sei ABC ein gleichschenkliges Dreieck mit der Basis $\overline{AB}$.
   Beweise: Die Basiswinkel α und β sind gleich.
k) Für ein Dreieck ABC gilt $\alpha = \beta$.
   Beweise: Das Dreieck ABC ist gleichschenklig mit $|\overline{AC}| = |\overline{BC}|$.
l) Beweise: In einem gleichseitigen Dreieck sind alle Winkel 60°.

„Wann kommen wir endlich zum alten MaRT-Fall?", fragen Anna und Bernd schon etwas erschöpft und auch ungeduldig. „Um den alten MaRT-Fall zu lösen, fehlt euch noch ein wichtiges Hilfsmittel, nämlich der Satz des Thales. Zuerst noch eine Definition, die letzte für heute Nachmittag."

Definition 5.3 Ein Dreieck heißt *rechtwinklig,* falls ein Winkel 90° ist. Die Seite, die dem rechten Winkel gegenüber liegt, heißt *Hypotenuse,* und die beiden anderen Seiten nennt man *Katheten.*

Satz 5.1 (Satz des Thales[1]) Gegeben sei ein Kreis k mit dem Durchmesser $\overline{AB}$. Für jeden Punkt $C \in k$ ist das Dreieck ABC rechtwinklig mit dem rechten Winkel in C.

m) Beweise den Satz des Thales.
   Tipp: Zerlege das Dreieck ABC in zwei gleichschenklige Dreiecke.

„Das ist ja echt cool. Wenn man die dritte Ecke C irgendwo auf den Kreis mit dem Radius $\overline{AB}$ zeichnet, hat man immer einen rechten Winkel in C", staunt Bernd. „Was ist eigentlich, wenn der Punkt C nicht auf dem Kreis k liegt? Kann es da auch rechte Winkel geben?", fragt Anna interessiert. „Das ist nicht der Fall", erklärt Georg: „Es gilt nämlich auch die Umkehrung des Satzes des Thales. Der Kreis k beschreibt die Menge aller rechtwinkligen Dreiecke mit der Hypotenuse $\overline{AB}$."

Satz 5.2 (Umkehrung des Satzes des Thales) Es sei k der Kreis mit Durchmesser $|\overline{AB}|$, und es ist $C' \notin k$. Dann ist der Winkel in $C \neq 90°$.

„Der Beweis ist zwar nicht allzu schwierig, aber den Beweis führen wir heute nicht. Löst noch den alten MaRT-Fall. Dann reicht es für heute."

n) (alter MaRT-Fall) Löse den alten MaRT-Fall.

---

[1] Thales von Milet lebte um 625 v. Chr.–etwa 547 v. Chr. Er galt als einer der sieben „Weisen" der griechischen Antike.

Anna, Bernd, die Schülerinnen und Schüler

„Ich bin von den Kongruenzsätzen inzwischen noch mehr begeistert. Ich hätte nicht gedacht, dass man sie so vielfältig nutzen kann", schwärmt Anna. „Da hast du recht, Anna. Aber der Satz des Thales ist auch beeindruckend, vor allem, wenn man bedenkt, dass er schon mehr als zweieinhalbtausend Jahre alt ist."

Was ich in diesem Kapitel gelernt habe

- Ich habe neue Anwendungen der Kongruenzsätze kennengelernt.
- Ich kann die Fläche von Dreiecken, Rechtecken, Parallelogrammen und Trapezen berechnen.
- Ich habe den Satz des Thales bewiesen.

„Carlotta, du bist unsere neue Mentorin?" Anna und Bernd sind total überrascht. Carlotta ist Schulsprecherin, das ist klar, aber dass sie auch in der MaRT ist, das wussten Anna und Bernd nicht. „Ja, das bin ich", lacht Carlotta. „Heute und beim nächsten Mal befassen wir uns mit Kombinatorik. Habt ihr schon etwas von Kombinatorik gehört, Anna und Bernd?" „Ja", antwortet Bernd wie aus der Pistole geschossen, „Kombinatorik haben wir in unser Aufnahmeprüfung in den CBJMM kennengelernt". „Das trifft sich gut", sagt Carlotta. „Ich habe euch natürlich auch einen alten MaRT-Fall mitgebracht."

Alter MaRT-Fall Die Geschäftsführerin des Gartencenters „Grüne Laube", Flora Arboris, hat zum 10-jährigen Firmenjubiläum ein Preisausschreiben veranstaltet, bei dem die Sitzgruppe „7 Zwerge", ein runder Holztisch mit 7 Stühlen, der Hauptpreis war. Die Preisfrage war, wie viele verschiedene Möglichkeiten es gibt, 7 Gäste auf die 7 Stühle zu verteilen. Um die Sache schwieriger zu machen, galten zwei Sitzordnungen als gleich, wenn alle Gäste dieselben Sitznachbarn hatten (auch wenn diese auf anderen Stühlen saßen). Es spielte auch keine Rolle, ob jemand rechter oder linker Sitznachbar war. Flora Arboris hatte sich die Preisfrage ausgedacht und war ziemlich vernarrt in das Problem. Allerdings wurde sie unsicher, ob ihre Lösung der Preisaufgabe richtig war und hat sicherheitshalber die MaRT um Hilfe gebeten.

„Der alte MaRT-Fall ist gar nicht so einfach. Wir fangen mit ein paar einfachen Aufgaben zum Aufwärmen an", fährt Carlotta fort.

a) Wie viele zweistellige Zahlen kann man aus den Ziffern 3 und 8 bilden, wenn jede Ziffer nur einmal verwendet werden darf? Schreibe alle Möglichkeiten auf.
b) Auf wie viele Arten kann man eine blaue, eine grüne und eine rote Kugel nebeneinander legen? Schreibe alle Möglichkeiten auf.

© Der/die Autor(en), exklusiv lizenziert an Springer Fachmedien Wiesbaden GmbH, ein Teil von Springer Nature 2026
S. Schindler-Tschirner und W. Schindler, *Mathematische Geschichten für begabte Schülerinnen und Schüler in der Unterstufe*,
https://doi.org/10.1007/978-3-658-50396-3_6

c) Wie viele Wörter aus vier Buchstaben kann man aus den Buchstaben A, B, C und D
   bilden, wenn jeder Buchstabe nur einmal verwendet werden darf? Dabei müssen
   die Wörter keinen Sinn ergeben. Schreibe alle Möglichkeiten in der Reihenfolge
   auf, in der man sie in einem Wörterbuch finden würde.

Carlotta fährt fort: „Es ist Zeit für ein paar Definitionen."

Definition 6.1 Für alle natürlichen Zahlen n ist $n! = 1 \cdot 2 \cdots (n-1) \cdot n$. Außerdem
gilt $0! = 1$. Sprechweise: *„n Fakultät"*.

d) Berechne $1!$, $2!$, $3!$, $4!$ und $5!$.
e) Berechne $\frac{5!}{7!}$, $\frac{12!}{11!}$ und $\frac{n!}{(n-k)!}$. Dabei ist $n > 0$ und $0 \le k \le n$. Rechne geschickt!

Definition 6.2 Unter einer *Permutation* versteht man die Anordnung von Objekten
in einer bestimmten Reihenfolge. Die Objekte können unterscheidbar sein, müssen
es aber nicht. Für eine endliche Menge M bezeichnet $|M|$ die Anzahl ihrer Elemente.

f) Zeige, dass man n unterscheidbare Objekte (z. B. n verschiedene Buchstaben oder
   Zahlen) auf $n!$ verschiedene Arten in einer Reihe anordnen kann. Oder anders
   gesagt: Es gibt $n!$ Permutationen. Begründe deine Antwort.

„In unserer Aufnahmeprüfung haben wir Aufgabe f) für die Zahlen 1 bis 6 mit
einer Rekursionsformel hergeleitet", berichtet Anna.[1] „Die Argumentation in der
Musterlösung ist letztlich dieselbe, auch wenn nicht explizit eine Rekursionsformel
eingeführt wurde", erklärt Carlotta.

g) Zu seinem 11. Geburtstag hat Timm von seinem Patenonkel 8 neue Songs seiner
   Lieblingssängerin geschenkt bekommen. Sofort macht er sich daran, die optimale
   Playlist zu erstellen, aber das ist gar nicht so einfach. Nach einigem Nachdenken
   fasst Timm den Plan, einfach an jedem Tag eine andere Playlist aus diesen 8 Titeln
   zu hören. Wie lange braucht er, bis er alle möglichen Playlists durchprobiert hat?
   Wie alt ist Timm dann?
h) Vor ihrer Aufnahmeprüfung in den CBJMM haben Anna und Bernd die Jubiläumsaufgabe, ein Kryptogramm, zum 10-jährigen Bestehen des CBJMM gelöst;
   vgl. Abb. 6.1. In einem Kryptogramm steht jeder Buchstabe für eine Ziffer, und
   unterschiedliche Buchstaben stehen für unterschiedliche Ziffern. Im Grundschulband haben Anna und Bernd die Aufgabe schrittweise, Buchstabe für Buchstabe,
   durch logisches Schließen gelöst.[2] Natürlich könnte man alternativ nacheinander

---

[1] Vgl. Mathematischen Geschichten für begabte Grundschülerinnen und Grundschüler (Schindler-
Tschirner und Schindler 2025) [64, Kap. 20, Aufgaben h)–l)].
[2] Siehe Mathematischen Geschichten für begabte Grundschülerinnen und Grundschüler (Schindler-
Tschirner und Schindler 2025) [64, Kap. 2].

Abb. 6.1 Jubiläumsaufgabe
zum 10-jährigen Bestehen
des CBJMM

$$ABC + DBE = FEC$$
$$+ \qquad + \qquad +$$
$$AGH + FAR = HSS$$
$$= \qquad = \qquad =$$
$$CDE + AEFR = ADER$$

alle möglichen Belegungen der Buchstaben mit Ziffern ausprobieren und prüfen,
ob alle Gleichungen erfüllt sind.

(i) Wie viele Möglichkeiten gibt es, die zehn Buchstaben (A, B, C, D, E, F, G, H,
R, S) mit (unterschiedlichen) Ziffern zu belegen?

(ii) Angenommen, es dauert im Durchschnitt 10 s, um festzustellen, ob eine Belegung korrekt ist oder nicht. Wie viele Tage benötigt man, um alle Möglichkeite
auszuprobieren?

i) Löse Aufgabe h) unter der Annahme, dass durch logisches Schließen bereits die
Belegung von 3 Buchstaben bekannt ist. Gib die Zeit in Teilaufgabe (ii) in Stunden
an.

j) Zeige, dass es $\frac{n!}{(n-k)!}$ Möglichkeiten gibt, um k von n unterscheidbare Objekte in
einer Reihe anzuordnen. Dabei ist $1 \leq k \leq n$.

k) Löse Aufgabe h) für ein Kryptogramm, in dem nur 7 unterschiedliche Buchstaben
vorkommen.

„Mit Permutationen kennt ihr euch ja gut aus. Aber ich habe noch ein paar kniffligere
Aufgaben für euch. Da kommen Zusatzbedingungen hinzu."

l) Auf einem Tisch liegen 5 Kugeln, eine grüne, eine rote, eine blaue, eine schwarze
und eine braune. Wie viele Möglichkeiten gibt es, diese Kugeln nebeneinander
in eine Reihe zu legen? Was ändert sich, wenn man die braune Kugel durch eine
weitere blaue Kugel ersetzt?

m) Wie viele Permutationen erlauben die 7 Buchstaben A, D, D, E, E, E, F?

n) An einer Seite eines langen Tisches haben 10 Personen Platz. Wie viele Möglichkeiten hat der Ober, 10 Gäste dort zu platzieren? Wie viele Möglichkeiten gibt es,
5 Ehepaare zu platzieren, wenn alle Ehepartner nebeneinander sitzen möchten?
Was ändert sich, wenn zusätzlich verlangt wird, dass abwechselnd Männer und
Frauen nebeneinander sitzen wollen?

„Jetzt ist es an der Zeit, dass ihr den alten MaRT-Fall bearbeitet, Anna und Bernd.
Der ist aber nicht ganz einfach. Deswegen bearbeiten wir zunächst eine ähnliche,
aber einfachere Aufgabe."

o) (alter MaRT-Fall, vereinfachte Aufgabenstellung) Hier gelten zwei Sitzordnungen als gleich im Sinne der Aufgabenstellung (oder kurz: als gleichwertig), wenn alle Gäste in der Sitzgruppe „7 Zwerge" denselben rechten *und* denselben linken Sitznachbarn haben. Zu einer Permutation π (beschreibt eine Sitzordnung) bezeichnet $S(\pi)$ die Menge aller Sitzordnungen, die im Sinne der Aufgabenstellung zu π gleich sind, wobei auch $\pi \in S(\pi)$ gilt.
Beschreibe die Menge $S(\pi)$ und berechne $|S(\pi)|$.

„Heißt das, dass die Anzahl der unterschiedlichen Sitzordnungen im Sinne der Aufgabenstellung o) einfach die Anzahl der Permutationen geteilt durch 7 ist, Carlotta?"
„Das ist richtig, Anna, aber hierfür benötigen wir noch einen weiteren Beweisschritt."
„Jedenfalls ist π zu π' gleichwertig, wenn π' zu π gleichwertig ist. Man kann ja ein Weiterrücken um k Positionen rückgängig machen, indem man für $k > 0$ nochmals um $7 - k$ Positionen weiterrückt. Für $k = 0$ ist nichts zu tun." „Das ist eine nützliche Beobachtung, Bernd", lobt Carlotta. „Mir ist auch noch etwas aufgefallen", erklärt Anna: „Wenn π' zu π gleichwertig ist und π'' zu π', dann ist auch π'' zu π gleichwertig. Man kann die beiden Drehungen zu einer einzigen Drehung zusammenfassen, indem man die Anzahl der weitergerückten Positionen addiert. Genauer gesagt, genügt es, den 7er-Rest dieser Summe weiterzurücken." „Sehr gut!", lobt Carlotta. „Den Rest schafft ihr auch noch!"

p) (alter MaRT-Fall, vereinfachte Aufgabenstellung)

   (i) Beweise: Für zwei Permutationen π und π' ist $S(\pi) = S(\pi')$, oder es gilt $S(\pi) \cap S(\pi') = \{\}$.

   (ii) Wie viele unterschiedliche Permutationen gibt es im Sinne der Aufgabenstellung?

q) (alter MaRT-Fall, Vorüberlegung) Analog zu p) ist $S^*(\pi) := \{\pi' \mid \pi'$ beschreibt eine zu π gleiche Sitzordnung im Sinne des alten MaRT-Falls$\}$.

   (i) Es sei π eine Permutation, bei der Gast A auf Stuhl 1 sitzt. Wie viele zu π gleichwertige Permutationen gibt es, bei denen Gast A auf dem Stuhl k sitzt? Was bedeutet dies für die Reihenfolge der Sitznachbarn?

   (ii) Beschreibe $S^*(\pi)$ und bestimme $|S^*(\pi)|$.

   (iii) Beweise: Für zwei Permutationen π und π' ist $S^*(\pi) = S^*(\pi')$, oder es gilt $S^*(\pi) \cap S^*(\pi') = \{\}$.

r) (alter MaRT-Fall) Löse den alten MaRT-Fall.

Anna, Bernd, die Schülerinnen und Schüler
„Kombinatorik ist wirklich interessant. Es ist gar nicht so einfach, die Anzahl von Permutationen zu bestimmen, wenn man zusätzliche Bedingungen berücksichtigen

muss. Und ich hätte auch nicht gedacht, dass man aus nur 8 Liedern so viele Playlists zusammenstellen kann, Bernd." „Timm sicher auch nicht", grinst Bernd schelmisch.

Was ich in diesem Kapitel gelernt habe

- Ich weiß jetzt, was $n!$ ist.
- Ich habe bewiesen, dass die Menge $\{1, \ldots, n\}$ genau $n!$ Permutationen besitzt.
- Ich habe auch schwierigere Aufgaben mit Zusatzbedingungen gelöst.

Zurücklegen oder nicht, das ist hier die Frage

„Hallo Anna und Bernd, unser letztes Treffen war ziemlich anstrengend, nicht wahr?" „Da hast du Recht", stimmt Bernd Carlotta zu, und Anna ergänzt, dass es aber auch spannend war. „Das letzte Mal haben wir uns mit Permutationen befasst. Heute lernt ihr noch andere Kombinatorikaufgaben kennen. Euer Wissen über Permutationen könnt ihr aber gut gebrauchen."

„Zum Aufwärmen nehmen wir an, dass sich in einem Lostopf 10 Kugeln befinden, die mit den Zahlen 0 bis 9 beschriftet sind. Mathematiker sprechen übrigens normalerweise von einer Urne anstatt von einem Lostopf."

a) Aus der Urne wird eine Kugel gezogen. Die gezogene Zahl bildet die erste Ziffer einer vierstelligen Zahl. Danach wird die Kugel zurück in die Urne gelegt. Auf die gleiche Weise werden auch die zweite, dritte und vierte Ziffer der vierstelligen Zahl bestimmt. Wie viele verschiedene vierstellige Zahlen können auf diese Weise erzeugt werden? Begründe deine Antwort.
Beachte: Führungsnullen sind zulässig, z. B. 0776, 0034 oder 0000.

b) Jetzt wird das Experiment aus a) wiederholt, aber die gezogenen Kugeln werden nicht wieder in die Urne zurückgelegt. Wie viele verschiedene vierstellige Zahlen können jetzt auftreten? Welche Eigenschaften haben diese Zahlen?

„Das hat ja wieder gut geklappt", lobt Carlotta. „Dass 10 Kugeln in der Urne waren und dass 4 Mal gezogen wurde, ist eine Besonderheit der beiden Aufgaben, aber die Gesetzmäßigkeiten, die ihr dabei herausgefunden habt, gelten auch allgemein. Das Szenario aus a) nennt man *Ziehen mit Zurücklegen* und das aus b) *Ziehen ohne Zurücklegen*. In beiden Fällen ist die Reihenfolge der gezogenen Kugeln wichtig. Man spricht von *geordneten Stichproben*. Allgemein gilt:"

© Der/die Autor(en), exklusiv lizenziert an Springer Fachmedien Wiesbaden GmbH, ein Teil von Springer Nature 2026
S. Schindler-Tschirner und W. Schindler, *Mathematische Geschichten für begabte Schülerinnen und Schüler in der Unterstufe*,
https://doi.org/10.1007/978-3-658-50396-3_7

- In einer Urne befinden sich n unterscheidbare Kugeln. Es wird k Mal hintereinander eine Kugel gezogen.

    - Ziehen mit Zurücklegen, geordnete Stichprobe:
      Es gibt n^k mögliche Anordnungen.
    - Ziehen ohne Zurücklegen, geordnete Stichprobe, $k \leq n$:
      Es gibt $n(n-1) \cdots (n-k+1)$ mögliche Anordnungen. Man spricht hier auch von Variationen.

„Beim letzten Mal haben wir gezeigt, dass $n(n-1) \cdots (n-k+1) = \frac{n!}{(n-k)!}$ gilt", ergänzt Bernd stolz.

c) In einer Urne liegen 13 unterscheidbare Kugeln. Es werden nacheinander 3 Kugeln gezogen. Wie viele geordnete Stichproben gibt es, wenn

  (i) die Kugeln nach dem Ziehen wieder in die Urne gelegt werden?
  (ii) die Kugeln nach dem Ziehen nicht zurück in die Urne gelegt werden?

d) In einer Urne liegen 6 unterscheidbare Kugeln. Es werden nacheinander 6 Kugeln gezogen. Wie viele geordnete Stichproben gibt es, wenn

  (i) die Kugeln nach dem Ziehen wieder in die Urne gelegt werden?
  (ii) die Kugeln nach dem Ziehen nicht zurück in die Urne gelegt werden?

e) In einer Urne liegen 8 unterscheidbare Kugeln. Es werden nacheinander 3 Kugeln gezogen. Wie viele geordnete Stichproben gibt es, wenn

  (i) die Kugeln nach dem Ziehen wieder in die Urne gelegt werden?
  (ii) die Kugeln nach dem Ziehen nicht zurück in die Urne gelegt werden?

f) In einer Urne liegen 8 unterscheidbare Kugeln. Es werden nacheinander 3 Kugeln ohne Zurücklegen gezogen. Im Gegensatz zu den Teilaufgaben c)(ii), d)(ii) und e)(ii) ist es jetzt unerheblich, in welcher Reihenfolge die Kugeln gezogen wurden? Wie viele verschiedene Möglichkeiten gibt es?

„Ich nehme an, dass ihr noch nicht wisst, was Binomialkoeffizienten sind, oder? Die sind in der Kombinatorik aber sehr wichtig, Anna und Bernd."

Definition 7.1 Es sei n eine natürliche Zahl und $0 \leq k \leq n$. Dann bezeichnet man

$$\binom{n}{k} = \frac{n!}{(n-k)! \cdot k!} \tag{7.1}$$

als *Binomialkoeffizient,* gesprochen „n über k".

g) Berechne die Binomialkoeffizienten $\binom{6}{4}$, $\binom{7}{2}$, $\binom{4}{0}$, $\binom{8}{1}$ und $\binom{8}{7}$.

h) Beweise, dass $\binom{n}{k} = \binom{n}{n-k}$ gilt.

   Tipp: Wende die Definition (7.1) auf $\binom{n}{n-k}$ an.

„Jetzt weiß ich auch, wofür man 0! braucht", stellt Anna fest. „Wozu sind denn Binomialkoeffizienten gut, Carlotta, außer dass man sie berechnen kann?", fragt Bernd. „Wir haben schon über geordnete Stichproben gesprochen. Binomialkoeffizienten treten auf, wenn die Reihenfolge unerheblich ist, in der die einzelnen Werte auftreten. In diesem Fall spricht man von *ungeordneten Stichproben.* Allgemein gilt:"

- In einer Urne befinden sich n unterscheidbare Kugeln. Es wird k Mal hintereinander eine Kugel gezogen.

  - Ziehen ohne Zurücklegen, ungeordnete Stichprobe, $k \leq n$:
    Es gibt $\binom{n}{k}$ verschiedene Stichproben. Man spricht hier auch von Kombinationen.

„In Aufgabe f) haben wir schon den Spezialfall $(n, k) = (8, 3)$ gelöst", bemerkt Anna und sagt: „Ich vermute, dass wir die Aussage jetzt allgemein beweisen sollen!" „Stimmt genau", lächelt Carlotta, „man könnte meinen, dass du Gedanken lesen kannst. Vielleicht hast du aber einfach nur verstanden, worauf es in der Mathematik ankommt."

Bernd sagt nach kurzem Nachdenken: „Bei Kombinationen spielt die Reihenfolge keine Rolle, in der die Kugeln gezogen werden, sondern nur, welche Kugeln das sind. Also entspricht jede Kombination aus k Kugeln einer k-elementigen Teilmenge aller n Kugeln, die zu Beginn in der Urne liegen. Wir müssen beweisen, dass eine n-elementige Menge, also z. B. $\{1, \ldots, n\}$, insgesamt $\binom{n}{k}$ k-elementige Teilmengen besitzt, nicht wahr?" Carlotta nickt zustimmend: „Das ist völlig richtig."

i) Beweise, dass jede n-elementige Menge $\binom{n}{k}$ k-elementige Teilmengen besitzt.

j) Wie viele 3-elementige Teilmengen besitzt die Menge $\{1, 2, 3, 4\}$? Wie verhält sich das mit der Menge $\{A, c, 67, s, 2\}$?

k) Ein Tipp beim Zahlenlotto „6 aus 49" besteht darin, dass man 6 Zahlen zwischen 1 und 49 ankreuzt. Wie viele unterschiedliche Tipps gibt es?

   Hinweis: Die Reihenfolge, in der die Kugeln gezogen werden, spielt keine Rolle.

l) Abb. 7.1(a) zeigt ein Fußabstreifgitter. Eine Ameise befindet sich an der Ecke A. Um zur Ecke B zu kommen, muss die Ameise über das Gitter krabbeln. Die Ameise möchte gerne einen möglichst kurzen Weg gehen.

   (i) Wie lang sind die kürzesten Wege, wenn jedes Teilstück 2 cm lang ist? Beschreibe die kürzesten Wege. Wie viele kürzeste Wege gibt es?

Abb. 7.1 Kürzeste Wege
gesucht: (a) von A nach B,
(b) von A über C nach B

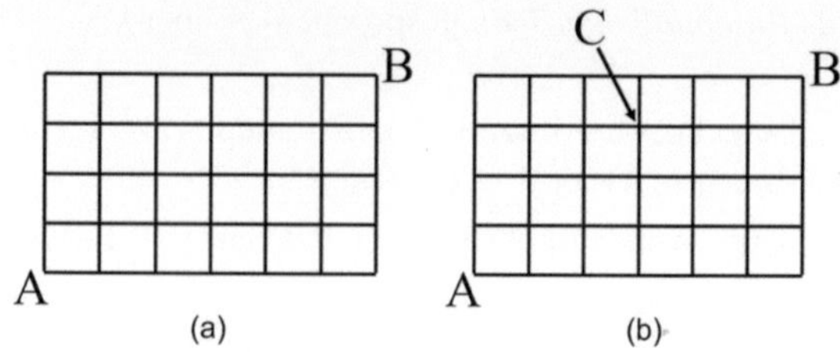

(ii) In Abb. 7.1(b) ist der Punkt C eingezeichnet. Wie viele kürzeste Wege von A
      nach B gibt es, die über C führen?

„Die letzte Teilaufgabe war wirklich interessant. Auf den ersten Blick sieht man
gar nicht, dass auch hier Binomialkoeffizienten eine Rolle spielen", meint Bernd.
Anna fügt hinzu: „Als wir in den CBJMM aufgenommen wurden, war unsere erste
Aufgabe ein Wegeproblem. Allerdings mussten wir damals beweisen, dass es Wege
bestimmter Länge nicht geben kann.[1] Jetzt können wir sogar berechnen, wie viele
kürzeste Wege es gab." „Für einen kürzesten Weg musste man drei Straßenstücke
nach rechts und zwei Straßenstücke nach unten gehen", erinnert sich Bernd. „Also
gab es $\binom{5}{3} = 10$ kürzeste Wege."

„Wir sind beinahe fertig für heute, aber eine Aufgabe habe ich noch", fährt Carlotta
fort. „Ihr erinnert euch doch noch an den alten MaRT-Fall zum Schubfachprinzip.
Peter Sponsio wollte wetten, dass in einer zufällig bestimmten 27-elementigen Teilmenge der Mitglieder des Debattierklubs „Scharfe Zunge" zwei Mitglieder sind,
die innerhalb dieser Teilmenge dieselbe Anzahl an Freunden haben. ihr habt durch
eine systematische Aufzählung aller möglichen (Freund/kein Freund)-Beziehungen
gezeigt, dass Peter Sponsio für 2- und 3-elementige Teilmengen immer gewinnen
würde. Allerdings gab es da nur 2 bzw. 8 solche (Freund/kein Freund)-Beziehungen."

m) Wie viele (Freund/kein Freund)-Beziehungen müsste Anna berücksichtigen, wenn
     sie den alten MaRT-Fall aus Kap. 2 durch das systematische Aufzählen und Aus-
     werten aller Möglichkeiten lösen wollte?

Anna, Bernd, die Schülerinnen und Schüler
„Anfangs war das schon verwirrend: Ziehen ohne Zurücklegen, Ziehen mit Zurücklegen", seufzt Anna, und Bernd fügt nahtlos hinzu: „geordnete und ungeordnete
Stichproben. Aber wenn man die Unterschiede erst einmal verstanden hat, ist das
gar nicht mehr so schwierig." „Ich hätte niemals gedacht, dass in unserem ersten
alten MaRT-Fall so viele unterschiedliche (Freund/kein Freund)-Beziehungen auftreten können. Gut, dass es das Schubfachprinzip gibt."

---

[1] Vgl. Mathematische Geschichten für begabte Grundschülerinnen und Grundschüler (Schindler-
Tschirner und Schindler 2025) [64, Kap. 3].

Was ich in diesem Kapitel gelernt habe

- Ich habe verschiedene Urnenmodelle kennengelernt und selbst angewendet.
- Ich kenne den Unterschied zwischen Ziehen mit Zurücklegen und Ziehen ohne Zurücklegen.
- Ich kenne den Unterschied zwischen geordneten und ungeordneten Stichproben.
- Ich habe kombinatorische Sachaufgaben gelöst.

Ein Bruch bereitet Kopfzerbrechen 8

„Hallo, Anna und Bernd, ich bin Stavros. In diesem und im nächsten Treffen dreht sich alles um den Euklidischen Algorithmus. Zuerst stelle ich euch einen alten MaRT-Fall vor."

Alter MaRT-Fall Vor zwei Jahren hatte ein befreundeter Graphiker die Aufgabe, das Titelblatt für die Festschrift zum 25-jährigen Jubiläum des Matheklubs „René Descartes" zu entwerfen.[1] Der Graphiker hatte auch schon eine Idee für eine angemessene Ausgestaltung. In die rechte untere Ecke wollte er in einem Lindenblatt

$$\frac{31031596}{11021650} = \frac{a}{b} \tag{8.1}$$

mit dem Geburts- und Todestag von Descartes schreiben, wobei $\frac{a}{b}$ ein vollständig gekürzter Bruch sein sollte. Weil er es nicht geschafft hat, a und b selbst zu bestimmen, ist er schließlich zur MaRT gekommen.

„Hm, da kann man doch schrittweise kürzen. Zähler und Nenner sind jedenfalls durch 2 teilbar", stellt Anna schnell fest. „Das stimmt, aber dann bleiben immer noch sehr große Zahlen übrig", wirft Bernd nachdenklich ein und ergänzt: „Wenn wir den größten gemeinsamen Teiler von 31031596 und 11021650 kennen würden, wären wir fein raus. Dann müssten wir nur noch den Zähler und den Nenner durch diese Zahl teilen und wären fertig." „Das ist völlig richtig, Bernd, aber genau da liegt die Schwierigkeit", antwortet Stavros. „Die nächste Definition werdet ihr noch öfters brauchen."

---

[1] Renë Descartes (31.03.1596–11.02.1650) war ein französischer Mathematiker, Naturwissenschaftler und Philosoph.

S. Schindler-Tschirner und W. Schindler, *Mathematische Geschichten für begabte Schülerinnen und Schüler in der Unterstufe*,
https://doi.org/10.1007/978-3-658-50396-3_8

49

Definition 8.1 Es ist $\mathbb{N}_0 = \mathbb{N} \cup \{0\} = \{0, 1, \ldots\}$, und $\mathbb{Z} = \{\ldots, -1, 0, 1, \ldots\}$ bezeichnet die Menge der ganzen Zahlen.

„Wie ihr schon wisst, kann man jede natürliche Zahl, die größer als 1 ist, als Produkt von Primzahlen schreiben. Das nennt man *Primfaktorzerlegung*. Die Primfaktorzerlegung ist bis auf die Reihenfolge der Primfaktoren eindeutig. Man kann die Primfaktorzerlegung schrittweise bestimmen", erklärt Stavros. „So ist z. B. $45 = 5 \cdot 9 = 5 \cdot 3 \cdot 3 = 3^2 \cdot 5$. Aber auch $45 = 3 \cdot 15 = 3 \cdot 3 \cdot 5 = 3^2 \cdot 5$ führt zum gleichen Ergebnis." „Die Primfaktorzerlegung kennen wir schon aus unserer Aufnahmeprüfung in den CBJMM, und neulich haben wir das auch in der Schule gehabt", bemerkt Bernd eilig. „Ich weiß, Bernd, aber heute lernt ihr etwas Neues kennen. Bevor es weitergeht, brauchen wir noch ein paar Definitionen."

Definition 8.2 Es seien n und m natürliche Zahlen. Man nennt m einen *Teiler* von n, wenn n durch m ohne Rest teilbar ist, also wenn es ein $k \in \mathbb{N}$ gibt, für das $n = km$ gilt. Dann heißt n ein *Vielfaches* von m. Sind n_1 und n_2 natürliche Zahlen, so ist der *größte gemeinsame Teiler* von n_1 und n_2 die größte natürliche Zahl, die n_1 und n_2 teilt. Wir schreiben kurz $\mathrm{ggT}(n_1, n_2)$. Diese Definition gilt entsprechend auch für mehr als zwei Zahlen. Sind $n_1, \ldots, n_m$ natürliche Zahlen, bezeichnet $\mathrm{ggT}(n_1, \ldots, n_m)$ ihren größten gemeinsamen Teiler.

„Dass Buchstaben für Zahlen stehen, daran haben wir uns ja schon gewöhnt. Aber was bedeuten die kleinen Zahlen rechts unterhalb der Buchstaben", fragt Anna. „Die kleinen Zahlen nennt man Indizes. Natürlich hätte ich anstelle von n_1 und n_2 auch normale Buchstaben wie z. B. r und s verwenden können, aber wenn man den ggT von vielen Zahlen hinschreiben möchte, gehen einem leicht die Buchstaben aus. Außerdem haben Indizes den Vorteil, dass man elegant alle Fälle beschreiben kann, die auftreten können. Dabei kann m – schon wieder ein Buchstabe! – beliebige Werte ≥ 2 annehmen. Für $m = 3$ ist $\mathrm{ggT}(n_1, \ldots, n_m)$ beispielsweise $\mathrm{ggT}(n_1, n_2, n_3)$."
„Definition 8.3 erweitert die Definition eines Teilers auf die ganzen Zahlen."

Definition 8.3 Es ist $z \in \mathbb{Z}$ ein Teiler von $y \in \mathbb{Z}$, wenn es ein $k \in \mathbb{Z}$ gibt, so dass $y = kz$ ist.

„Wir haben erst vor kurzem im Unterricht gelernt, wie man $\mathrm{ggT}(n_1, \ldots, n_m)$ berechnet. Zuerst bestimmt man für alle Zahlen die Primfaktorzerlegung", berichtet Bernd, und Anna ergänzt: „Dann bestimmt man für jeden Primfaktor den kleinsten Exponenten, mit dem dieser Primfaktor in allen Primfaktorzerlegungen vorkommt. Dann potenziert man den Primfaktor mit diesem Exponenten und multipliziert all diese Potenzen. Das ergibt dann den größten gemeinsamen Teiler." „Und wenn es gar keinen Primfaktor gibt, der in allen Primfaktorzerlegungen vorkommt?", fragt Stavros nach. „Dann ist der $\mathrm{ggT}(n_1, \ldots, n_m) = 1$." „Ich sehe, dass ihr beide das Verfahren gut verstanden habt. Zum Aufwärmen habe ich ein paar einfache Übungsaufgaben mitgebracht."

a) Berechne $\mathrm{ggT}(30, 45)$ und $\mathrm{ggT}(117, 51)$.
b) Berechne $\mathrm{ggT}(24, 36)$ und $\mathrm{ggT}(64, 35)$.
c) Berechne $\mathrm{ggT}(27, 39, 81)$.

„Nun aber zurück zum alten MaRT-Fall", mahnt Stavros. „Habt ihr eine Idee, wie ihr vorgehen wollt?" „Bernd, wir teilen uns die Arbeit. Ich zerlege den Zähler in Primfaktoren, du den Nenner. Bist du einverstanden?" „Einverstanden, Anna!" Nach ein paar Minuten fragt Stavros, wie weit Anna und Bernd schon gekommen sind. „Ich habe alle Primzahlen bis 31 ausprobiert. Neben der 2 ist auch die 17 ein Primfaktor des Zählers", sagt Anna, und Bernd fügt hinzu: "Ich bin erst bei 29, aber immerhin teilen 2 und 5^2 den Nenner. Aber mühsam ist diese Suche schon! Ich muss noch $\frac{11021650}{2 \cdot 25} = 220.433$ faktorisieren. Wenn ich den besten Algorithmus zur Primfaktorzerlegung verwende, den wir bei unserer Aufnahmeprüfung in den CBJMM gelernt haben[2], muss ich im umgünstigsten Fall alle Primzahlen zwischen 31 und fast 500 ausprobieren, weil $500^2 = 250000 > 220.433$ ist." „Bei mir sieht es noch schlechter aus", klagt Anna. „Wenn ich keine weiteren Primfaktoren finde, muss ich fast alle dreistelligen Primzahlen ausprobieren."

„Ich zeige euch etwas Besseres, wenn ihr den ggT von zwei großen Zahlen berechnen wollt, nämlich den *Euklidischen Algorithmus*. Benannt ist er nach dem griechischen Mathematiker Euklid, der um 300 v. Chr. gelebt hat. Der Euklidische Algorithmus kommt ohne Primfaktorzerlegungen aus. Ich erkläre ihn zuerst an einem einfachen Beispiel und danach allgemein", sagt Stavros. „Wir wollen $\mathrm{ggT}(54, 15)$ berechnen. Zunächst teilen wir 54 mit Rest durch 15. Das ergibt $54 : 15 = 3$ Rest 9. Dies kann man auch so ausdrücken:"

$$54 = 3 \cdot 15 + 9 \tag{8.2}$$

„Im nächsten Schritt teilen wir 15 mit Rest durch 9. Das ergibt den Rest 6. Das machen wir solange, bis eine Division aufgeht."

$$15 = 1 \cdot 9 + 6 \tag{8.3}$$
$$9 = 1 \cdot 6 + 3 \tag{8.4}$$
$$6 = 2 \cdot 3 \tag{8.5}$$

„Daher ist $\mathrm{ggT}(54, 15) = 3$. Das Ergebnis könnt ihr nachprüfen, indem ihr wie gewohnt die Primfaktorzerlegungen von 54 und 15 bestimmt."

d) Berechne $\mathrm{ggT}(54, 15)$ mit Hilfe von Primfaktorzerlegungen.
e) Berechne $\mathrm{ggT}(24, 36)$ und $\mathrm{ggT}(64, 35)$ mit dem Euklidischen Algorithmus.

---

[2] „Mathematische Geschichten für begabte Grundschülerinnen und Grundschüler" (Schindler-Tschirner und Schindler 2025) [64], Kap. 19.

Stavros geht an das Whiteboard und schreibt den Euklidischen Algorithmus an. Stavros erklärt: „Nachdem ihr den Euklidischen Algorithmus an zwei Beispielen kennengelernt habt, beschreibe ich ihn jetzt allgemein. Unsere Aufgabe besteht darin, den $\mathrm{ggT}(x, y)$ für zwei natürliche Zahlen x und y zu berechnen. Das geht so: Zuerst setzen wir $r_1 := x$ und $r_2 := y$, d.h. r_1 erhält den Wert x und r_2 den Wert y. Dann berechnen wir die Division $r_1 : r_2$ mit Rest. Das ergibt die Gl. (8.6), die in unserem Zahlenbeispiel Gl. (8.2) entspricht. Wie ihr seht, ‚wandern‘ r_2 und r_3 in der zweiten Gleichung eine Position nach links, und so geht das weiter, bis eine Division aufgeht. Dann haben wir Zeile (8.9) erreicht. Dort endet der Euklidische Algorithmus. Wie ihr seht, kommen schon wieder Indizes vor.

Euklidischer Algorithmus

<u>Eingabe:</u> $x, y \in \mathbb{N}$

$$r_1 := x, \quad r_2 := y$$

$$r_1 = \ell_1 \cdot r_2 + r_3 \qquad \text{mit } \ell_1 \in \mathbb{N}_0 \text{ und } 0 \le r_3 < r_2 \qquad (8.6)$$

$$r_2 = \ell_2 \cdot r_3 + r_4 \qquad \text{mit } \ell_2 \in \mathbb{N}_0 \text{ und } 0 \le r_4 < r_3 \qquad (8.7)$$

$$\vdots$$

$$r_{m-2} = \ell_{m-2} \cdot r_{m-1} + r_m \qquad \text{mit } \ell_{m-2} \in \mathbb{N}_0 \text{ und } 0 \le r_m < r_{m-1} \quad (8.8)$$

$$r_{m-1} = \ell_{m-1} \cdot r_m \qquad \text{mit } \ell_{m-1} \in \mathbb{N}_0 \qquad (8.9)$$

$$\text{und damit} \quad \mathrm{ggT}(x, y) = r_m \qquad (8.10)$$

<u>Ausgabe:</u> r_m

„Es treten $m - 1$ Gleichungen auf. Dabei hängt m von x und y ab." „Was passiert eigentlich, wenn r_2 die Zahl r_1 teilt?", fragt Anna. „Dann ist Gl. (8.6) von der Form (8.9), und der Euklidische Algorithmus ist bereits nach einer Division mit Rest beendet", erklärt Stavros. „Der Euklidische Algorithmus ist ja echt cool", staunt Bernd.

„Als Nächstes wollen wir beweisen, dass der Euklidische Algorithmus tatsächlich immer den ggT der natürlichen Zahlen x und y liefert", fährt Stavros fort. Das machen wir in mehreren Schritten. Zuerst müssen wir zeigen, dass der Euklidische Algorithmus auf jeden Fall zum Ende kommt.

Nach einigem Nachdenken erkennt Anna: „Der Schlüssel zur Lösung sind die Reste $r_2, r_3, \dots$. Die Reste werden immer kleiner, sind aber nie negativ. Irgendwann muss der Rest 0 auftreten, und die Division geht auf. Dann ist der Euklidische Algorithmus beendet." „Sehr gut, Anna. Den Rest schafft ihr beide auch noch."

f) Es seien a, b, d natürliche Zahlen. Beweise: Ist d ein Teiler von a und b, dann teilt d auch die Summe $a + b$ und die Differenz $a - b$.

g) Beweise, dass der $\mathrm{ggT}(x, y)$ die Zahl r_m aus Gl. (8.9) teilt.

h) Beweise, dass r_m den $\mathrm{ggT}(x, y)$ teilt.

i) Beweise, dass $r_m = \mathrm{ggT}(x, y)$ gilt.

„Ihr wart richtig gut, Anna und Bernd", lobt Stavros. „Zuerst zu beweisen, dass ggT(x, y) ein Teiler von r_m ist und dann die umgekehrte Aussage, ist wirklich interessant", bemerkt Bernd. „Diese Beweisstrategie solltet ihr euch gut merken, weil sie in dieser oder ähnlicher Form häufig vorkommt. So folgt beispielsweise aus $a \leq b$ und $b \leq a$, dass $a = b$ ist. Und zwei Mengen A und B sind gleich, wenn A eine Teilmenge von B und B eine Teilmenge von A ist", erklärt Stavros. „Mit dem Euklidischen Algorithmus kennt ihr jetzt das richtige Werkzeug, um den alten MaRT-Fall zu lösen."

j) Löse den alten MaRT-Fall.

„Hier sind noch zwei Aufgaben, um den Euklidischen Algorithmus zu üben. Dann sind wir für heute fertig."

k) Kürze den Bruch $\frac{5751}{7100}$ vollständig.
l) Berechne ggT$(1536, 1152)$.

Anna, Bernd, die Schülerinnen und Schüler
„Vom Euklidischen Algorithmus habe ich vorher noch nichts gehört. Für große Zahlen ist er wirklich sehr nützlich." „Stimmt, Anna. Aber für kleine Zahlen haben auch Primfaktorzerlegungen Vorteile. Damit kann man den ggT von mehreren Zahlen berechnen." „Ob man den Euklidischen Algorithmus auch auf mehr als zwei Zahlen anwenden kann?" „Am besten, wir fragen beim nächste Mal Stavros. Stavros weiß das sicher, Anna." „Erinnerst du dich noch, als wir bei der Aufnahmeprüfung in den CBJMM die Anzahl der Teiler aus der Primfaktorzerlegung berechnet haben, Bernd?"[3]

Was ich in diesem Kapitel gelernt habe

- Ich kann den Euklidischen Algorithmus anwenden.
- Mit dem Euklidischen Algorithmus habe ich den größten gemeinsamen Teiler von großen Zahlen berechnet.
- Ich habe bewiesen, dass der Euklidische Algorithmus funktioniert.

---

[3] „Mathematische Geschichten für begabte Grundschülerinnen und Grundschüler" (Schindler-Tschirner und Schindler 2025) [64] , Kap. 14.

Ein Graphiker kommt auf den Geschmack

9

„Hallo Stavros!" „Hallo Anna und Bernd. Ihr seid ja sehr pünktlich."

Alter MaRT-Fall Wie ihr schon wisst, hat ein Graphiker vor zwei Jahren die MaRT wegen der Festschrift zum 25-jährigen Jubiläum des Matheklubs „René Descartes" um Rat gefragt. Nachdem wir ihm geholfen hatten, hat er die Gleichung mit den Lebensdaten von Descartes und dem gekürzten Bruch wie geplant kunstvoll in die rechte untere Ecke des Titelblatts in ein Lindenblatt geschrieben. Das hat ihm sehr gut gefallen, und dann wollte er auch noch wissen, was der Hauptnenner von

$$\frac{1}{31031596} \quad \text{und} \quad \frac{1}{11021650} \tag{9.1}$$

ist. Die Summe der beiden Brüche wollte er ebenfalls in ein Lindenblatt platzieren, und zwar in der linken untere Ecke.

„Zum alten MaRT-Fall kommen wir später. Ich habe euch erst einmal zwei Rechenaufgaben mitgebracht, damit ihr den Euklidischen Algorithmus erneut übt."

a) Berechne ggT(324, 292) mit dem Euklidischen Algorithmus.
b) Berechne ggT(529, 317) mit dem Euklidischen Algorithmus.

„Stavros, wenn man die Primfaktorzerlegungen kennt, kann man auch den ggT von mehreren Zahlen leicht bestimmen. Geht das auch mit dem Euklidischen Algorithmus?", fragt Anna. „Das ist mit dem Euklidischen Algorithmus nicht direkt möglich, aber man kann ihn schrittweise anwenden. Für drei natürliche Zahlen x, y, z gilt:"

$$\mathrm{ggT}(x, y, z) = \mathrm{ggT}(x, \mathrm{ggT}(y, z)) \quad \text{für alle} \quad x, y, z \in \mathbb{N} \tag{9.2}$$

© Der/die Autor(en), exklusiv lizenziert an Springer Fachmedien Wiesbaden GmbH, ein Teil von Springer Nature 2026
S. Schindler-Tschirner und W. Schindler, *Mathematische Geschichten für begabte Schülerinnen und Schüler in der Unterstufe*,
https://doi.org/10.1007/978-3-658-50396-3_9

„Das sieht aber kompliziert aus!", ruft Bernd. „Es sieht schwieriger aus, als es ist. Ihr müsst euch von innen nach außen vorarbeiten: Zuerst berechnet ihr ggT(y, z) und danach den ggT von x und ggT(y, z). An einem Beispiel wird das vielleicht klarer. Es ist übrigens ggT$(45, 75) = 15$, wie ihr leicht nachrechnen könnt:"

$$ggT(55, 45, 75) = ggT(55, ggT(45, 75)) = ggT(55, 15) = 5 \qquad (9.3)$$

„Das ist ja praktisch", findet Bernd. „Da wenden wir den Euklidischen Algorithmus einfach zwei Mal an, und schon sind wir fertig." „Genau. Formel (9.2) bedeutet, dass man den ggT von drei Zahlen in zwei Schritten berechnen kann. Und das sollt ihr jetzt beweisen", schmunzelt Stavros. „Das hat man nun von interessanten Fragen", stöhnt Anna.

Definition 9.1 Es bezeichnen min$\{x, y\}$ das Minimum der Zahlen x und y und max$\{x, y\}$ deren Maximum. Diese Definitionen gelten entsprechend auch für mehr als zwei Zahlen. Für die Zahlen $x_1, \ldots, x_m$ bezeichnen min$\{x_1, \ldots, x_m\}$ ihr Minimum und max$\{x_1, \ldots, x_m\}$ ihr Maximum.

c) Beweise die Formel (9.2).

Anna und Bernd kommen nicht richtig weiter. Nach ein paar Minuten sagt Stavros: „Ich gebe euch einen Tipp: Wir bezeichnen die Primzahlen, die in der Primfaktorzerlegung von mindestens einer der Zahlen x, y und z vorkommen, mit $p_1, \ldots, p_m$. Stellt dann x, y und z als Produkte dieser Primzahlen dar. Wenn eine Primzahl p_j nicht in allen Primfaktorzerlegungen auftritt, sondern, beispielsweise, in der Primfaktorzerlegung von x gar nicht vorkommt, multipliziert ihr diese Primfaktorzerlegung mit p_j^0. Das ist dann zwar keine Primfaktorzerlegung mehr, weil der Faktor 1 auftritt, aber das ist hier egal. Vergleicht dann die Exponenten der einzelnen Primzahlen." Kurz darauf haben Anna und Bernd auch diese Aufgabe erfolgreich gelöst.

„Sehr gut! Formel (9.2) gilt übrigens auch für mehr als drei Zahlen, wie ihr euch sicher denken könnt. Um von m natürlichen Zahlen $x_1, x_2, \ldots, x_m$ den ggT$(x_1, x_2, \ldots, x_m)$ mit dem Euklidischen Algorithmus zu berechnen, berechnet man zunächst $s = ggT(x_{m-1}, x_m)$. Dann ist ggT$(x_1, x_2, \ldots, x_m) = ggT(x_1, x_2, \ldots, x_{m-2}, s)$, und der ggT muss nur noch für $m - 1$ Zahlen anstatt für m Zahlen berechnet werden. So macht man weiter, bis man fertig ist. Insgesamt muss man den Euklidischen Algorithmus $(m - 1)$ Mal anwenden. Der Beweis geht genauso wie für den Spezialfall $m = 3$. Allerdings werden wir den Fall $m > 3$ nicht weiter vertiefen."

d) Berechne ggT$(820, 2214, 1722)$ mit dem Euklidischen Algorithmus. Verwende hierzu die Formel (9.2).

„Wir haben uns beim letzten Treffen und heute schon ausführlich mit dem größten gemeinsamen Teiler und dem Euklidischen Algorithmus befasst. Es wird Zeit, dass wir noch andere Aufgaben angehen", sagt Stavros und präsentiert Anna und Bernd zunächst eine Definition und dann weitere Aufgaben.

Definition 9.2 Sind n_1 und n_2 natürliche Zahlen, so ist das *kleinste gemeinsame Vielfache* von n_1 und n_2 die kleinste natürliche Zahl, die durch n_1 und n_2 teilbar ist. Wir schreiben $\mathrm{kgV}(n_1, n_2)$. Diese Definition gilt entsprechend auch für mehr als zwei Zahlen. Sind $n_1, \ldots, n_m$ natürliche Zahlen, bezeichnet $\mathrm{kgV}(n_1, \ldots, n_m)$ ihr kleinstes gemeinsames Vielfaches.

e) Berechne $\mathrm{kgV}(27, 36)$ und $\mathrm{kgV}(21, 23)$.

f) Berechne $\mathrm{kgV}(1, 2, 3, 4, 5, 6, 7)$.

g) Wie viele Zahlen zwischen 100 und 10000 sind durch 3 und durch 7 teilbar?

„Nun aber zum alten MaRT-Fall, Anna und Bernd." „Wir müssen das $\mathrm{kgV}(31031596, 11021650)$ berechnen. Dann kennen wir den Hauptnenner. Soviel ist klar", antwortet Bernd spontan. „Wenn wir die Primfaktorzerlegungen von 31031596 und 11021650 kennen würden, wäre das ganz einfach, aber an den Primfaktorzerlegungen sind wir ja schon beim letzten Mal gescheitert, weil die Zahlen so groß sind. Zum Glück benötigt der Euklidische Algorithmus keine Primfaktorzerlegungen", fügt Anna hinzu. „Ein bisschen besser sind wir schon dran als beim letzten Mal. Schließlich kennen wir jetzt ihren ggT, nämlich $274 = 2 \cdot 137$. Daher sind beide Zahlen durch 274 teilbar, und wir müssen nur noch $\frac{31031596}{274} = 113254$ und $\frac{11021650}{274} = 40225$ in ihre Primfaktoren zerlegen", stellt Bernd fest. „Das sind aber immer noch ziemlich große Zahlen. Gibt es da nichts Besseres, so eine Art Euklidischer Algorithmus, um das kgV zu berechnen?", fragt Anna Stavros.

Stavros erklärt: Nicht direkt, aber zwischen dem ggT und dem kgV gilt der folgende Zusammenhang.

$$\mathrm{kgV}(x, y) \cdot \mathrm{ggT}(x, y) = xy \qquad \text{für alle} \qquad x, y \in \mathbb{N} \qquad (9.4)$$

„Um $\mathrm{kgV}(x, y)$ zu berechnen, genügt es also, das Produkt xy durch $\mathrm{ggT}(x, y)$ zu teilen", bemerkt Anna. „Der alte MaRT-Fall ist so gut wie gelöst!"

h) Beweise die Formel (9.4). Tipp: Gehe ähnlich vor wie in Aufgabe c).

i) Löse den alten MaRT-Fall.

„Gibt es eigentlich eine ähnliche Formel wie (9.2) für das kleinste gemeinsame Vielfache dreier Zahlen, Stavros?" „So ist es, Anna."

j) Beweise

$$\mathrm{kgV}(x, y, z) = \mathrm{kgV}(x, \mathrm{kgV}(y, z)) \qquad \text{für alle} \qquad x, y, z \in \mathbb{N} \qquad (9.5)$$

k) Berechne $\mathrm{kgV}(410839, 34969, 294151)$, ohne die Primfaktorzerlegungen der drei Zahlen zu bestimmen.

„Die letzte Aufgabe ist ein würdiger Abschluss für den heutigen Nachmittag, Anna und Bernd. Das nächste Kurstreffen leitet übrigens Emerenzia."

l) Patricia stellt Rebecca ein mathematisches Rätsel. „Ich habe mir zwei natürliche Zahlen x und y ausgedacht, wobei $x > y$ ist. Außerdem ist das Produkt $xy = 16\,687\,049\,515\,747$ und $\mathrm{ggT}(x, y) = 158\,171$. Kannst du mir sagen, welche beiden Zahlen x und y ich mir ausgedacht habe, Rebecca?" Kurze Zeit später antwortet Rebecca: „Nein, das kann ich nicht!" Als Patricia sichtlich triumphiert, ergänzt Rebecca: „Ich kann es deshalb nicht, weil mehr als eine Lösung die Bedingungen der Aufgabe erfüllt." Bestimme alle Lösungen. Tipp: Verwende Formel (9.4).

Anna, Bernd, die Schülerinnen und Schüler

„Das war wieder ein anstrengender Nachmittag, aber jetzt habe ich den Zusammenhang zwischen dem ggT und dem kgV besser verstanden", sagt Anna. Bernd fügt hinzu: „Es ist toll, dass wir den Euklidischen Algorithmus auch zur Berechnung des kgV nutzen können. Außerdem haben wir wieder Beweise geführt. Das ist ein großer Unterschied zum normalen Unterricht." „Das ist richtig, Bernd. Und auch bei vielen Aufgaben, in denen man etwas berechnet, muss man genau argumentieren."

Was ich in diesem Kapitel gelernt habe

- Ich habe den Euklidischen Algorithmus weiter geübt.
- Ich habe wieder Beweise geführt.
- Ich habe verstanden, wie ggT und kgV zusammenhängen.
- Ich weiß, wie man mit dem Euklidischen Algorithmus das kgV berechnen kann.

„Ich bin Emerenzia. Ihr seid sicher Anna und Bernd. Ich habe schon viel von euch gehört. Heute befassen wir uns mit binomischen Formeln."

Alter MaRT-Fall Erst vor kurzem kam Willi Hortulanus zu uns. Sein Vater, ein mathematisch interessierter Gärtner, hat ihm 12 m Schnur gegeben, mit der er ein eigenes Beet im elterlichen Garten abstecken und selbstständig bewirtschaften darf. Das Beet muss rechteckig sein, aber ansonsten hat Willi freie Hand. Er möchte Radieschen anbauen, und natürlich möchte er ein möglichst großes Beet haben, um eine möglichst große Ernte einfahren zu können. Die Frage war also, wie lang und wie breit das Beet sein sollte.

„Da müssen wir ja unendlich viele Möglichkeiten ausprobieren", sagt Bernd erschrocken. „So geht das natürlich nicht. Wie üblich stellen wir den MaRT-Fall zurück, bis ihr die notwendigen mathematischen Techniken gelernt habt", antwortet Emerenzia.
„Kennt ihr die rationalen Zahlen, Anna und Bernd?" „Die rationalen Zahlen umfassen alle Zahlen, die sich als Brüche darstellen lassen", antwortet Anna. „Aber die Darstellung einer Zahl als Bruch ist nicht eindeutig", ergänzt Bernd. „So ist zum Beispiel $\frac{2}{4} = \frac{1}{2} = \frac{-1}{-2} = 0{,}5$." Emerenzia schreibt die folgende Definition an das Whiteboard:

Definition 10.1 Es bezeichnet $\mathbb{Q} := \{\frac{m}{n} \mid m \in \mathbb{Z}, n \in \mathbb{Z} \setminus \{0\}\}$ die Menge der rationalen Zahlen.

„Die Menge $\mathbb{Q}$ enthält alle ganzen Zahlen. Es ist nämlich $z = \frac{z}{1}$ für alle $z \in \mathbb{Z}$, Anna und Bernd. Übrigens kann man in Definition 10.1 anstatt $n \in \mathbb{Z}$ auch $n \in \mathbb{N}$ schreiben. Das würde die Menge der rationalen Zahlen nicht ändern. Wisst ihr, warum das so ist?" „Ist eine rationale Zahl $q \geq 0$, kann man Zähler und Nenner nichtnegativ

S. Schindler-Tschirner und W. Schindler, *Mathematische Geschichten für begabte Schülerinnen und Schüler in der Unterstufe,* https://doi.org/10.1007/978-3-658-50396-3_10

wählen. Ist $q < 0$, ist der Zähler eben eine negative Zahl und der Nenner positiv", erklärt Anna. „Sehr gut! Hier sind zunächst ein paar Übungsaufgaben als Einstieg."

a) Multipliziere die Terme $3(x + 5)$, $6(6 + y)$, $3z(4 + a)$ aus.
b) Multipliziere $(b - c)a$, $(a + b)(c + d)$ und $(a - b)(-c + d)$ aus.

„Heute stehen die binomischen Formeln im Mittelpunkt. Ich weiß nicht, ob ihr die schon kennt."

Für alle $x, y \in Q$ gelten die binomischen Formeln

$$(x + y)^2 = x^2 + 2xy + y^2 \qquad \text{(1. binomische Formel)} \qquad (10.1)$$
$$(x - y)^2 = x^2 - 2xy + y^2 \qquad \text{(2. binomische Formel)} \qquad (10.2)$$
$$(x + y)(x - y) = x^2 - y^2 \qquad \text{(3. binomische Formel)} \qquad (10.3)$$

c) Berechne $(x + 5)^2$, $(a - 7)^2$ und $(100 + z)(100 - z)$.
d) Rechne die binomischen Formeln (10.1), (10.2) und (10.3) nach.
   Tipp: Multipliziere die linken Seiten aus und fasse gleiche Terme zusammen.

„Wozu braucht man binomische Formeln, Emerenzia?", möchte Bernd wissen. „Binomische Formeln spielen in der Mathematik eine wichtige Rolle. Ich habe euch ein paar Anwendungsaufgaben mitgebracht. Die geben euch einen ersten Eindruck, was man mit binomischen Formeln machen kann.

e) Kürze die Brüche $\frac{x+2}{x^2+4x+4}$ und $\frac{a^2-b^2}{a+b}$. (Dabei können $x, a, b \in Q$ beliebige Werte annehmen, sofern die Nenner ungleich 0 sind.)

„Die binomischen Formeln können euch übrigens auch beim Kopfrechnen große Vorteile einbringen."

f) Berechne $102 \cdot 98$, $999 \cdot 1001$ und 101^2 im Kopf.

„Jetzt ist der alte MaRT-Fall dran. Bei geometrischen Aufgaben ist es manchmal hilfreich, eine Skizze anzufertigen. In Abb. 10.1 habe ich für euch eine Skizze begonnen", erklärt Emerenzia. „Den Rest schafft ihr selbst", spornt Emerenzia Anna und Bernd an.

g) Löse den alten MaRT-Fall.

„Das ist ja eine interessante Anwendung der binomischen Formeln", sagt Anna erstaunt und begeistert. „Die beiden nächsten Aufgaben funktionieren nach demselben Prinzip", erklärt Emerenzia.

Abb. 10.1 quadratisches
Radieschenbeet (gestrichelt)
und rechteckiges
Radieschenbeet

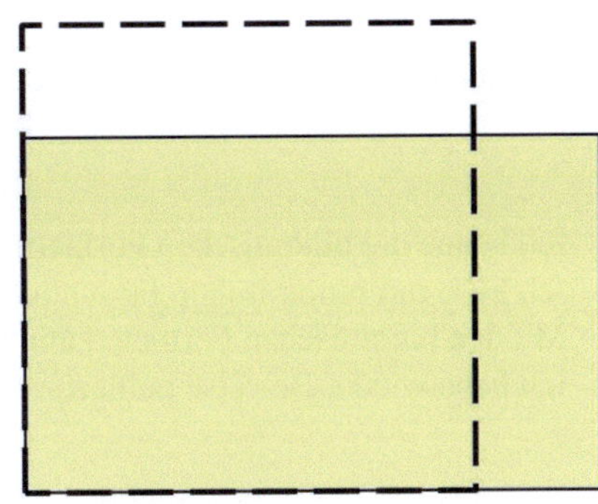

h) Für welche Zahl $x \in \mathbb{Q}$ ist der Term $x^2 - 6x + 9$ minimal?
i) Für welche Zahl $x \in \mathbb{Q}$ ist der Term $x^2 + 4x + 2$ minimal? Welchen Wert nimmt dieser Term dann an?

„Die letzten drei Aufgaben waren schon schwieriger, nicht wahr? Noch drei weitere Aufgaben, und wir sind für heute fertig", sagt Emerenzia. „Dabei lernt ihr eine neue Lösungs- und Beweistechnik kennen, nämlich das Faktorisieren. Das Faktorisieren ist oft nützlich, wenn man ganzzahlige Lösungen sucht."

j) Welche natürlichen Zahlen n und m erfüllen die Gleichung $n^2 - m^2 = 101$.
k) Welche natürlichen Zahlen n und m erfüllen die Gleichung $n^2 - m^2 = 95$.

„Ich habe noch eine letzte Aufgabe zum Faktorisieren mitgebracht. Hier sind noch zusätzliche Schritte nötig. Aber die Aufgabe schafft ihr auch noch, Anna und Bernd!"

l) Bestimme alle Primzahlen p, für die $p + 1$ eine Quadratzahl ist.

Anna, Bernd, die Schülerinnen und Schüler
„Das war wieder ein spannender Nachmittag, Bernd. Wir haben sogar nützliche Tricks zum Kopfrechnen gelernt." „Es ist wirklich erstaunlich, wofür man binomische Formeln nutzen kann, Anna. Ich finde es toll, dass man damit auch Minima und Maxima von Termen berechnen kann, ohne konkrete Zahlenwerte ausprobieren zu müssen. Den alten MaRT-Fall erzähle ich meinem Opa. Der hat auch einen Garten." „Mal sehen, ob dein Opa die Lösung findet, Bernd. Ich fand das Faktorisieren besonders spannend. Und natürlich haben wir heute wieder Beweise geführt."

Was ich in diesem Kapitel gelernt habe

- Ich kenne die binomischen Formeln und kann sie anwenden.
- Ich habe mit binomischen Formeln Minima und Maxima bestimmt.
- Mit den binomischen Formeln kann man Summen in Produkte überführen.
- Ich habe wieder Beweise geführt.

Schon wieder eine mathematische Wette

„Hallo Anna und Bernd, ich bin Theresa. Heute und beim nächsten Mal befassen wir uns mit der Modulo-Rechnung. Unser Clubvorsitzender Carl Friedrich hat mir erzählt, dass ihr die Modulo-Rechnung schon kennt." „Ja, Theresa, das stimmt. Um in den CBJMM aufgenommen zu werden, mussten wir unserem Clubmaskottchen, dem Zauberlehrling Clemens, in achtzehn mathematischen Abenteuern helfen, durch das Lösen von Mathematikaufgaben Zauberutensilien zu erlangen. In zwei mathematischen Abenteuern ging es um die Modulo-Rechnung", erinnert sich Anna.[1]

Alter MaRT-Fall Neulich kam Ernst Wunderlich ganz aufgeregt zur MaRT, und zwar hatte ihm Peter Sponsio eine unglaubliche Wette angeboten. Peter Sponsio wollte mit ihm wetten, dass er in einer Minute im Kopf den 11er-Rest einer 30-stelligen natürlichen Zahl bestimmen könne. Ernst wusste, dass Peter Sponsio ziemlich gut in Mathematik ist, aber eben auch gerne Wetten abschließt, die für ihn günstig sind.[2] Was denkt ihr wohl, was wir Ernst Wunderlich geraten haben?

Bernd ergänzt: „Anna, ich erinnere mich gut. Die Modulo-Rechnung war für uns damals absolut neu. Mit der Modulo-Rechnung konnten wir ziemlich einfach und schnell Uhrzeiten und Wochentage bestimmen, weil sich diese nach 24 Stunden bzw. nach 7 Tagen wiederholen. Außerdem haben wir die Teilbarkeitsregeln für die Zahlen 3 und 9 kennengelernt." „Da wisst ihr ja schon eine ganze Menge. Definition 11.1 verallgemeinert den Begriff des Vielfachen auf die ganzen Zahlen."

---

[1] „Mathematische Geschichten für begabte Grundschülerinnen und Grundschüler" (Schindler-Tschirner und Schindler 2025) [64], Kap. 17 und 18.

[2] vgl. Kap. 2.

© Der/die Autor(en), exklusiv lizenziert an Springer Fachmedien Wiesbaden GmbH, ein Teil von Springer Nature 2026
S. Schindler-Tschirner und W. Schindler, *Mathematische Geschichten für begabte Schülerinnen und Schüler in der Unterstufe*,
https://doi.org/10.1007/978-3-658-50396-3_11

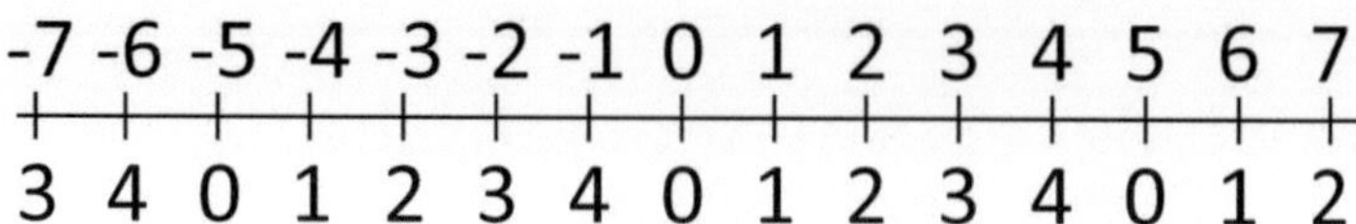

Abb. 11.1 Oben: Ausschnitt aus einem Zahlenstrahl. Unten: zugehörige Reste modulo 5

Definition 11.1 Es sei $m \in \mathbb{N}$. Eine ganze Zahl z heißt Vielfaches von m, falls eine Zahl $a \in \mathbb{Z}$ existiert, für die $z = am$ gilt.

Definition 11.2 Es sei $m \in \mathbb{N}$. Für $y, z \in \mathbb{Z}$ schreibt man $y \equiv z \bmod m$ (sprich: y ist kongruent z modulo m), falls a und b bei der Division durch m denselben Rest besitzen. Die Zahl m heißt *Modul,* und es ist $Z_m := \{0, 1, \ldots, m - 1\}$.

Anna erklärt: „Teilt man zum Beispiel 13 mit Rest durch 5, erhält man $13 : 5 = 2$ Rest 3, also ist $13 \equiv 3 \bmod 5$. Es ist aber auch $18 \equiv 3 \bmod 5$, weil $18 : 5 = 3$ Rest 3 ist." „Hier sind ein paar einfache Aufgaben, um eure Erinnerung weiter aufzufrischen", schmunzelt Theresa.

a) Bestimme die kleinsten nicht-negativen Zahlen a, b, c, d, für die die folgenden Kongruenzen richtig sind:

$$20 \equiv a \bmod 12\,, \quad 32 \equiv b \bmod 12\,, \quad 20 \equiv c \bmod 7\,, \quad 20 \equiv d \bmod 8 \quad (11.1)$$

„Für nicht-negative Zahlen ist alles klar und einleuchtend, das kennen wir ja schon. Aber wie ist das bei den negativen Zahlen? In Definition 11.2 sind ja $y, z \in \mathbb{Z}$." „Das ist eine gute Frage, Bernd. Ich erkläre das an Annas Beispiel. Alle Vielfachen von 5, auch die negativen, ergeben den Rest 0, wenn man sie durch 5 teilt. Daher sind alle Vielfachen von 5 kongruent 0 modulo 5, z. B. ist $-20 \equiv 0 \bmod 5$. Es ist $13 : 5 = 2$ Rest 3, oder anders ausgedrückt, $13 = 2 \cdot 5 + 3$." „Das ist ja wie beim Euklidischen Algorithmus", stellt Anna fest. „Das ist eine gute Beobachtung", lobt Theresa. „10 ist das größte Vielfache von 5, das kleiner oder gleich 13 ist. Genauso ist $-15 = (-3) \cdot 5$ das größte Vielfache von 5, das ≤ -12 ist. Es ist $-12 = (-3) \cdot 5 + 3$, und deshalb ist $-12 \equiv 3 \bmod 5$. Natürlich ist auch $-12 \equiv 13 \bmod 5$, weil beide den 5er-Rest 3 besitzen. Abb. 11.1 illustriert dies."

„Das gilt nicht nur für den Modul 5, sondern auch für jeden Modul m. Zu jeder Zahl z gibt es ein größtes Vielfaches von m, das $\leq z$ ist. Oder anders ausgedrückt: Es existiert ein $a \in \mathbb{Z}$, für das $a \cdot m \leq z < am + m$ gilt. Daraus folgt $z = am + r$ für ein $r \in Z_m$, und es ist $z \equiv r \bmod m$."

b) Bestimme die kleinsten nicht-negativen Zahlen a, b, c, d, für die die folgenden Kongruenzen richtig sind:

$$-20 \equiv a \bmod 12\,, \quad -32 \equiv b \bmod 12\,, \quad -20 \equiv c \bmod 7\,,$$
$$-20 \equiv d \bmod 8 \quad\quad\quad\quad\quad\quad\quad (11.2)$$

„Kennt ihr auch schon Rechenregeln für die Modulo-Rechnung?" „Ja", antworten Anna und Bernd nahezu gleichzeitig, und Bernd ergänzt: „Für die Addition und Multiplikation." „Ihr seid ja schon echte Modulo-Experten, Anna und Bernd. Für die Subtraktion verhält sich das genauso."

Rechenregeln Es seien $m \in \mathbb{N}$, $m \geq 2$, und $y, y', z, z' \in \mathbb{Z}$. Wenn $y \equiv y' \bmod m$ und $z \equiv z' \bmod m$ ist, folgt daraus

$$y + z \equiv y' + z' \bmod m \qquad \text{(Addition)} \qquad (11.3)$$

$$y - z \equiv y' - z' \bmod m \qquad \text{(Subtraktion)} \qquad (11.4)$$

$$y \cdot z \equiv y' \cdot z' \bmod m \qquad \text{(Multiplikation)} \qquad (11.5)$$

„Um den Rest einer Summe, einer Differenz oder eines Produkts modulo m zu berechnen, dürft ihr zuerst die Reste der einzelnen Zahlen bestimmen. Damit bleiben die Zahlen, mit denen ihr weiterrechnen müsst, klein", erklärt Theresa. „Die Rechenregel (11.3) kann hilfreich sein, die Reste von negativen Zahlen zu berechnen. Wie ihr schon wisst, gilt $a \cdot m \equiv 0 \bmod m$ für alle $a \in \mathbb{Z}$. Deswegen kann man irgendein Vielfaches des Moduls zu einer Zahl addieren oder subtrahieren, ohne dass sich ihr Rest modulo m ändert. Ich erkläre das an einem Beispiel:"

$$-56 \equiv -56 + 0 \equiv -56 + 60 \equiv 4 \bmod 10 \qquad (11.6)$$

„Nicht ganz so geschickt, aber ebenfalls korrekt wäre es, anstatt 60 beispielsweise 80 zu addieren. Das kostet aber einen zusätzlichen Rechenschritt."

$$-56 \equiv -56 + 80 \equiv 24 \equiv 4 \bmod 10 \qquad (11.7)$$

„Die Menge Z_m enthält alle Reste, die man bei der Division einer ganzen Zahl z durch den Modul m mit Rest erhalten kann. Meistens, aber nicht immer, interessiert man sich, zu welchem $r \in Z_m$ eine Zahl z kongruent ist."

c) Bestimme die kleinsten nicht-negativen Zahlen a, b, c, d, für die die folgenden Kongruenzen richtig sind:

$$-120 \equiv a \bmod 13, \quad -1232 \equiv b \bmod 10, \quad -1000 \equiv c \bmod 7,$$
$$-20 \equiv d \bmod 23 \qquad (11.8)$$

d) Bestimme die Menge aller $y \in \mathbb{Z}$, für die $7 \equiv y \bmod 4$ gilt.

„Bei eurer Aufnahmeprüfung in den CBJMM konntet ihr nur Uhrzeiten und Wochentage bestimmen, die in der Zukunft liegen, Anna und Bernd. Mit der Rechenregel (11.4) könnt ihr das jetzt auch in die Vergangenheit rechnen.

e) Es ist jetzt 15 Uhr. Wie spät ist es in 128 h, und wie spät war es vor 49 h?

f) Am 17. April 2025 wurde Georg 12 Jahre alt. Ein Blick auf den Kalender zeigt,
   dass dies ein Donnerstag ist. An welchem Wochentag wird Georg 18 Jahre alt?
   An welchem Wochentag wurde Georg geboren?

„Das ist ja toll", sagt Anna begeistert. „Dann können wir ja ausrechnen, an welchem
Wochentag wir geboren sind."

g) Rechne aus, an welchem Wochentag du geboren bist.

„Die Rechenregeln (11.3) und (11.5) gelten übrigens entsprechend auch für Summen
und Produkte, die aus mehr als zwei Summanden bzw. aus mehr als zwei Faktoren
bestehen. Seht euch die Kongruenz (11.9) an. Die Rechenregel (11.10) für das Poten-
zieren ist ein Spezialfall davon, weil x^n das n-fache Produkt von x ist. Die Rechenregel (11.10) ist sehr nützlich, weil man bei Potenzen zunächst die Basis modulo m
reduzieren darf und nicht zuerst die Potenz ausrechnen muss", fährt Theresa fort.
„Es gilt auch"

$$a_1 \cdot b_1 + \ldots + a_k \cdot b_k \equiv a_1' \cdot b_1' + \ldots + a_k' \cdot b_k' \bmod m \qquad (11.9)$$

„falls $a_j \equiv a_j' \bmod m$ und $b_j \equiv b_j' \bmod m$ für alle $j = 1, \ldots, k$ gilt. Die Rechenregel (11.9) gilt übrigens auch, wenn man einige (oder auch alle) ‚+'-Zeichen (auf
beiden Seiten der Kongruenz) durch ‚−' ersetzt."

h) Beweise die folgende Rechenregel:
   Es seien $m \in \mathbb{N}$, $m \geq 2$, und es ist $x, x' \in \mathbb{Z}$. Aus $x \equiv x' \bmod m$ folgt

$$x^n \equiv (x')^n \bmod m \quad \text{für alle } n \in \mathbb{N} \quad \text{(Potenzieren)} \qquad (11.10)$$

   Tipp: Verwende die Rechenregel (11.5)
i) Beweise, dass $4^{2020} + 5^{2021}$ keine Primzahl ist.
   Tipp: Beweise, dass $4^{2020} + 5^{2021}$ durch 3 teilbar ist.
j) Beweise: Es ist $10^n \equiv 1 \bmod 9$ für alle $n \in \mathbb{N}$.

„Jetzt wollen wir ein paar Teilbarkeitsregeln beweisen. Nach unseren Vorarbeiten
ist das gar nicht mehr schwierig. Denkt daran, dass $z \equiv 0 \bmod m$ bedeutet, dass z
durch m teilbar ist."

k) Chiara hat auf einer Internetseite eine Teilbarkeitsregel für die Zahl 9 gefunden:
   „Eine natürliche Zahl n ist genau dann ohne Rest durch 9 teilbar, wenn dies
   für ihre Quersumme gilt." Tatsächlich gilt sogar die folgende Erweiterung: Eine
   natürliche Zahl n besitzt denselben 9er-Rest wie ihre Quersumme.
   Beweise diese (erweiterte) Teilbarkeitsregel.
l) Beweise: Eine natürliche Zahl n besitzt denselben 3er-Rest wie ihre Quersumme.
m) Beweise: Eine natürliche Zahl n besitzt denselben 5er-Rest wie ihre Einerziffer.

n) Beweise: Eine natürliche Zahl n besitzt denselben 2er-Rest wie ihre Einerziffer.

o) Beweise: Eine natürliche Zahl n besitzt denselben 4er-Rest wie die zweistellige Zahl, die ihre beiden letzten Ziffern bilden.

Bernd stellt fest: „Diese Teilbarkeitsregeln sind sehr nützlich. Damit kann man auch für sehr große Zahlen ganz leicht den Rest bestimmen, der beim Teilen durch m auftritt, ohne dass man die Division selbst berechnen muss." „Es ist an der Zeit, den alten MaRT-Fall zu lösen, Anna und Bernd." „Ich vermute, dass wir eine Teilbarkeitsregel für die Zahl 11 herleiten müssen. Ansonsten könnte Peter Sponsio auf keinen Fall innerhalb einer Minute den 11er-Rest einer 30-stelligen Zahl bestimmen." „Du bist auf der richtigen Spur, Anna", ermuntert Theresa.

p) Löse den alten MaRT-Fall

„Eigentlich sind wir für heute fertig", sagt Theresa nach einem langen Nachmittag. „Oder habt ihr noch eine Frage?". Da sagt Bernd: „Ich habe neulich gelesen, wie man prüfen kann, ob eine Zahl n ohne Rest durch 7 teilbar ist. Und zwar unterteilt man die Ziffern von n von rechts nach links in Dreiergruppen, die man als dreistellige Zahlen auffasst. Abhängig davon, wie viele Dezimalziffern n besitzt, kann die letzte Gruppe aus weniger als drei Ziffern bestehen. Die erste Dreiergruppe (von hinten betrachtet), die dritte Dreiergruppe usw. addiert man, während man die zweite, die vierte usw. Dreiergruppe von dieser Summe abzieht. Wenn die so errechnete Zahl t durch 7 teilbar ist, gilt das auch für n", und schreibt ein Zahlenbeispiel an das Whiteboard.

$$n = 6756981, \quad t = 6 - 756 + 981 = 231 \tag{11.11}$$

„In diesem Beispiel ist 231 ohne Rest durch 7 teilbar, und damit gilt das auch für n. Ich weiß aber nicht, wie man das beweisen kann." „Auch diese Teilbarkeitsregel kann man mit Modulo-Rechnung beweisen. Wie für die Zahl 9, gilt auch die 7 sogar eine Erweiterung. Zum Glück habe ich zwei Aufgaben hierzu dabei. Zunächst schreiben wir man die Zahl n in geeigneter Form auf. Das erleichtert die Lösung."

q) Es sei

$$n = a_{k-1} \cdot 1000^{k-1} + a_{k-2} \cdot 1000^{k-2} + \cdots + a_1 \cdot 1000 + a_0$$
$$\text{mit } a_0, \ldots, a_{k-1} \in \{0, 1, \ldots, 999\} \tag{11.12}$$

Beweise die folgende Teilbarkeitsregel für die Zahl 7. Es besitzen n und $a_0 - a_1 + a_2 \cdots + (-1)^{k-1} a_{k-1}$ denselben 7er-Rest. Oder anders ausgedrückt:

$$n \equiv a_0 - a_1 + a_2 - \cdots + (-1)^{k-1} a_{k-1} \bmod 7 \tag{11.13}$$

„Die Teilbarkeitsregel (11.13) erinnert mich an die Teilbarkeitsregel für die Zahl 11",
stellt Anna fest, „nur dass man hier dreistellige anstatt einstellige Zahlen addiert und
subtrahiert. Die Darstellung in (11.12) ermöglicht eine elegante Formulierung der
Teilbarkeitsregel (11.13). Allerdings habe ich keine Idee, wie man diese Teilbarkeitsregel beweisen soll", und Bernd, wegen dem diese Aufgabe ja erst gestellt wurde,
nickt zustimmend und blickt besorgt drein. „Einen Hinweis gebe ich euch", sagt
Theresa und geht an das Whiteboard. „Es ist"

$$1001 = 7 \cdot 11 \cdot 13 \qquad\qquad (11.14)$$

„Überlegt euch, was das für 1000 mod 7 bedeutet. Mehr sage ich aber nicht mehr."

r) Löse Aufgabe q). Nutze hierzu Theresas Hinweis (11.14).
s) Berechne den 7er-Rest von $n = 123\,456\,789$.

„Habt ihr noch weitere Fragen, Anna und Bernd, oder wollen wir für heute aufhören?"
Anna und Bernd nicken zustimmend, und damit ist das Treffen zu Ende.

Anna, Bernd, die Schülerinnen und Schüler
„Einiges von dem, was wir heute gelernt haben, kannten wir schon, Anna, aber
jetzt ist alles mathematisch fundierter. Besonders interessant finde ich die Teilbarkeitsregeln und dass es manchmal nützlich ist, negative Reste zu betrachten." „Da
hast du Recht, Bernd. Da hatte Peter Sponsio wieder einmal probiert, eine Wette
schmackhaft zu machen, die er selbst auf jeden Fall gewonnen hätte. Ein Glück,
dass es die MaRT gibt. Hoffentlich werden wir als Mitglieder aufgenommen." Und
Bernd fügt hinzu: „Ich bin schon gespannt, was wir beim nächsten Mal noch über
die Modulo-Rechnung lernen. Und es tut mir leid, dass ich noch für eine Aufgabe
gesorgt habe, die wir zuerst nicht lösen konnten". „Schon gut, Bernd. Wir haben es
ja doch noch geschafft."

Was ich in diesem Kapitel gelernt habe

- Ich weiß, was die Modulo-Rechnung ist.
- Ich kenne Rechenregeln für die Modulo-Rechnung und habe sie selbst angewen-
  det. Damit werden viele Rechnungen einfacher oder gar erst möglich.
- Ich habe viele Teilbarkeitsregeln bewiesen.

Keine Quadratzahl in Sicht **12**

„Hallo, Anna und Bernd. Heute machen wir da weiter, wo wir letzte Woche aufgehört haben. Ich habe wieder einen alten MaRT-Fall mitgebracht. Um die Lösung kümmern wir uns wie üblich erst später. Kennt ihr schon Emilia? Emilia ist ein neues Mitglied im CBJMM."

Alter MaRT-Fall Emilia ist seit einiger Zeit völlig von Quadratzahlen begeistert. Erst vor kurzem hat sie sich die Frage gestellt, ob es natürliche Zahlen n gibt, für die der Term $7n + 3$ eine Quadratzahl ist. Für $7n + 1$ und $7n + 2$ hatte sie ganz schnell Lösungen gefunden, und zwar 36, das ist $7 \cdot 5 + 1$, und $9 = 7 \cdot 1 + 2$. Aber für $7n + 3$ hatte sie für n schon alle natürlichen Zahlen bis 48 eingesetzt, aber noch immer keine Quadratzahl gefunden. Das hat ihr keine Ruhe gelassen, und deshalb hat sie vor drei Wochen die MaRT um Rat gefragt.

Theresa sagt: „Beim letzten Mal habt ihr eure Kenntnisse in der Modulo-Rechnung aufgefrischt und deutlich erweitert. Hier sind ein paar Aufgaben zur Wiederholung."

a) Bestimme die kleinsten nicht-negativen Zahlen a, b, c, d, für die die folgenden Kongruenzen richtig sind. Rechne geschickt!

$$102 \equiv a \bmod 4, \quad -319 \equiv b \bmod 11, \tag{12.1}$$

$$34 \cdot 56 + 27 \cdot 58 - 23 \cdot 98 \equiv c \bmod 13, \quad 7^{294} + 9^{312} \equiv d \bmod 8 \tag{12.2}$$

„Ihr kennt ja schon die Menge $Z_m = \{0, 1, \ldots, m - 1\}$. Das ist die Menge aller Reste, die auftreten können, wenn man eine ganze Zahl z mit Rest durch m teilt. Deswegen ist jede Zahl $z \in Z$ zu genau einer Zahl $r \in Z_m$ kongruent modulo m, also $z \equiv r \bmod m$. Heute lernt ihr quadratische Reste kennen."

© Der/die Autor(en), exklusiv lizenziert an Springer Fachmedien Wiesbaden GmbH, ein Teil von Springer Nature 2026
S. Schindler-Tschirner und W. Schindler, *Mathematische Geschichten für begabte Schülerinnen und Schüler in der Unterstufe*,
https://doi.org/10.1007/978-3-658-50396-3_12

Definition 12.1 Eine Zahl $y \in \mathbb{Z}$ heißt *quadratischer Rest modulo m*, wenn eine Zahl $z \in \mathbb{Z}$ existiert, für die $z^2 \equiv y$ mod m ist. Ferner ist $\mathrm{QR}_m = \{r \in \mathbb{Z}_m \mid$ es existiert ein $z \in \mathbb{Z}$ mit $z^2 \equiv r$ mod $m\}$.

„Vermutlich kennt ihr noch nicht die Art, wie die Menge QR_m beschrieben ist. Vor dem senkrechten Strich stehen die Elemente, die überhaupt in Frage kommen. Hier sind das alle Elemente aus $\mathbb{Z}_m$. In der Menge enthalten sind aber nur diejenigen Elemente, die zusätzlich die Bedingung erfüllen, die hinter dem senkrechten Strich steht. Die Menge QR_m enthält alle $r \in \mathbb{Z}_m$, die quadratische Reste modulo m sind."
„Die natürlichen Zahlen kann man also auch so beschreiben, nicht wahr Theresa?"

$$\mathbb{N} = \{z \in \mathbb{Z} \mid z > 0\} \tag{12.3}$$

„Sehr gut, Bernd, das ist eine ungewöhnliche, aber vollkommen korrekte Beschreibung der natürlichen Zahlen."

„Wenn man QR_m kennt, kennt man alle quadratischen Reste modulo m", erklärt Theresa. „Das liegt daran, dass jedes $y \in \mathbb{Z}$ zu einem $r \in \mathbb{Z}_m$ kongruent modulo m ist. Ist also $a^2 \equiv y$ mod m, so gilt auch $a^2 \equiv r$ mod m. Die quadratischen Reste modulo m sind diejenigen ganzen Zahlen, die zu einem $r \in \mathrm{QR}_m$ kongruent modulo m sind."

„Wir wollen heute QR_m für einige Moduli m bestimmen", kündigt Theresa schon einmal an. „Müssen wir dafür alle ganzen Zahlen ausprobieren?", fragt Anna. „Höchstens alle natürlichen Zahlen, weil $(-n)^2 = n^2$ ist", wirft Bernd ein. „Keine Angst, ihr müsst höchstens alle $y \in \mathbb{Z}_m$ ausprobieren", erklärt Theresa. „Seht ihr auch, warum?" Nach kurzem Nachdenken antwortet Anna: „Wenn n eine natürliche Zahl ist, dann ist n zu einem $y \in \mathbb{Z}_m$ kongruent. Aus der Multiplikationsregel (11.5) bzw. aus der Potenzregel (11.10) folgt dann

$$n^2 \equiv y^2 \text{ mod } m \tag{12.4}$$

„Sehr gut, Anna", lobt Theresa. „Mit dieser Erkenntnis können wir die Menge QR_m einfacher beschreiben", stellt Bernd fest.

$$\mathrm{QR}_m = \{r \in \mathbb{Z}_m \mid \text{ es existiert ein } z \in \mathbb{Z}_m \text{ mit } z^2 \equiv r \text{ mod } m\} \tag{12.5}$$

„Ebenfalls sehr gut, Bernd! Das werden wir für konkrete Rechnungen ausnutzen. Aber ihr solltet auch die Definition von QR_m aus Definition 12.1 nicht vergessen."

b) Bestimme QR_3 und QR_4.
c) Die Zahl z besteht aus 2025 Neunen, d. h. $z = 9999\ldots999$. Beweise, dass z keine Quadratzahl ist.

Aufgabe b) konnten Anna und Bernd schnell lösen, aber bei c) kommen sie nicht weiter. „Was hat denn Aufgabe c) mit der Modulo-Rechnung zu tun?", fragt Anna erstaunt und auch etwas ratlos. „Sehr viel! Schaut euch die Definition von QR_m bzw.

von QR_4 noch einmal in aller Ruhe an und berechnet den 4er-Rest von z." „Danke für den Tipp, jetzt ist alles klar. Es hat z denselben 4er-Rest wie 99, also 3. Die Zahl 3 ist aber kein quadratischer Rest modulo 4. Das haben wir ja in Aufgabe b) ausgerechnet. Also kann es keine ganze Zahl y geben, für die $y^2 = z$ ist, denn dann wäre ja $y^2 \equiv z \equiv 3 \bmod 4$, was aber unmöglich ist."

„Ausgezeichnet, Bernd! Und das gilt allgemein für jeden Modul m. Wenn $r \in Z_m$ kein quadratischer Rest modulo m ist, also $r \in Z_m \setminus QR_m$ ist, und gleichzeitig $z \equiv r \bmod m$ ist, dann kann z keine Quadratzahl sein." Und Anna ergänzt: „Umgekehrt ist die Situation leider weniger günstig. Wenn $r \in QR_m$ ist, dann *kann* z eine Quadratzahl sein, *muss es aber nicht*. Zum Beispiel haben 5 und 9 beide den 4er-Rest 1, aber nur 9 ist eine Quadratzahl."

d) Beweise, dass $3^{2021} - 4$ keine Quadratzahl ist.
e) Ist $z = 2^{2022} - 2^{1012} + 1$ eine Quadratzahl?
f) Bestimme QR_{10}.

„Ist euch etwas aufgefallen, als ihr QR_{10} berechnet habt?" „Ja", antwortet Anna, „die meisten quadratischen Reste erhält man aus zwei Zahlen. Es haben 1^2 und 9^2, 2^2 und 8^2, 3^2 und 7^2 sowie 4^2 und 6^2 jeweils die gleichen 10er-Reste." „Besteht für jeden Modul m eine solche Regelmäßigkeit, Anna und Bernd? Denkt mal an binomische Formeln." „Das ist ja interessant", ruft Anna plötzlich.

$$(m - r)^2 \equiv m^2 - 2mr + r^2 \equiv 0 + 0 + r^2 \equiv r^2 \bmod m \qquad (12.6)$$

„Mit dieser Beobachtung kann man die Berechnung von QR_m noch einmal vereinfachen. Ihr müsst nicht mehr alle m Zahlen in QR_m quadrieren, sondern nur noch etwas mehr als die Hälfte." „Super!", ruft Bernd, „Das erleichtert unsere Arbeit und erklärt unsere Beobachtungen, als wir QR_{10} bestimmt haben: Es ist ja beispielsweise $8 = 10 - 2$, und deshalb ist $8^2 \equiv 2^2 \bmod 10$."

g) Bestimme QR_9 und QR_{16} effizient. Nutze dazu (12.6) aus.
h) Beweise: Für jedes $r \in QR_m$ gibt es unendlich viele Quadratzahlen, die kongruent r modulo m sind.

„Jetzt ist der alte MaRT-Fall an der Reihe."

i) Löse den alten MaRT-Fall.
j) Beweise, dass es unendlich viele $n \in \mathbb{N}$ gibt, für die $7n + 1$ eine Quadratzahl ist.

„Mit dem, was wir heute gelernt haben, war der alte MaRT-Fall gar nicht mehr so schwierig. Aber vorher hätten wir das kaum hingekriegt." „Ich habe noch zwei Aufgaben für euch dabei, in denen modulo 2 gerechnet wird. Beim Rechnen modulo 2 tritt eine interessante Besonderheit auf, die man manchmal ausnutzen kann."

Abb. 12.1 Whiteboard: Beispielhafter Zwischenstand nach zwei Schülern. Der erste Schüler hat 8 und 9 weggestrichen, der zweite 12 und 2

k) Beweise: Für alle $x, y \in \mathbb{Z}$ gilt: $x - y \equiv x + y \bmod 2$.

l) Auf einem Whiteboard stehen die Zahlen 1 bis 12. Nacheinander kommen alle 11 Schüler einer Mathe-AG an die Tafel. Jeder Schüler wählt zwei Zahlen aus, die sich zu diesem Zeitpunkt auf dem Whiteboard befinden, streicht beide Zahlen durch und ersetzt sie durch deren Differenz. (Negative Differenzen sind erlaubt.) Abb. 12.1 zeigt einen möglichen Zwischenstand, nachdem zwei Schüler an der Tafel waren. Am Ende steht genau eine Zahl an der Tafel. Beweise, dass diese Zahl gerade ist.

Tipp: Betrachte die Summe der Zahlen modulo 2 und verwende Aufgabe k).

Anna, Bernd, die Schülerinnen und Schüler

„Das war heute wieder spannend. Die Modulo-Rechnung ist immer wieder für überraschende Anwendungen gut, nicht wahr Bernd?" „Da hast du Recht, Anna. Die letzte Aufgabe auf dem Whiteboard haben wir leider nicht geschafft, aber wenn man die Lösungsidee einmal gesehen hat, ist die Aufgabe gar nicht mehr schwierig."

Was ich in diesem Kapitel gelernt habe

- Ich bin jetzt noch besser mit der Modulo-Rechnung vertraut.
- Ich weiß jetzt, was quadratische Reste sind.
- Ich habe einiges über Quadratzahlen gelernt.
- Ich habe Beweise verstanden und selbst geführt.

Ein Kirschbaum hat Geburtstag 13

„Ich bin Hanno. Heute bin ich euer Mentor. Heute geht es um Zahlensysteme, genauer gesagt, um Stellenwertsysteme. Ihr wisst doch, was Stellenwertsysteme sind, nicht wahr?"

Alter MaRT-Fall Im Garten von Jolandas Großvater stehen viele Obstbäume. Den Kirschbaum nennt Jolanda gerne „die Nummer 1", weil dies der erste Baum war, den ihr Großvater gepflanzt hat. Im Sommer wird der Kirschbaum 57 Jahre alt. Jolanda möchte wissen, in welchen Stellenwertsystemen die Zahl 57 die Einerziffer 1 hat. Sie möchte aber nicht alle Stellenwertsysteme durchprobieren, sondern sucht eine elegantere Lösung.

„Im Unterricht haben wir neulich das 2er-System kennengelernt", sagt Bernd, und Anna fügt hinzu: „Das 2er-System ist in der Informatik sehr wichtig, weil Computer Zahlen intern so darstellen und damit rechnen." „Sehr gut. Ihr wisst ja schon einiges über das 2er-System. Das 2er-System bezeichnet man übrigens auch als Binärsystem. Es gibt Stellenwertsysteme zu jeder Basis, nicht nur zu 2 und 10."

Definition 13.1 Es sei $g \in \mathbb{N}$, $g \geq 2$. Im *Stellenwertsystem* zur Basis g stellt man eine Zahl $n \in \mathbb{N}_0$ wie folgt dar:

$$n = b_{k-1}g^{k-1} + \cdots + b_1 g^1 + b_0 \tag{13.1}$$

Die Koeffizienten $b_0, \ldots, b_{k-1}$ nehmen Werte in der Menge $Z_g = \{0, \ldots, g-1\}$ an. Es bezeichnet $n = (b_{k-1} \ldots b_1 b_0)_g$ die Darstellung von n zur Basis g. Dies wird auch als *g-adische Darstellung* von n bezeichnet, und $b_0, \ldots, b_{k-1}$ sind die *Ziffern*. Für die Basis $g = 10$ lassen wir die beiden Klammern und den Index $_{10}$ normalerweise weg und schreiben (wie üblich) kurz $n = b_{k-1} \ldots b_1 b_0$.

© Der/die Autor(en), exklusiv lizenziert an Springer Fachmedien Wiesbaden GmbH, ein Teil von Springer Nature 2026
S. Schindler-Tschirner und W. Schindler, *Mathematische Geschichten für begabte Schülerinnen und Schüler in der Unterstufe*,
https://doi.org/10.1007/978-3-658-50396-3_13

„Die Zahl n in (13.1) besitzt in der g-adischen Darstellung die Ziffern $b_{k-1}, \ldots, b_0$. Wie groß die Stellenanzahl k ist, hängt natürlich von n und g ab. Man kann auch negative Zahlen und sogar rationale Zahlen in allen Stellenwertsystemen darstellen, aber das machen wir heute nicht."

„Was ist eigentlich der Unterschied zwischen einem *Zahlensystem* und einem *Stellenwertsystem*, Hanno", möchte Bernd wissen. „Stellenwertsysteme sind spezielle Zahlensysteme, bei denen die Position einer Ziffer deren Wert bestimmt. Bei den römischen Zahlzeichen ist das beispielsweise nicht so."

„Könnt ihr die Zahlen 23 und 12 im 2er-System darstellen, Anna und Bernd?" „Das ist nicht schwer", antwortet Anna prompt: „Es ist $23 = 1 \cdot 2^4 + 0 \cdot 2^3 + 1 \cdot 2^2 + 1 \cdot 2^1 + 1$, also $23 = (10111)_2$." Ebenso sicher löst Bernd die zweite Aufgabe: „$12 = 1 \cdot 2^3 + 1 \cdot 2^2 + 0 \cdot 2^1 + 0$, also ist $12 = (1100)_2$.

a) Stelle die Zahlen 63, 64 und 65 im 2er-System dar.
b) Stelle 53 im 7er-, 8er- und 9er-System dar.

„Das Durchprobieren, welche Potenzen der Basis g wie oft auftreten, ist für kleine Zahlen völlig o.k., für große Zahlen aber aufwändig", fährt Hanno fort. „Mal angenommen, es ist $n = (b_{k-1} \ldots b_0)_g$. Wie sieht dann die g-adische Darstellung von gn aus?" Nach kurzem Nachdenken antwortet Bernd: „Es ist $n = b_{k-1}g^{k-1} + \cdots + b_1 g^1 + b_0$. Multipliziert man n mit g, ergibt dies"

$$gn = g\left(b_{k-1}g^{k-1} + \cdots + b_1 g + b_0\right) = b_{k-1}g^k + \cdots + b_1 g^2 + b_0 g \qquad (13.2)$$

„Oder anders ausgedrückt", ergänzt Anna, „$gn = (b_{k-1} \ldots b_0 0)_g$. Die Ziffern der g-adischen Darstellung von n rücken durch die Multiplikation mit der Basis g alle eine Stelle nach links, und ganz rechts wird eine 0 hinzugefügt. Beim 10er-System entspricht das der Multiplikation mit 10."

„Ausgezeichnet! Das ist der Schlüssel zur Lösung. Zum Beispiel ist $25 : 2 = 12$ Rest 1, d.h. $25 = 2 \cdot 12 + 1$. Im 2er-System ist also die letzte Ziffer $b_0 = 1$, und die Ziffern $b_1, b_2, \ldots$ erhält man, indem man 12 im 2er-System darstellt und die Ziffern links neben die 1 schreibt. Aus $12 = (1100)_2$ folgt $25 = (11001)_2$." „Nicht schlecht", meint Bernd, „schließlich ist 12 nur ungefähr halb so groß wie 25. Aber wenn man mit einer sehr großen Zahl beginnt, dann ist die Hälfte auch noch ziemlich groß." „Das stimmt, aber man kann diesen Schritt wiederholen. In unserem Beispiel ist $12 = 6 \cdot 2 + 0$. Deshalb ist $b_1 = 0$, und $b_2, b_3, \ldots$ erhält man, indem man die Binärziffern von 6 links neben die Ziffern ‚01' schreibt. Das geht so weiter. Man teilt einfach immer kleinere Zahlen mit Rest durch 2, und im allgemeinen Fall durch die Basis g."

c) Stelle 275 im 2er-System dar.
d) Stelle 452 im 7er-System dar.
e) Beweise, dass die Aussagen (i) und (ii) gleichwertig sind:

Tab. 13.1 Umrechnung der Hexadezimalziffern in Stellenwertsysteme zu den Basen $g = 10$ und $g = 2$

Basis	Zahl															
16	0	1	2	3	4	5	6	7	8	9	A	B	C	D	E	F
10	0	1	2	3	4	5	6	7	8	9	10	11	12	13	14	15
2	0000	0001	0010	0011	0100	0101	0110	0111	1000	1001	1010	1011	1100	1101	1110	1111

(i)   Die Zahl n endet in der g-adischen Darstellung mit mindestens t Nullen.

(ii)   Die Zahl n ist durch g^t teilbar.

„Neben dem 2er-System ist in der Informatik das 16er-System sehr wichtig", erklärt Hanno. „Das 16er-System bezeichnet man übrigens auch als Hexadezimalsystem." „Brauchen wir dafür nicht 16 Ziffern?" „Das ist völlig richtig, Anna."

$$\text{Ziffern im 16er-System}: 0, 1, 2, 3, 4, 5, 6, 7, 8, 9, A, B, C, D, E, F \qquad (13.3)$$

„Dabei entsprechen die Ziffern A, B, C, D, E und F im 10er-System den Zahlen 10, 11, 12, 13, 14 und 15. Tab. 13.1 zeigt die Umrechnung der Hexadezimalziffern in das 10er- und das 2er-System".

f)   Rechne $n = (A86D)_{16}$ und $m = (FFF)_{16}$ in das 2er-System um.
  Tipp: Ersetze die Ziffern der 16-adischen Darstellung einzeln durch ihre vierstelligen Binärdarstellungen. Im linkesten (d. h. höchstwertigen) 4-Bit-Block können etwaige Führungsnullen weggelassen werden.

g)   Rechne $n = (1001110111)_2$ und $m = (11000000011101)_2$ in das 16er-System um.
  Tipp: Unterteile die 2-adische Darstellung von rechts in 4er-Blöcke, und ersetze die Binärdarstellung jeder 4er-Gruppe durch die entsprechende Ziffer im 16er-System.

„Deshalb ist das 16er-System in der Informatik sehr verbreitet. Im Vergleich zum 2er-System reduziert sich die Anzahl der Ziffern auf etwa ein Viertel, und das Umrechnen vom 2er-System in das 16er-System und umgekehrt ist sehr einfach und benötigt nur wenig Rechenaufwand", erklärt Hanno, bevor Anna einwirft: „Das ist ja interessant. Woran liegt das eigentlich? Spontan vermutet Bernd: „Vielleicht liegt das daran, dass 2 ein Teiler von 16 ist." Hanno denkt einen Moment nach und präsentiert ein Gegenbeispiel: „Das reicht nicht. So ist z. B. $16 = (24)_6$, aber $16 = (121)_3$. Aber 2 teilt nicht nur 16, sondern 16 ist sogar eine Potenz von 2. Zum Glück habe ich hierzu zwei Aufgaben dabei."

h)   Beweise den Tipp aus Aufgabe f). Mit anderen Worten: Bestimme die Binärdarstellung von $n = (b_{k-1}, \ldots, b_0)_{16}$.

i) Beweise den Tipp aus Aufgabe g). Mit anderen Worten: Bestimme die Hexadezimaldarstellung von $n = (b_{k-1}, \ldots, b_0)_2$.

Nach diesem ungeplanten Intermezzo fährt Hanno fort: „Man kann übrigens in jedem Stellenwertsystem schriftlich Addieren, Subtrahieren, Multiplizieren und Dividieren. An die Stelle der 10 tritt die Basis g."

j) Berechne die folgenden Aufgaben schriftlich im jeweiligen Stellenwertsystem: $(1011)_2 + (1001)_2$, $(AFFE)_{16} + (BAD)_{16}$, $(2112)_4 - (1031)_4$ und $(53)_7 \cdot (25)_7$.

„Jetzt ist der alte MaRT-Fall dran. Außerdem habe ich zum Abschluss noch ein paar Aufgaben mitgebracht, die Stellenwertsysteme mit Fragestellungen aus den früheren Kapiteln verbinden."

k) Löse den alten MaRT-Fall.
l) Wie viele Zahlen, die nicht kleiner als 100 und nicht größer als 500 sind, enden in der 6-adischen Darstellung mit mindestens 2 Nullen und in der 8-adischen Darstellung mit mindestens einer Null?
m) Beweise die folgende Teilbarkeitsregel: Eine Zahl im 7er-System besitzt denselben 6er-Rest wie ihre Quersumme.
n) In einem alten mathematischen Pergament findet Professor Numerus eine Zahl im 2er-System, nämlich $n = (* * * * 1*)_2$. Die gesternten Ziffern sind leider vollkommen unleserlich, und auch die genaue Anzahl der Ziffern lässt sich nicht mit Sicherheit rekonstruieren.
Beweise, dass $n = (* * * * 1*)_2$ keine Quadratzahl ist.
o) Es seien $n_1 = 99 \ldots 99$ und $n_2 = (11 \ldots 11)_2$. Beide Zahlen bestehen aus jeweils 2026 Ziffern. Beweise, dass weder n_1 noch n_2 eine Primzahl ist.

„Ihr wart heute wirklich gut, Anna und Bernd. Ich wünsche euch noch einen schönen Tag." „Bernd und ich wollten dich etwas fragen, Hanno. Können wir uns beim nächsten Mal mit mathematischen Rätseln befassen, wie man sie zum Beispiel in Rätselheften oder in Denksportecken von Zeitschriften findet? Da kann man bestimmt oft mathematische Methoden anwenden. Bernd und ich haben neulich eine solche Aufgabe gelöst, indem wir eine lineare Gleichung aufgestellt und dann gelöst haben." „Das ist ein interessanter Gedanke. Wenn ich spannende Aufgaben finde, machen wir das beim nächsten Mal."

Anna, Bernd, die Schülerinnen und Schüler
„Ich verstehe Stellenwertsysteme jetzt viel besser", erklärt Anna, und Bernd pflichtet ihr durch Kopfnicken bei.

Was ich in diesem Kapitel gelernt habe

- Ich habe Stellenwertsysteme wiederholt und verstehe sie besser als vorher.
- Ich habe Aufgaben zu Stellenwertsystemen bearbeitet und gelöst, in denen auch Techniken aus den vorangegangenen Kapiteln vorkommen.
- Ich habe wieder Beweise geführt.

Hanno kommt zur Tür herein und sagt: „Ich habe gute Nachrichten für euch. Heute lösen wir mathematische Rätsel." „Das ist ja toll!", jubeln Anna und Bernd. „Heute haben wir keinen alten MaRT-Fall zu lösen. Hier ist schon die erste Aufgabe", leitet Hanno den Nachmittag ein.

a) Ginas Opa ist ein großer Rätselfan. Auf die Frage, wie alt er ist, hat er erst heute Morgen wie folgt geantwortet: „Im ersten Fünftel meines Lebens habe ich in Uphusen gewohnt. Dann bin ich mit meinen Eltern nach Unnenhusen umgezogen. Nach weiteren sieben Jahren habe ich begonnen, in meiner ersten Firma zu arbeiten. In dieser Firma bin ich geblieben, bis ich genau doppelt so alt war, als ich dort angefangen habe, dort zu arbeiten. Seitdem ich die Firma verlassen habe, sind weitere fünfundzwanzig Jahre vergangen."
Wie alt ist Ginas Opa?

„Anna, du hast beim letzten Mal erwähnt, dass Bernd und du neulich eine Rätselaufgabe gelöst habt. Wollt ihr mir diese Aufgabe nicht stellen?" „Ja, gerne, Hanno!"

b) Nicola hat sich eine kleine Tüte Gummibärchen gekauft. Ihren Freundinnen Ena und Stine gibt sie einige Gummibärchen ab. Ena bekommt ein Viertel der Gummibärchen und dazu noch drei weitere Gummibärchen. Stine erhält vom Rest ein Viertel und noch sechs weitere Gummibärchen dazu. Für Nicola bleiben noch zwölf Gummibärchen übrig.
Wie viele Gummibärchen waren anfangs in der Tüte, und wie viele Gummibärchen bekommen Ena und Stine?

„Eine nette Aufgabe mit interessantem Ergebnis, Anna. Bei der nächsten Aufgabe geht es um Uhrzeiten."

© Der/die Autor(en), exklusiv lizenziert an Springer Fachmedien Wiesbaden GmbH, ein Teil von Springer Nature 2026
S. Schindler-Tschirner und W. Schindler, *Mathematische Geschichten für begabte Schülerinnen und Schüler in der Unterstufe*,
https://doi.org/10.1007/978-3-658-50396-3_14

c) Bei einer Uhr mit Ziffernblatt weisen der Stunden- und der Minutenzeiger um
   Mitternacht in dieselbe Richtung. Wann ist dies zum ersten Mal wieder der Fall?

„In den Aufgaben a)–c) habt ihr jeweils eine Gleichung mit einer Unbekannten aufgestellt und dann gelöst. Um genau zu sein, waren es lineare Gleichungen. Ihr wisst
doch, was lineare Gleichungen sind, nicht wahr?" „Ein Beispiel für eine lineare Gleichung ist $2x + 8 = 10$", bemerkt Anna und fragt, ob es hierfür auch eine Definition
gibt. „Das Beispiel war richtig" bestätigt Hanno und geht zum Whiteboard.

Definition 14.1 Eine Gleichung mit einer oder in mehreren Variablen heißt *lineare
Gleichung*, wenn alle Variablen nur in der ersten Potenz vorkommen und keine
Produkte von Variablen auftreten. Variablen werden auch als *Unbekannte* bezeichnet.

Außerdem fügt Hanno noch ein paar Beispiele hinzu:

Beispiel a) Die Gleichungen (i) $x + 6 = 7$, (ii) $2y + 7 = -4$ und (iii) $2x + 8y -
5z = 8$ sind lineare Gleichungen. Dabei sind in (i) x, in (ii) y und in (iii) x, y, z
die Variablen.

b) Die Gleichungen (iv) $x^2 = 9$ und (v) $xy = 6$ sind keine linearen Gleichungen.
   Dabei sind in (iv) x und in (v) x, y die Variablen.

„Ist eigentlich $\frac{7}{x+6} = 1$ auch eine lineare Gleichung, Hanno?", fragt Bernd interessiert. „Wenn man beide Seiten mit $(x + 6)$ multipliziert, erhält man doch die
lineare Gleichung $x + 6 = 7$." „Nein, $\frac{7}{x+6} = 1$ ist keine lineare Gleichung. Übrigens haben die Gleichungen $\frac{7}{x+6} = 1$ und $x + 6 = 7$ unterschiedliche Definitions-
bereiche." „Stimmt!", sagt Bernd, „Die Gleichung $\frac{7}{x+6} = 1$ ist für $x = -6$ nicht
definiert."

„Um die nächsten Aufgaben zu lösen, müsst ihr mehr als eine lineare Gleichung
aufstellen", führt Hanno in den zweiten Teil des Nachmittags ein. Treten mehrere
lineare Gleichungen auf, spricht man auch von einem *linearen Gleichungssystem*
oder einem System von Gleichungen."

d) In einem Streichelzoo leben Enten und Kaninchen. Es sind insgesamt 64 Tiere,
   die zusammen 216 Beine haben. Wie viele Enten und wie viele Kaninchen leben
   in dem Streichelzoo?
e) Onkel Gerd und seine Nichte Geraldine spielen zusammen auf dem Spielplatz.
   Da fragt ein Mädchen: „Wie alt bist du, Geraldine?" Geraldine ist neuerdings
   ganz verrückt nach Rätseln und antwortet: „Vor drei Jahren war mein Onkel Gerd
   fünf Mal so alt wie ich. In zwei Jahren wird er nur noch drei Mal so alt sein wie
   ich. Jetzt weißt du nicht nur, wie alt ich bin, sondern auch, wie alt mein Onkel
   ist."
f) Antonio hat ein paar Freunde zum Spielen eingeladen. Antonios Mutter stellt eine
   große Dose mit Bonbons auf den Gartentisch und ermahnt die Kinder, die Bon-

bons fair zu verteilen, so dass jedes Kind dieselbe Anzahl an Bonbons erhält. Da sagt Christoph: Wären wir 1 Kind weniger, würde jeder 7 Bonbons mehr bekommen, und Dora stellt fest: Aber wenn wir noch 1 Kind mehr wären, würde jeder von uns 5 Bonbons weniger bekommen.

Wie viele Kinder spielen zusammen, und wie viele Bonbons sind in der Bonbondose?

Anmerkung: In allen Fällen werden die Bonbons vollständig aufgeteilt.

g) Auf dem Dachboden hat Carla ein Säckchen mit Murmeln gefunden, mit denen ihr Opa gespielt hat, als er noch ein Kind war. In dem Säckchen sind große und kleine, einfarbige und bunte Murmeln. Ihr Bruder möchte wissen, was in dem Säckchen ist. Carla gibt ihm alle notwendigen Informationen, allerdings in Form eines Rätsels: „In dem Säckchen sind 53 Murmeln. Darunter sind 17 große bunte Murmeln, während 13 Murmeln weder groß noch bunt sind. Insgesamt gibt es 32 bunte Murmeln. Kannst du mir sagen, wie viele kleine Murmeln in dem Säckchen sind?"

„Bislang lief ja alles gut, aber bei dieser Aufgabe kommen wir nicht weiter, Hanno. Wie sollen wir die Variablen definieren?" fragt Bernd. „Wir haben versucht, die Anzahl der bunten und der großen Murmeln als Variable zu definieren, aber das führt zu nichts. Bunte Murmeln können ja groß oder klein sein." „Das ist eine gute Beobachtung", erklärt Hanno und fragt: „Durch welche Eigenschaften wird eine Murmel eindeutig beschrieben?" „Durch ihre Farbe und ihre Größe", erkennt Anna.

h) Sofern nicht schon geschehen: Löse Aufgabe g) mit diesem Hinweis.

„Wenn neben der Farbe und der Größe noch eine dritte Eigenschaft der Murmeln wie z. B. ‚leicht' oder ‚schwer' hinzukäme, könnte man genauso vorgehen", stellt Bernd fest. „Dann würden nicht 4, sondern 8 Variablen auftreten." „Sehr gut bemerkt", lobt Hanno. „Noch eine Aufgabe, Anna und Bernd, und dann sind wir für heute fertig."

i) Sabine, Thea und Ulrike sammeln im Wald insgesamt n Walnüsse. Danach teilen sie die Walnüsse im Verhältnis ihrer Lebensalter (in ganzen Jahren) auf. Wenn Sabine 4 Walnüsse erhält, bekommt Thea 3 Walnüsse. Wenn Sabine 6 Walnüsse erhält, bekommt Ulrike 7 Walnüsse.

   (i) Bestimme die Anteile der Walnüsse, den Sabine, Thea und Ulrike bekommen.
   (ii) Für welche Walnussanzahlen n führen diese Verteilungsregeln dazu, dass keine Walnuss übrig bleibt oder geteilt werden muss?
   (iii) Wie alt sind Sabine, Thea und Ulrike, wenn alle Mädchen jünger als 20 Jahre sind?

„Es hat Spaß gemacht, mit euch zu arbeiten, und das nicht nur heute", lobt Hanno, was Anna und Bernd sichtlich gut tut. „Beim nächsten Mal habt ihr wieder einen neuen Mentor." „Wer wird unser neuer Mentor sein?" fragt Bernd. „Wir dachten, dass wir schon alle Mentoren durch hätten." Hanno schmunzelt: „Lasst euch überraschen!"

Anna, Bernd, die Schülerinnen und Schüler
„Heute waren die Aufgaben nicht so schwer wie sonst", bemerkt Anna, und Bernd fügt hinzu: „Das ist wahr, aber das ist auch mal ganz schön. Wenn man eine lineare Gleichung oder ein lineares Gleichungssystem erst einmal gefunden hat, ist der Rest einfach. Außerdem macht mir das Gleichunglösen Spaß." Anna nickt zustimmend.

Was ich in diesem Kapitel gelernt habe

- Viele mathematische Rätsel kann man lösen, indem man lineare Gleichungen aufstellt.
- Das Lösen von linearen Gleichungen und linearen Gleichungssystemen bereitet mir keine Schwierigkeiten mehr.

Ecken und Kanten

15

„Carl Friedrich, du?" „Ja, Anna und Bernd. In den letzten Treffen bin ich euer Mentor. Ich weiß, dass ihr bisher ziemlich gut wart. Heute und beim nächsten Mal wird es nicht einfach. Aber keine Sorge! Zusammen bekommen wir das hin. Zuerst schildere ich euch einen alten MaRT-Fall, den ihr lösen sollt. Ich werde euch dabei helfen."

Alter MaRT-Fall Dem Museumsdirektor René Antikus wurde für sehr viel Geld eine Schriftrolle samt Schatzkarte zum Kauf angeboten, die angeblich aus dem 17. Jahrhundert stammten. Die Schriftrolle berichtete von einem verschollenen Riesendiamanten. Die Oberfläche des geschliffenen Riesendiamanten bestand angeblich nur aus 7-Ecken, wobei an jeder Ecke des Diamanten sieben 7-Ecke zusammentrafen. Insgesamt waren es 28 Siebenecke. Allerdings war die Zahl 28 nicht gut lesbar; es könnte auch eine andere Zahl da gestanden haben. Außerdem war dieser Diamant konvex, hatte also keine Einbuchtungen. Die Schriftrolle selbst und natürlich erst der Fund des verschollenen Riesendiamanten wären eine historische Sensation gewesen. Der Museumsdirektor war aber misstrauisch, weil er noch nie von diesem Diamanten gehört hatte. Er vermutete, dass die Schriftrolle nur eine gute Fälschung war. Weil René Antikus sich die geometrische Form dieses Diamanten nicht vorstellen konnte und weil dies ein geometrisches Problem ist, ist er im letzten Jahr zur MaRT gekommen und hat uns um Rat gefragt.

„Wir tasten uns langsam an den alten MaRT-Fall heran. Ihr hattet euch ja schon in zwei Kurstreffen mit Geometrie in der Ebene beschäftigt, aber wir müssen trotzdem zunächst einige Begriffe klären", fährt Carl Friedrich fort.

Definition 15.1 Ein *Vieleck* ist in einer Ebene enthalten und wird durch einen geschlossenen Streckenzug aus endlich vielen Strecken begrenzt. Die Endpunkte der Strecken sind die Eckpunkte des Vielecks.

© Der/die Autor(en), exklusiv lizenziert an Springer Fachmedien Wiesbaden GmbH, ein Teil von Springer Nature 2026
S. Schindler-Tschirner und W. Schindler, *Mathematische Geschichten für begabte Schülerinnen und Schüler in der Unterstufe*,
https://doi.org/10.1007/978-3-658-50396-3_15

„Das kennt ihr ja schon von den Dreiecken und Vierecken", bemerkt Carl Friedrich. „Könnt ihr mir sagen, wie viele Ecken ein Vieleck mindestens besitzt, Anna und Bernd?" „Mindestens drei", antwortet Bernd schnell.

Definition 15.2 Besitzt ein Vieleck n Ecken ($n \geq 3$), spricht man von einem n-*Eck*. Ein n-Eck heißt *regelmäßig*, falls alle n Seiten gleich lang und die Innenwinkel an allen n Ecken gleich groß sind.

a) Zeichne ein regelmäßiges Viereck und drei nicht-regelmäßige Vierecke.

„Im Unterricht haben wir sogar schon einmal ein regelmäßiges Sechseck gezeichnet", bemerkt Anna ein wenig stolz. „Ihr wisst doch, was ein Körper ist, nicht wahr?" „Kugeln, Quader und Pyramiden sind Körper", weiß Anna. „Prismen, Kegel und Halbkugeln auch", ergänzt Bernd. „Ihr kennt ja schon viele Körper", lobt Carl Friedrich.

„Es gibt sehr unterschiedliche Körper. Allgemein gesprochen, sind Körper *beschränkte* Teilmengen im dreidimensionalen Raum, die durch endlich viele ebene oder gekrümmte Flächen von allen Seiten begrenzt sind. Zum Körper gehören die Begrenzungsflächen und der hiervon eingeschlossene Raum, genau wie ihr das von euren Beispielen kennt." „Was bedeutet ‚beschränkt'?", fragt Anna. „Diesen Begriff haben wir im Mathematikunterricht noch nicht kennengelernt." „Anschaulich bedeutet ‚beschränkt', dass man den Körper in eine würfelförmige Schachtel packen könnte, wenn diese nur groß genug ist. Man könnte meinen, dass das selbstverständlich ist, aber für eine Gerade geht das beispielsweise nicht. Geraden sind nicht beschränkt."

„Die Körper, mit denen wir es zu tun haben werden, sind weder in einer Ebene enthalten noch sind sie ‚platt'", erklärt Carl Friedrich. „Jetzt müsst ihr nur noch wissen, was ‚konvex' bedeutet, und dann kann es mit den Aufgaben weitergehen. Definition 15.3 betrifft nicht nur Körper, sondern auch Teilmengen in der Ebene."

Definition 15.3 Ein Teilmenge M der Ebene oder des (dreidimensionalen) Raums heißt *konvex*, falls für zwei beliebige Punkte in M auch deren gesamte Verbindungsstrecke zu M gehört.

„Also sind Dreiecke und Quadrate konvex, nicht wahr, Carl Friedrich?", stellt Bernd fragend fest. „So ist es, Bernd."

b) Gib mehrere konvexe und nicht-konvexe Körper an oder beschreibe sie.

Anna und Bernd denken angestrengt über den alten MaRT-Fall nach, aber nach ein paar Minuten sagt Bernd: „Ich versuche mir vorzustellen, wie dieser Riesendiamant aussieht, aber da komme ich an die Grenzen meiner Vorstellungskraft." „Ich leider auch", seufzt Anna. „Ich glaube, das schaffen wir heute nicht." „Werft die Flinte nicht zu früh ins Korn. Was euch fehlt, ist das richtige mathematische Werkzeug, nämlich der Eulersche Polyedersatz", erklärt Carl Friedrich. „Dafür brauchen wir noch eine Definition."

Definition 15.4 Ein *beschränkter Polyeder* ist ein Körper, der durch endlich viele Vielecke begrenzt wird.

„Dann sind Würfel, Quader und Pyramiden beschränkte Polyeder, nicht wahr?", fragt Anna, und Bernd fügt hinzu: „Kugeln und Kegel aber nicht." „Sehr gut, Anna und Bernd. Ich sehe, dass ihr verstanden habt, was ein Polyeder ist. Übrigens gibt es auch unbeschränkte Polyeder, aber für die interessieren wir uns nicht." Carl Friedrich schreibt den Eulerschen Polyedersatz an das Whiteboard (das jetzt vollständig beschrieben ist) und sagt beinahe feierlich: „Das ist der berühmte Eulersche Polyedersatz."

Theorem 15.1 Eulerscher Polyedersatz: *Es sei V ein beschränkter konvexer Polyeder mit f Flächen, e Ecken und k Kanten. Dann gilt*

$$f + e - k = 2 \tag{15.1}$$

„Wie man leicht sieht, sind die Seitenflächen eines beschränkten konvexen Polyeders selbst konvex", erklärt Carl Friedrich. Carl Friedrich hat ein paar einfache Übungsaufgaben mitgebracht, damit Anna und Bernd mit den neuen Begriffen vertraut werden.

c) Benenne oder beschreibe mehrere beschränkte konvexe Polyeder.
d) Wende den Eulerschen Polyedersatz auf einen Quader und eine Pyramide mit einer quadratischen Grundfläche an.
e) Wende den Eulerschen Polyedersatz auf zwei weitere konvexe beschränkte Polyeder deiner Wahl an.
f) Von einem beschränkten konvexen Polyeder ist bekannt, dass er aus 8 Seitenflächen besteht und 12 Kanten besitzt. Wie viele Ecken besitzt dieser Polyeder?
g) Ein beschränkter konvexer Polyeder V wird von 26 Seitenflächen begrenzt und besitzt 24 Ecken. Wie viele Kanten besitzt V?

„Dieser Riesendiamant ist ein beschränkter konvexer Polyeder. Vielleicht kann uns der Eulersche Polyedersatz weiterhelfen. Fragt sich nur, wie", stellt Bernd fest. „Schauen wir doch, ob es einen solchen Polyeder überhaupt geben kann, wie er in der Schriftenrolle beschrieben wird", schlägt Anna vor. „Gute Idee", grinst Carl Friedrich.

h) (alter MaRT-Fall) Zeige, dass es keinen beschränkten konvexen Polyeder geben kann, der von 28 7-Ecken begrenzt wird und bei dem an jeder Ecke 7 Flächen aneinanderstoßen. Tipp: Bestimme zuerst die Anzahl der Flächen, Ecken und Kanten des Polyeders.

„Also war das Dokument eine dreiste Fälschung!", freut sich Anna und denkt, dass die Aufgabe schon erledigt sei. „Nicht so schnell, Anna", bremst Bernd, „vielleicht hatte der Museumsdirektor ja nur die Anzahl der Flächen falsch entziffert."

i) (alter MaRT-Fall) Zeige, dass es keinen konvexen beschränkten Polyeder geben kann, der von f vielen 7-Ecken begrenzt wird und bei dem an jeder Ecke 7 Flächen aneinanderstoßen.

„Ich hatte doch Recht! Die Schriftrolle war eine Fälschung", jubelt Anna. „Aber ich gebe zu, dass die Sache jetzt noch klarer ist." Bernd fügt hinzu: „Die MaRT hat dem Museumsdirektor vom Kauf abgeraten, nicht wahr?" „Natürlich!", antwortet Carl Friedrich, „René Antikus ist dann gleich zur Polizei gegangen. Die Polizei hat bei dem Mann, der ihm die Schriftrolle und die Schatzkarte zum Verkauf angeboten hatte, eine Fälscherwerkstatt entdeckt. Später wurde er zu einer Haftstrafe verurteilt." Bernd ergänzt: „Hätte der Fälscher mehr Mathematik gekonnt, hätte er nicht so plump gefälscht, und er säße jetzt vielleicht nicht im Gefängnis."

Anna, Bernd, die Schülerinnen und Schüler
Anna und Bernd fassen den ereignisreichen Nachmittag zusammen: „Der Eulersche Polyedersatz ist toll und sehr nützlich. So mussten wir uns die Form des Riesendiamanten gar nicht vorstellen. Aber wir hätten nicht gedacht, dass Mathematik auch helfen kann, Verbrechen aufzudecken."

Was ich in diesem Kapitel gelernt habe

- Ich weiß jetzt, was ein konvexer Polyeder ist.
- Ich habe den Eulerschen Polyedersatz kennengelernt und selbst mehrfach angewandt.
- Mit dem Eulerschen Polyedersatz konnte ich beweisen, dass Polyeder mit bestimmten Eigenschaften nicht existieren können.

„Anna und Bernd, wir machen da weiter, wo wir beim letzten Mal aufgehört haben. Heute stehen zwei schwierige Aufgaben auf dem Programm, die aus vielen Einzelschritten bestehen. Der Eulersche Polyedersatz wird sich wieder als sehr nützlich erweisen. Ich vermute, dass ihr noch nichts von platonischen Körpern gehört habt", eröffnet Carl Friedrich den Nachmittag. „Stimmt, Carl Friedrich."

Definition 16.1 *Platonische Körper* sind beschränkte konvexe Polyeder, deren Seitenflächen kongruente (deckungsgleiche) regelmäßige Vielecke sind. An jeder Ecke treffen die gleiche Anzahl von Seitenflächen zusammen.

„Ein platonischer Körper sieht von jeder Ecke aus betrachtet gleich aus", ergänzt Carl Friedrich. „Tab. 16.1 enthält alle platonischen Körper, die es gibt. In dieser Tabelle findet ihr wichtige Eigenschaften der platonischen Körper: Die Form der Seitenflächen, wie viele Seitenflächen an jeder Ecke zusammentreffen und natürlich die Anzahl der Flächen, Ecken und Kanten. In Abb. 16.1 seht ihr, wie die platonischen Körper aussehen. Oder schaut in die Glasvitrine dort hinten: Da sind alle platonischen Körper ausgestellt."

„Die Namen der platonischen Körper kann man sich übrigens leicht merken, wenn man Alt-Griechisch kann. Die platonischen Körper sind nach der Anzahl ihrer Seitenflächen benannt. So bedeutet ,tetra' beispielsweise vier, und den Würfel nennt man auch Hexaeder, was ,Sechsflächer' bedeutet", fügt Carl Friedrich noch hinzu.

„Die platonischen Körper sehen ja toll aus, vor allem wenn man die Seitenfläche bunt anmalt", ruft Bernd begeistert. „Platonische Körper haben wegen ihrer großen Symmetrie schon die alten Griechen fasziniert", erklärt Carl Friedrich, der jetzt ganz in seinem Element ist. Beispielsweise besitzt jeder platonische Körper eine Kugel um seinen Mittelpunkt, auf deren Oberfläche alle Ecken des platonischen Körpers liegen. Das nennt man übrigens eine Umkugel. Ebenso besitzt jeder platonische Körper auch

S. Schindler-Tschirner und W. Schindler, *Mathematische Geschichten für begabte Schülerinnen und Schüler in der Unterstufe*, https://doi.org/10.1007/978-3-658-50396-3_16

Tab. 16.1 Platonische Körper und ihre Eigenschaften

Platonischer Körper	Seitenflächen	Seitenflächen an jeder Ecke	f	e	k
Tetraeder	Dreiecke	3	4	4	6
Würfel	Vierecke	3	6	8	12
Oktaeder	Dreiecke	4	8	6	12
Dodekaeder	Fünfecke	3	12	20	30
Ikosaeder	Dreiecke	5	20	12	30

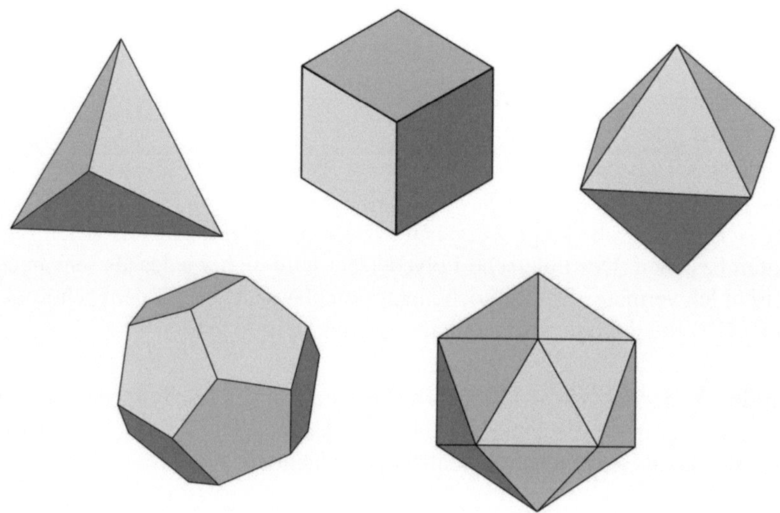

Abb. 16.1 Platonische Körper: (von links oben nach rechts unten) Tetraeder, Würfel, Oktaeder, Dodekaeder, Ikosaeder; erstellt mit 3D-CAD-Software FreeCAD

eine Inkugel, die alle seine Seitenmittelpunkte von innen berührt. Umkugeln und Inkugeln sind etwas Besonderes. Die besitzen nur besondere Körper."

„Es gibt wirklich nur 5 platonische Körper, wenn man von ihrer Größe einmal absieht?", fragt Anna erstaunt. „So ist es", bestätigt Carl Friedrich. „Das hat übrigens schon der griechische Mathematiker Euklid um 300 v. Chr. bewiesen. Das sollt ihr heute auch beweisen. Zuerst sollt ihr zeigen, dass ein platonischer Körper nur Dreiecke, Vierecke und Fünfecke als Seitenflächen haben kann. Das ist aber nicht ganz einfach. Die Aufgaben werden euch auf den richtigen Weg leiten."

„Die folgende Definition erklärt die Bedeutung der Symbole $<$, $\leq$, $>$ und $\geq$, die ihr vermutlich schon aus dem Schulunterrrricht kennt.".

Definition 16.2 Für zwei Zahlen x und y bedeuten (a) $x < y$, (b) $x \leq y$, (c) $x > y$ und (d) $x \geq y$, dass (a) x kleiner als y ist, (b) x kleiner oder gleich y ist, (c) x größer als y ist und (d) x größer oder gleich y ist.

Beispiel $5 < 7$, $89 \leq 90$, $17 > 16$, 5 und $17 \geq 17$.

„Aber nun endlich zu den Aufgaben, Anna und Bernd! Ich gebe euch ausnahmsweise vier Aufgaben auf einmal. Versucht, sie nacheinander zu lösen."

a) Es sei V ein platonischer Körper, der durch f regelmäßige m-Ecke begrenzt wird. An jeder Ecke von V stoßen p Seitenflächen zusammen. Wie groß sind m und p mindestens?
b) Wie viele Ecken e und Kanten k hat V? Drücke dies in Abhängigkeit von f, m und p aus.
c) Setze f, e und k in die Eulersche Polyederformel (15.1) ein.
d) Beweise, dass als Seitenflächen eines platonischen Körpers nur Dreiecke, Vierecke oder Fünfecke auftreten können.

Nach einiger Zeit und einer angeregten Diskussion kommen Anna und Bernd zu Carl Friedrich: „Wir sind bis zu Aufgabe c) gekommen. Mit dem Eulerschen Polyedersatz haben wir die Gl. (16.1) hergeleitet, aber jetzt kommen wir allein nicht mehr weiter. Wir verstehen nicht, weshalb für m, die Eckenzahl der Seitenflächen, nur die Werte 3, 4 oder 5 in Frage kommen."

$$f + \frac{f \cdot m}{p} - \frac{f \cdot m}{2} = 2 \tag{16.1}$$

„Ich gebe euch noch einen Tipp. Wenn man auf der linken Seite von (16.1) f ausklammert, erhält man die folgende Gleichung"

$$f \left(1 + \frac{m}{p} - \frac{m}{2} \right) = 2 \tag{16.2}$$

„Schaut euch Gl. (16.2) einmal genau an. Es ist doch klar, dass die Klammer negativ wird, wenn m groß wird, weil $p \geq 3$ ist. Und das ist auch schon die Beweisidee: Ist (f, m, p) eine Lösung von (16.2), muss der Term in der Klammer positiv sein. Es muss also $0 < 1 + \frac{m}{p} - \frac{m}{2}$ gelten. In der Klammer taucht f nicht auf, was ein wichtiger Schritt nach vorn ist. Mehr sage ich hierzu aber nicht mehr."

e) Beweise, dass als Seitenflächen eines platonischen Körpers nur Dreiecke, Vierecke oder Fünfecke auftreten können.
Tipp: Nutze Carl Friedrichs Hinweis.

„Zwischendrin sind wir nicht weitergekommen, aber mit deinem Tipp haben wir es doch geschafft. Es war ein hartes Stück Arbeit, hat aber zum Schluss doch Spaß gemacht", sagt Bernd erleichtert, und Carl Friedrich erwidert: „Bevor es weitergeht, machen wir erst einmal eine kurze Pause. Danach kümmern wir uns um Fußbälle."

„Interessiert ihr euch für Fußball, Anna und Bernd?" „Ja, wir spielen beide in der Schulmannschaft." „Dann werden euch die nächste Aufgabe gefallen. In Abb. 16.2

Abb. 16.2 Fußball mit
schwarzen Fünfecken und
weißen Sechsecken: Foto
und Polyeder (erstellt mit
3D-CAD-Software
FreeCAD)

seht ihr einen Fußball, dessen Oberfläche aus regelmäßigen weißen Sechsecken und regelmäßigen schwarzen Fünfecken besteht. Auf dem Foto ist der Ball prall aufgepumpt, und die Zeichnung zeigt den zugehörigen Polyeder. An die Seiten der schwarzen Fünfecke grenzen lauter weiße Sechsecke an, während an die Seiten eines jeden Sechsecks abwechselnd Fünfecke und Sechsecke angrenzen, und in jeder Ecke des Fußballs treffen drei Seitenflächen zusammen. Ich möchte von euch wissen, aus wie vielen Fünfecken und Sechsecken die Oberfläche dieses Fußballs besteht. In die Sporthalle gehen und einfach zählen, gilt natürlich nicht", schmunzelt Carl Friedrich.

„Da müssen wir sicher wieder den Eulerschen Polyedersatz anwenden", sagt Anna. Bernd nickt und nach einiger Zeit schlägt er vor, die Aufgabe in mehrere kleine Schritte zu zerlegen, wie sie das gerade bei den platonischen Körpern gelernt haben. Anna formuliert die erste Aufgabe und Bernd die zweite:

f) Der Fußball besteht aus w weißen Sechsecken und s schwarzen Fünfecken. Drücke f, e und k in w und s aus.
g) Setze f, e und k in die Eulersche Polyederformel (15.1) ein und fasse die Terme zusammen.
h) Bestimme die Anzahl der schwarzen Fünfecke.

„Jetzt wissen wir immerhin, wie viele schwarze Fünfecke es gibt. Aber ich habe keine Idee, wie wir die Anzahl der weißen Sechsecke bestimmen sollen", resümiert Bernd. „Ich leider auch nicht", sagt Anna traurig. Es bleibt noch eine Aufgabe zum Fußball zu lösen. Könnt ihr Anna und Bernd helfen?

i) Aus wie vielen weißen Sechsecken besteht die Oberfläche dieses Fußballs?

„In Aufgabe d) bzw. e) habt ihr schon bewiesen, dass platonische Körper nur von gleichseitigen Dreiecken ($m = 3$), Quadraten ($m = 4$) oder gleichseitigen Fünfecken ($m = 5$) begrenzt sein können. Aber das lässt natürlich noch viele Möglichkeiten offen. Jetzt wollen wir beweisen, dass es tatsächlich nur fünf platonische Körper gibt. Dazu betrachten wir nacheinander die Fälle $m = 3$, $m = 4$ und $m = 5$. Mathematiker sprechen übrigens von einer *Fallunterscheidung*."

j) Es sei V ein platonischer Körper, der von Dreiecken begrenzt wird. Bestimme alle Tripel (f, m, p), die (16.2) erfüllen.
   Hinweis: Wie in den Aufgaben a)–e) bezeichnet f die Anzahl der Seitenflächen,

m gibt an, wie viele Ecken jede Seitenfläche besitzt, und p gibt an, wie viele Flächen an einer Ecke zusammenstoßen.

k) Es sei V ein platonischer Körper, der von Quadraten begrenzt wird. Bestimme alle Tripel (f, m, p), die (16.2) erfüllen.

l) Es sei V ein platonischer Körper, der von regelmäßigen Fünfecken begrenzt wird. Bestimme alle Tripel (f, m, p), die (16.2) erfüllen.

„Es ist Zeit für eine Bilanz, Anna und Bernd. Was habt ihr bisher erreicht?" „Anna sagt:" Wir haben bewiesen, dass für jeden platonischen Körper

$$(f, m, p) \in \{(4, 3, 3), (8, 3, 4), (20, 3, 5), (6, 4, 3), (12, 5, 3)\} \qquad (16.3)$$

gilt." Und Bernd ergänzt: „Es kann also *höchstens* 5 platonische Körper geben. Der Beweis besagt nicht, dass zu jedem Tripel (f, m, p) tatsächlich ein platonischer Körper existiert." „Sehr gut!", lobt Carl Friedrich.

m) Zeige: Es gibt 5 platonische Körper.

„Für heute sind wir fertig", erklärt Carl Friedrich. „Bei den platonischen Körpern hatten wir anfangs ein Problem, und die letzte Aufgabe mit dem Fußball haben wir leider auch nicht hinbekommen. Sind wir jetzt aus dem Rennen?", fragen Anna und Bernd kleinlaut. „Nein, natürlich nicht. Ich habe nicht erwartet, dass ihr alle Aufgaben selbstständig lösen könnt. Ihr wart heute trotzdem echt gut", lobt Carl Friedrich. „Aber schaut euch die Musterlösung gut an, damit ihr die Beweisidee versteht." „Das machen wir", antworten Anna und Bernd erleichtert.

„Ihr habt euer Ziel schon fast erreicht", erklärt Carl Friedrich. „Ihr habt in all den Wochen viel Neues gelernt. Am nächsten Freitagnachmittag findet die Abschlussprüfung statt. Da müsst ihr Aufgaben aus allen Themengebieten lösen, damit ich sehe, dass ihr den Stoff auch richtig verstanden habt. Aber das kennt ihr ja schon von der Aufnahmeprüfung in den CBJMM."

Anna, Bernd, die Schülerinnen und Schüler
Bernd meint: „Heute waren die Aufgaben ziemlich schwierig, weil so viele Einzelschritte notwendig waren", und Anna fügt ergänzt: „Ich habe noch nie etwas von platonischen Körpern gehört. Ich werde mit meinem Graphikprogramm einen Dodekaeder zeichnen und die Seiten bunt färben. Das sieht bestimmt schön aus."

Wegen der bevorstehenden Abschlussprüfung sind Anna und Bernd aber auch etwas aufgeregt. Bernd schlägt vor, sich ebenso wie auf die Abschlussprüfung in den CBJMM gemeinsam vorbereiten und noch einmal alle Aufgaben zu wiederholen. Anna nickt zustimmend: „Das machen wir, Bernd! Das hat beim letzten Mal ja gut geklappt."

Was ich in diesem Kapitel gelernt habe

- Ich habe mit dem Eulerschen Polyedersatz schwierige Aufgaben gelöst.
- Mit dem Eulerschen Polyedersatz kann man Alltagsprobleme lösen.
- Ich weiß jetzt, was platonische Körper sind und dass es nur 5 platonische Körper gibt.
- Ich habe bewiesen, dass es nur 5 platonische Körper gibt.

Genau wie damals bei der Aufnahmeprüfung in den CBJMM leitet Carl Friedrich auch dieses Mal das letzte Treffen. „Hallo, Anna und Bernd. Lasst uns gleich beginnen. Ihr habt heute viel zu tun", leitet Carl Friedrich den Nachmittag ein. „Ihr wisst ja, dass ihr heute Aufgaben aus allen Themengebieten lösen müsst. Ich hoffe, ihr habt euch gut vorbereitet." „Beim letzten Mal durften wir die Reihenfolge der Aufgaben mitbestimmen. Dürfen wir das heute auch? Ich würde gerne mit den Bewegungsaufgaben beginnen", sagt Bernd, und Anna fügt hinzu: „Können wir danach zur ebenen Geometrie übergehen?" „Einverstanden! Aber natürlich müsst ihr Aufgaben zu allen Themen bearbeiten.", erklärt Carl Friedrich.

a) Gestern war Gepard Speedy auf der Jagd. Für die Zeitdauer von 2 sec hat er die unglaubliche Geschwindigkeit von $v = 93 \frac{\text{km}}{\text{h}}$ erreicht. Wie viele Meter hat er in diesen zwei Sekunden zurückgelegt?

b) Alpaka Cuzco lebt auf einer Alpakafarm. An jedem Samstagnachmittag wird Cuzco zu einer Wanderung ausgeführt. Auf dem ersten Drittel der Strecke ist er hungrig und frisst Gras am Wegesrand. Daher kommt er nur langsam voran und erreicht eine Durchschnittsgeschwindigkeit von $v_1 = 2 \frac{\text{km}}{\text{h}}$. Das mittlere Drittel der Strecke ist karg, und es geht leicht bergab, so dass Cuzco hier im Durchschnitt $v_2 = 5 \frac{\text{km}}{\text{h}}$ schnell ist. Auf dem letzten Drittel ist Cuzco schon fast satt, und er freut sich auf seinen Stall. Daher erzielt er hier eine Durchschnittsgeschwindigkeit von $v_3 = 3 \frac{\text{km}}{\text{h}}$. Wie schnell ist Cuzco im Durchschnitt auf der gesamten Strecke gelaufen?

c) Eine langgezogene Gruppe von Wanderern ist $s_W = 30$ m lang und bewegt sich mit $v_W = 5 \frac{\text{km}}{\text{h}}$ voran. Ein Radfahrer erreicht das Ende der Gruppe und fährt mit einer Geschwindigkeit von $v_R = 12 \frac{\text{km}}{\text{h}}$ an der Gruppe vorbei. Wann und wo (nach wie vielen Metern) passiert der Radfahrer die Spitze der Gruppe?

© Der/die Autor(en), exklusiv lizenziert an Springer Fachmedien Wiesbaden GmbH, ein Teil von Springer Nature 2026
S. Schindler-Tschirner und W. Schindler, *Mathematische Geschichten für begabte Schülerinnen und Schüler in der Unterstufe*,
https://doi.org/10.1007/978-3-658-50396-3_17

d) Gerald und Celia verabreden sich zu einem Radrennen. Als Gerald schon 14 km gefahren ist, liegt Celia weit zurück, weil sie bislang nur $0,8$ Mal so schnell gefahren ist wie Gerald. Während Gerald sich etwas übernommen hatte und nun langsamer fahren muss, fährt Celia jetzt schneller. Genauer gesagt, fährt Celia jetzt $1,4$ Mal so schnell wir Gerald. Nach welcher Strecke holt Celia Gerald ein, wenn beide diese Geschwindigkeiten beibehalten?

e) Ein Parallelogramm besitzt die Seitenlängen $a = 4$ und $b = 3$, und es ist $h_a = 2$. Berechne h_b.

f) Colin zeichnet mehrere rechtwinklige Dreiecke mit der Hypotenuse 5 cm. Er beginnt mit dem Winkel $\alpha = 5°$ und erhöht bei jedem neuen Dreieck den Winkel um $5°$, bis er im letzten Dreieck $85°$ erreicht hat.

Wie viele Dreiecke hat Colin gezeichnet? Wie viele unterschiedliche Flächeninhalte treten auf?

Hinweis: In dieser Aufgabe werden die Bezeichnung aus Abb. 5.1 verwendet.

„Ihr seid richtig gut gestartet, Anna und Bernd. Genau wie beim letzten Mal. Macht bitte so weiter! Jetzt kommen erst einmal drei Aufgaben zu Binomen, und danach wird gerechnet.“

g) Für welche Zahl $x \in Q$ ist der Term $(2x + 4)(x + 2) + 6$ minimal? Welchen Wert nimmt dieser Term dort an?

h) Welche ganzen Zahlen n und m erfüllen die Gleichung $n^2 - m^2 = 71$?

i) Für welche $n \in \mathbb{N}$ ist der Term $n^2 + 2n + 8$ eine Quadratzahl?

Tipp: Zeige zunächst, dass $(n + 1)^2 < n^2 + 2n + 8 < (n + 2)^2$ gilt, wenn n hinreichend groß ist.

j) Berechne den ggT$(36920, 101175)$ mit dem Euklidischen Algorithmus.

k) Berechne die Differenz $\frac{1}{199008} - \frac{1}{259125}$. Bestimme zunächst den Hauptnenner.

„Die zweite und die dritte Aufgabe zu den Binomen waren gar nicht so einfach“, erklärt Anna. „Dagegen waren die Aufgaben zum Euklidischen Algorithmus doch eher leicht.“ „Und das tut auch mal gut“, ergänzt Bernd. „Jetzt sind erst einmal wieder Beweise dran“, erklärt Carl Friedrich.

l) In Guntrams Grundschulklasse sind 11 Jungen und 14 Mädchen.

 (i) Beweise: Es gibt drei Kinder, die im gleichen Monat geboren sind.

 (ii) Ein Junge wechselt die Schule. Gilt die Aussage (i) immer noch?

m) Es sei V ein beschränkter konvexer Polyeder. Beweise: Es gibt zwei Seitenflächen, die dieselbe Anzahl von Ecken besitzen.

Tipp: Betrachte eine Seitenfläche von V mit maximaler Eckenzahl.

„Das ist ja cool. Das Schubfachprinzip ist auch für geometrische Probleme nützlich“, sagt Bernd begeistert, und Anna sagt:. „Ich ahne schon, was als nächstes

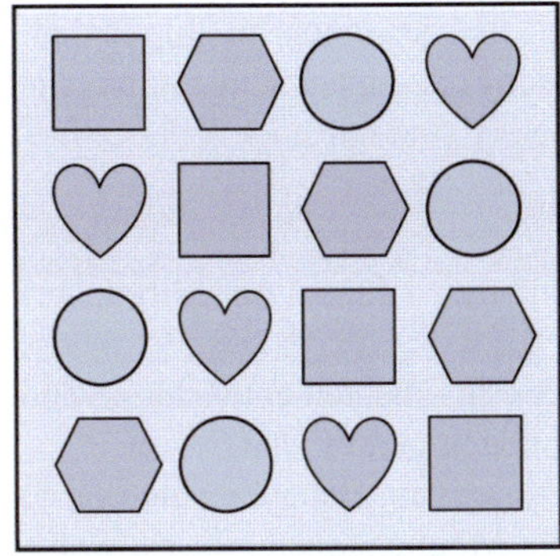 

Abb. 17.1 links: leeres Spielbrett; rechts: Beispiel für eine Belegung

kommt. Wenn ich es aussuchen darf, würde ich danach gerne mit der Kombinatorik fortfahren." Bernd nickt zustimmend.

n) Ein beschränkter konvexer Polyeder V besitzt 36 Kanten und 24 Ecken. Wie viele Flächen hat V?

„Seit letzter Woche beschäftigt mich eine Frage, Carl Friedrich. Wenn V ein beschränkter konvexer Polyeder ist, erfüllen f, e und k die Gl. (15.1). Das ist klar. Aber wie verhält sich das umgekehrt, wenn ein Tripel (f, e, k) der Gl. (15.1) genügt? Gibt es dann immer einen beschränkten konvexen Polyeder mit f Flächen, e Ecken und k Kanten?", fragt Bernd. „Das ist eine sehr gute Frage", antwortet Carl Friedrich. „Zum Glück habe ich hierzu eine Aufgabe dabei." Anna sieht Bernd fragend an und murmelt leise: „Tolle Frage!"

o) Das Tripel $(f, e, k) = (4, 5, 7)$ erfüllt die Eulersche Polyederformel. Beschreibe einen beschränkten konvexen Polyeder V, der 4 Flächen, 5 Ecken und 7 Kanten besitzt oder beweise, dass kein solcher Polyeder V existiert.

„Als Nächstes sind Aufgaben zur Kombinatorik dran", leitet Carl-Friedrich zu den nächsten Aufgaben über.

p) Abb. 17.1 zeigt ein Spielbrett (linke Skizze). Das Spielbrett enthält 16 Vertiefungen, in die passende Teile hineingelegt werden sollen. Wie man sieht, treten vier unterschiedliche geometrische Figuren (Kreis, Quadrat, Sechseck und Herz) je vier Mal auf. Das Spielset enthält von jeder geometrischen Figur vier Exemplare, und zwar je eines in weiß, gelb, grün und blau. Die rechte Skizze in Abb. 17.1 zeigt eine mögliche Belegung. Gib die Anzahl der Muster an, die gelegt werden können.
Zusatzaufgabe: Wie viele verschiedene Muster gibt es, wenn die geometrischen Figuren nicht in vier Farben vorkommen, sondern es jeweils zwei gelbe und zwei blaue Figuren gibt?

q) Elf Mitglieder des Kegelklubs „Alle Neune" machen einen Ausflug in den Freizeitpark „Spaß ist garantiert". Kurz bevor der Freizeitpark schließt, möchten sie noch einmal mit der Achterbahn fahren. Leider sind nur noch 5 Plätze frei, und es ist die letzte Fahrt an diesem Tag.

  (i) Wie viele Möglichkeiten gibt es, die fünf freien Plätze mit Mitgliedern des Kegelklubs zu besetzen?

 (ii) Thomas und Ina sind sehr gut befreundet. Sie möchten entweder gemeinsam fahren oder gar nicht. Wie viele Möglichkeiten gibt es jetzt?

(iii) Peter und Paul sind seit ein paar Wochen zerstritten. Daher möchten sie auf gar keinen Fall gemeinsam fahren. Wie viele Möglichkeiten gibt es, wenn man diese Randbedingung berücksichtigt?

(iv) Wie viele Möglichkeiten gibt es, wenn man die Randbedingungen aus den beiden Teilaufgaben (ii) und (iii) berücksichtigt?

„Ihr seid eurem Ziel schon ziemlich nahe, Anna und Bernd. Wisst ihr, welche Themen noch fehlen?" „Natürlich! Wir haben noch keine Aufgaben zur Modulo-Rechnung und zu Stellenwertsystemen gelöst, und eine Rätselaufgabe war auch noch nicht dabei." „Dann wisst ihr ja, was euch noch erwartet."

r) Fridolin kauft sich am Samstag eine Tüte Schokolinsen. Noch am gleichen Tag isst er ein Viertel der Schokolinsen und am Sonntag ein Fünftel der restlichen Schokolinsen. Am Montag, Dienstag und Mittwoch isst Fridolin keine Schokolinsen, aber am Donnerstag die Hälfte vom Rest. Die übrigen 24 Schokolinsen schenkt er seiner kleinen Schwester. Wie viele Schokolinsen hat Fridolin selbst gegessen?

s) Wende geeignete Teilbarkeitsregeln an, um die folgenden Teilaufgaben zu lösen.

  (i) Ist die Zahl $z_1 = 123456789123456789$ ohne Rest durch 9 teilbar?

 (ii) Ist die Zahl $z_2 = 444444$ ohne Rest durch 5 teilbar?

(iii) Berechne den 7er-Rest der Zahl $z_3 = 23465874$.

(iv) Ist die Zahl $z_4 = 222\ldots222$ (2025 Zweien) ohne Rest durch 3 teilbar?

 (v) Ersetze in der Zahl $z_5 = 1246b89$ den Buchstaben b durch eine Ziffer, so dass die Zahl ohne Rest durch 11 teilbar ist.

t) Etienne und Franka tragen abwechselnd Ziffern zwischen 0 und 9 in das Spielfeld in Abb. 17.2 ein, wobei Ziffern mehrfach auftreten dürfen. Etienne beginnt, und am Ende werden die sechs Ziffern als eine sechsstellige Zahl n interpretiert. Bevor das Spiel beginnt, einigen sich Etienne und Franka auf einen Teiler $t \in \{2, 3, \ldots, 12\}$. Franka hat das Spiel gewonnen, wenn n durch t teilbar ist, und ansonsten gewinnt Etienne. Für welche Teiler t kann Etienne den Gewinn erzwingen, und für welche Zahlen kann Franka sicher gewinnen?
Hinweis: Es sind Führungsnullen erlaubt. Die Zahlen 012340 und 000000 sind zulässig.

Abb. 17.2 Spielfeld für Aufgabe t). Etienne und Franka tragen abwechselnd Ziffern in die Felder ein

u) Beweise: Es gibt keine ganze Zahlen x und y, die die folgende Gleichung erfüllen:

$$2010x^2 - 2009y^2 = 50 \tag{17.1}$$

v) Beweise, dass

$$z = 1\underbrace{22\ldots\ldots22}_{2025 \text{ Ziffern}}3 \tag{17.2}$$

keine Kubikzahl ist.
Tipp: Rechne modulo 9.
w) Kann eine Zahl $44\ldots41$, deren Dezimaldarstellung aus einer ungeraden Anzahl von Ziffern 4 gefolgt von einer Ziffer 1 besteht, eine Quadratzahl sein?
Tipp: Betrachte die Elferreste dieser Zahlen.

„Puh!", das waren aber viele schwierige Aufgaben zur Modulo-Rechnung, stöhnt Anna, und auch Bernd hofft, dass die Aufgaben zu den Stellenwertsystemen einfacher werden. Carl Friedrich beruhigt beide: „Die letzten drei Aufgaben sind wieder einfacher."

x) Stelle 842 im 3er-System dar.
y) Seit Neuestem interessiert sich Albert für Stellenwertsysteme. Hilf Albert, die beiden Fragen zu beantworten, die ihn schon ein paar Tage beschäftigen.

(i) Gibt es eine Zahl n, die durch 6 teilbar ist und in deren Darstellung im 10er-System nur die Ziffer 1 vorkommt?
(ii) Gibt es eine Zahl n, die durch 6 teilbar ist und in deren Darstellung im 7er-System nur die Ziffer 1 vorkommt?

z) Eine Balkenwaage besitzt zwei Schalen. In eine Schale legt man den Gegenstand, den man wiegen möchte, und in die andere Schale legt man Gewichte, bis beide Schalen im Gleichgewicht sind. Dann ist der Gegenstand genauso schwer wie die Gewichte in der anderen Schale.
Regula möchte eine Briefwaage basteln, mit der sie ganze Grammanzahlen wiegen kann. Sie fragt sich, wie viele und vor allem welche Gewichte sie dafür braucht. Ihr großer Bruder Roman ist mathematisch begabt und sagt: „Es genügen sechs Gewichte, um alle ganzen Grammanzahlen zwischen 1 g und 63 g exakt wiegen zu können." Hat Roman Recht? Welche Gewichte braucht Regula?
Regula ist ratlos. Kannst du ihr helfen?
Anmerkung:

Abb. 17.3 Anna und Bernd
dürfen jetzt das kombinierte
Clubwappen des CBJMM
und der MaRT tragen

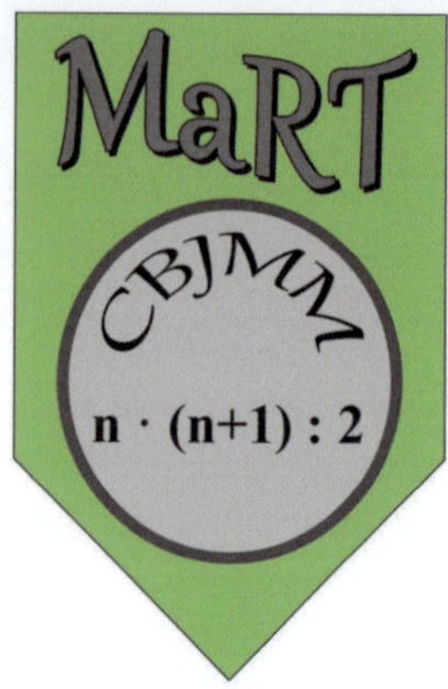

(i) Wiegt ein Gegenstand beispielsweise $53{,}2$ g, kann man das Gewicht nicht exakt bestimmen, sondern man weiß nur, dass er mehr als 53 g, aber weniger als 54 g wiegt.

(ii) Grundsätzlich könnte man in beide Schalen Gewichte legen. Dies reduziert die Anzahl der Gewichte, die man benötigt. Dies soll aber hier nicht betrachtet werden.

Der Clubvorsitzende Carl Friedrich war mit den Leistungen von Anna und Bernd wieder sehr zufrieden: „Anna und Bernd, ihr wart wieder toll. Ihr habt die Aufnahmeprüfung in unsere Mathematische Rettungstruppe mit Bravour bestanden, genau wie damals die Aufnahmeprüfung in den CBJMM. Herzlichen Glückwunsch!" Carl Friedrich überreicht Anna und Bernd mit feierlicher Miene das kombinierte Clubwappen des CBJMM und der MaRT, das in Abb. 17.3 zu sehen ist. „Willkommen in der MaRT. Ihr dürft das kombinierte Clubwappen ab sofort tragen."

Anna, Bernd, die Schülerinnen und Schüler
Anna und Bernd sind von der langen Abschlussprüfung erschöpft, aber auch sehr glücklich: „In der Aufnahmeprüfung haben wir wieder sehr viel gelernt. Wir haben viele neue mathematische Techniken kennengelernt, und wir haben noch mehr Beweise als bei unserer Aufnahmeprüfung in den CBJMM geführt." Anna ergänzt: „Durch die Beweise bekommt man ein tieferes Verständnis für die mathematischen Sachverhalte", und Bernd meint schließlich: „Gemeinsam macht Mathematik noch mehr Spaß als alleine."

Was ich in diesem Kapitel gelernt habe

- Ich habe Aufgaben aus vielen Themengebieten gelöst.
- Dabei habe ich den Stoff wiederholt und noch besser verstanden.

Teil II
Musterlösungen

Teil II enthält ausführliche Musterlösungen zu den Aufgabenkapiteln aus Teil I. Die Zielgruppe der Musterlösungen sind Leiter(innen) von Begabten-AGs, Förder- bzw. Projektkursen für mathematisch begabte Schülerinnen und Schüler der fünften bis siebten Klassenstufe, Lehrer und Eltern (aber nicht die Schüler selbst). In der Regel macht dies kaum einen Unterschied. Um umständliche Formulierungen zu vermeiden, wird im Folgenden normalerweise nur der „Kursleiter" angesprochen. Tab. II.1 zeigt die wichtigsten mathematischen Techniken, die in den einzelnen Kapiteln zur Anwendung kommen. Beweise spielen in fast allen Kapiteln eine wichtige Rolle. Daher werden Beweise in Tab. II.1 im Allgemeinen nicht explizit aufgeführt.

Tab. II.1 Aufgabenkapitel 2–17

Kapitel	Mathematische Techniken
Kap. 2	Schubfachprinzip
Kap. 3	Bewegungsaufgaben
Kap. 4	Konstruktionen mit Zirkel und Lineal, Winkel, Kongruenzsätze für Dreiecke, Vierecke
Kap. 5	Konstruktionen mit Zirkel und Lineal, Kongruenzsätze für Dreiecke, Flächenberechnungen, Satz des Thales
Kap. 6	Kombinatorik, Permutationen
Kap. 7	Kombinatorik, Binomialkoeffizient, Ziehen mit und ohne Zurücklegen, geordnete und ungeordnete Stichproben
Kap. 8	Euklidischer Algorithmus, größter gemeinsamer Teiler
Kap. 9	Euklidischer Algorithmus, größter gemeinsamer Teiler, kleinstes gemeinsames Vielfaches
Kap. 10	Binomische Formeln, Extremwertaufgaben, Faktorisieren
Kap. 11	Modulo-Rechnung, Rechenregeln, Teilbarkeitsregeln
Kap. 12	Modulo-Rechnung, quadratische Reste, Beweise
Kap. 13	Stellenwertsysteme, Umrechnung in andere Stellenwertsysteme, Teilbarkeit, Verknüpfung mit früheren Kapiteln, Beweise
Kap. 14	Sachaufgaben, lineare Gleichungen und lineare Gleichungssysteme
Kap. 15	Polyeder, Eulerscher Polyedersatz
Kap. 16	Polyeder, Eulerscher Polyedersatz, platonische Körper

(Fortsetzung)

Tab. II.1   (Fortsetzung)

Kapitel	Mathematische Techniken
Kap. 17	von allem etwas

Die Musterlösungskapitel enden mit dem Abschnitt „Mathematische Ziele und Ausblicke". Sie bieten einen bunten Strauß an Informationen über den Tellerrand hinaus. Manchmal werden die mathematischen Ziele der einzelnen Kapitel angesprochen, und häufig wird kurz darauf eingegangen, in welchen Teilgebieten der Mathematik und Informatik die erlernten mathematischen Techniken Anwendung finden. Dies betrifft Schulstoff aus höheren Klassenstufen oder Mathematikwettbewerbe, bei denen diese mathematischen Techniken nützlich sind; manchmal gehen die Ausblicke auch noch darüber hinaus. Es kann den Kindern zusätzliche Motivation und Selbstvertrauen geben, wenn sie erfahren, dass man mit den erlernten Techniken auch sehr fortgeschrittene Aufgaben lösen kann (vgl. hierzu auch das Vorwort von (Amann 2017) [3]). Zuweilen werden die Ausblicke durch historische Notizen angereichert.

Am Ende jedes Aufgabenkapitels findet man eine Zusammenstellung „Was ich in diesem Kapitel gelernt habe". Dies ist das Pendant zu Tab. II.1, allerdings in schülergerechter Sprache. Der Kursleiter kann die Lernerfolge mit den Schülern gemeinsam erarbeiten. Dies kann zu Beginn der Kurstreffen geschehen, um das vorangegangene Kurstreffen noch einmal zu rekapitulieren.

In Kap. 2 wird nicht gerechnet. Stattdessen wird das sogenannte Schubfachprinzip eingeführt. Das ist eine in vielen mathematischen Gebieten universell einsetzbare Beweistechnik, was durch die unterschiedlichen Übungsaufgaben unterstrichen wird.

Didaktische Anregung Im Schulunterricht der Unterstufe spielen Beweise außerhalb der Geometrie eine eher untergeordnete Rolle. Daher mag dieser Einstieg für einige Kursteilnehmer überraschend sein. Für Schüler, die den Grundschulband „Mathematische Geschichten für begabte Grundschülerinnen und Grundschüler" (Schindler-Tschirner und Schindler 2025) [64] bereits kennen, stellen Beweise keine Überraschung dar, da dort bereits eine Vielzahl von Beweisen geführt wurden. Der Kursleiter sollte auf jeden Fall genügend Zeit einräumen, um allen Kursteilnehmern die universelle Bedeutung von Beweisen in der Mathematik darzulegen.

a) Diese Aufgabe dient dazu, die Schüler an die Aufgabenstellung des alten MaRT-Falls heranzuführen und einen ersten Eindruck zu vermitteln, dass bei Teilmengen aus 27 Personen ein Durchprobieren aller Fälle nicht mehr möglich ist. Schließlich erhöht schon der Übergang von 2- auf 3-elementige Teilmengen den Aufwand erheblich. In Kap. 7 wird die Anzahl der (Freund/kein Freund)-Kombinationen für 27-elementige Teilmengen bestimmt. Ein weiteres didaktisches Ziel dieser Aufgabe besteht darin, dass die Schüler systematisch alle möglichen Kombinationen erfassen. Das ist in gewisser Weise auch eine vorbereitende Übung auf Kap. 7, Aufgabe m).
Wir müssen alle möglichen (Freund/kein Freund)-Beziehungen zwischen den Mitgliedern A und B, A und C sowie zwischen B und C untersuchen. Diese können voneinander unabhängig gewählt werden und nehmen jeweils die Werte „Freund" oder „kein Freund" an. Tab. 18.1 enthält alle möglichen Kombinationen. In den ersten drei Spalten steht, ob die Mitglieder A und B (A und C bzw.

© Der/die Autor(en), exklusiv lizenziert an Springer Fachmedien Wiesbaden GmbH,
ein Teil von Springer Nature 2026
S. Schindler-Tschirner und W. Schindler, *Mathematische Geschichten für
begabte Schülerinnen und Schüler in der Unterstufe*,
https://doi.org/10.1007/978-3-658-50396-3_18

Tab. 18.1 Alter MaRT-Fall für 3-elementige Teilmengen

A und B	A und C	B und C	Anz. Freunde A	Anz. Freunde B	Anz. Freunde C
F	F	F	2	2	2
F	F	kF	2	1	1
F	kF	F	1	2	1
F	kF	kF	1	1	0
kF	F	F	1	1	2
kF	F	kF	1	0	1
kF	kF	F	0	1	1
kF	kF	kF	0	0	0

B und C) befreundet sind oder nicht. Dabei steht ‚F' für ‚sind Freunde' und ‚kF' für ‚sind keine Freunde'. In den Spalten 4 bis 6 wird zusammengezählt, wie viele Freunde die einzelnen Mitglieder haben. So ergeben sich z. B. die Anzahl der Freunde von A in $\{A, B, C\}$ aus den beiden ersten Spalten.

Tab. 18.1 zeigt, dass es bei 3-elementigen Teilmengen für jede (Freund/kein Freund)-Kombination zwei Mitglieder gibt, die gleich viele Freunde haben. Eine Wette mit 3-elementigen Teilmengen hätte Peter Sponsio also immer gewonnen. Zur zweiten Frage: Es gibt 8 (Freund / kein Freund)-Kombinationen.

Anmerkung: Es kann zuweilen durchaus hilfreich sein, zunächst kleine Beispiele zu untersuchen, um so allgemeine Gesetzmäßigkeiten zu erkennen oder wenigstens zu erahnen. Hier führt dieses Vorgehen allerdings nicht zum Ziel. Der alte MaRT-Fall unterstreicht vielmehr, wie nützlich das Schubfachprinzip ist (vgl. Aufgaben e) und f)).

b) Hierzu muss man in der Erklärung des Schubfachprinzips in Kap. 2 lediglich n durch 5 ersetzen. Also: Wenn man 6 Kugeln in 5 Schubfächer legt, enthält (mindestens) ein Schubfach (mindestens) zwei Kugeln.

c) Hier gibt es 7 Schubfächer (Wochentage). Die Aussage folgt dann sofort aus dem Schubfachprinzip (für $n = 7$).

d) Die Schubfächer sind hier die Geburtsjahre. Aber wie viele Schubfächer sind dies? Die Aufgabe enthält hierzu keine Angaben. Daher treffen wir die (zweifellos zutreffende) Annahme, dass alle Gäste jünger als 120 Jahre waren. Dann gibt es 120 Schubfächer, und zwar die Geburtsjahre 1861, 1862, . . . , 1980. Aus dem Schubfachprinzip folgt, dass mindestens zwei Gäste im gleichen Jahr geboren waren.

Hinweis: Die Annahme, dass alle Gäste jünger als 120 Jahre sind, ist bestimmt gerechtfertigt, aber die Zahl 120 ist etwas willkürlich gewählt. Die Zahl 120 könnte man durch jede Zahl ≤ 149 ersetzen.

Aufgabe e) ist der alte MaRT-Fall. Neben dem Schubfachprinzip ist eine Zusatz-überlegung notwendig, die in unterschiedlichen Anwendungen wichtig ist. Aufgabe f) ist eine naheliegende Verallgemeinerung von e).

e) Hier sind die Schubfächer die Anzahl der Freunde, die ein Klubmitglied, das zur ausgewählten 27-elementigen Teilmenge gehört, innerhalb dieser Teilmenge hat. Bei 27-elementigen Teilmengen gibt es also 27 Schubfächer, die wir mit den Zahlen $0, 1, \ldots, 26$ beschriften. Offensichtlich kann man das Schubfachprinzip nicht direkt anwenden, da es genauso viele ‚Kugeln' (hier: 27 Klubmitglieder) wie Schubfächer gibt. Hier ist noch eine zusätzliche Überlegung notwendig.

Wenn ein ausgewähltes Klubmitglied gar keinen Freund innerhalb der 27 aus-gewählten Personen hat, kann kein anderes Mitglied 26 Freunde haben. Und umgekehrt: Wenn ein Mitglied 26 Freunde hat, haben alle anderen mindestens einen Freund. Was bedeutet das? Ganz einfach: Es kann nur höchstens eines der beiden Schubfächer 0 und 26 belegt sein. Dann ist aber alles klar: Wir haben 27 Mitglieder, und es sind höchstens 26 Schubfächer belegt. Daraus folgt, dass zwei der ausgewählten Mitglieder die gleiche Anzahl an Freunden innerhalb die-ser Teilmenge haben. Daher hat die MaRT Karl Eloquens natürlich geraten, die Wette auf keinen Fall anzunehmen, weil Peter Sponsio immer gewonnen hätte. Anmerkung: Dass die Mitglieder des Debattierklubs ‚Scharfe Zunge' unterein-ander zerstritten sind, hat für die Lösung der Aufgabe ebenso wenig Bedeutung wie die Gesamtanzahl seiner Mitglieder.

Didaktische Anregung In e) wurde bewiesen, dass Karl Eloquens die Wette auf jeden Fall verloren hätte, ohne dass hierfür alle möglichen (F/kF)-Kombinationen durchprobiert werden mussten. Der Kursleiter sollte gemeinsam mit den Schülern die Tragweite dieser Aussage herausarbeiten. Selbst das Ausprobieren von sehr vielen (aber nicht allen!) (F/kF)-Kombinationen könnte diese Gewissheit nicht erbringen. Anders als bei 2- oder 3-elementigen Teilmengen ist ein Durchprobieren aller (F/kF)-Kombinationen ($= 2^{351}$ viele; vgl. Kap. 7, Aufgabe m)) nicht praktisch möglich.

f) Hier gibt es die k Schubfächer $0, 1, \ldots, k-1$, und wie in e) können die beiden Schubfächer 0 und $k-1$ nicht gleichzeitig belegt sein. Also verteilen sich k Mitglieder auf $k-1$ Schubfächer, sodass zwei Mitglieder dieselbe Anzahl von Freunden in der k-elementigen Teilmenge haben.

g) Diese Aufgabe hat einen geometrischen Bezug. In dieser Aufgabe besteht die Schwierigkeit darin, geeignete Schubfächer zu definieren. Abb. 18.1 illustriert die Lösung. Das rechteckige Beet wird schachbrettartig in $6 \cdot 4 = 24$ quadra-tische Minibeete der Seitenlänge 1m eingeteilt. Die Schubfächer sind die 24 quadratischen Minibeete. Aus dem Schubfachprinzip folgt, dass eines der Mini-beete 2 Sonnenblumen enthält, womit die Aufgabe gelöst ist.
Hinweis: Für ältere Schüler kann man die Aufgabe etwas schwieriger gestalten: Beweise, dass ein Kreis mit dem Radius 75 cm existiert, in dem mindestens zwei Sonnenblumen stehen. Der erste Beweisschritt bleibt gleich. Dann zeichnet man

Abb. 18.1 Blumenbeet
(6 m × 4 m), unterteilt in
quadratische Minibeete der
Seitenlänge 1m

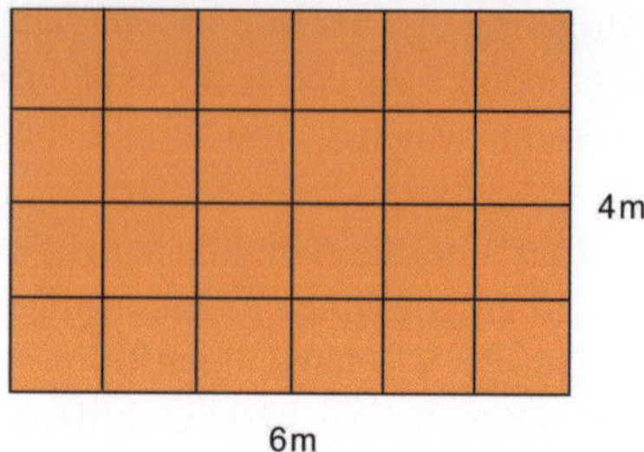

zu jedem Minibeet einen Kreis mit dem Radius 75 cm, dessen Mittelpunkt in der Mitte des Quadrats liegt. Aus dem Satz des Pythagoras folgt, dass die Kreise die jeweiligen Quadrate überdecken. (Die Strecke zwischen dem Quadratmittelpunkt und einer Ecke beträgt $\sqrt{0{,}5^2 + 0{,}5^2}\,\mathrm{m} = \sqrt{0{,}5}\,\mathrm{m} \approx 0{,}707\,\mathrm{m} < 0{,}75\,\mathrm{m}$.)

Die nächsten Aufgaben gehören in das mathematische Teilgebiet der Zahlentheorie.

h) Auch hier liegt die Auswahl der Schubfächer nicht auf der Hand und stellt die Schwierigkeit der Aufgabe dar. Hier bilden die Mengen $\{1, 20\}$, $\{2, 19\}$, $\{3, 18\}$, $\{4, 17\}$, $\{5, 16\}$, $\{6, 15\}$, $\{7, 14\}$, $\{8, 13\}$, $\{9, 12\}$ und $\{10, 11\}$ die Schubfächer. Die 10 Teilmengen (Schubfächer) sind so gewählt, dass die Summe der beiden Zahlen 21 ergibt. Es sei nun M^* eine 11-elementige Teilmenge von M. Verteilt man die 11 Zahlen auf die 10 Schubfächer, sind in einem Schubfach zwei (unterschiedliche) Zahlen enthalten. Da die beiden Zahlen verschieden sind, ist ihre Summe 21, und damit ist auch diese Aufgabe gelöst.

   Anmerkung: Für 10-elementige Teilmengen ist die Aussage im Allgemeinen falsch, wie das Gegenbeispiel $M' = \{1, 2, \ldots, 10\}$ zeigt.

i) Wir bilden eine Million Schubfächer, die wir mit 000000, 000001, 000002,…, 999999 bezeichnen. Wir sortieren eine Potenz 3^m in das Schubfach c, wenn 3^m auf c endet. (Ist $3^m < 1000000$, füllen wir die Zahl links mit Nullen auf.) Oder anders ausgedrückt: Die Potenz 3^m gehört in das Schubfach c, wenn $3^m \equiv c \bmod 1000000$ gilt.

   Aus dem Schubfachprinzip folgt, dass es ein Schubfach c^* gibt, in dem zwei unterschiedliche Potenzen 3^k und 3^ℓ enthalten sind. Dann ist $3^k = a \cdot 1000000 + c^*$ und $3^\ell = b \cdot 1000000 + c^*$ mit $a, b \in \mathbb{N}_0$. Wir können ohne Beschränkung der Allgemeinheit annehmen, dass $k > \ell$ (und damit $a > b$) ist. Daraus folgt

$$3^k - 3^\ell = a \cdot 1000000 + c^* - (b \cdot 1000000 + c^*) = (a - b) \cdot 1000000, \quad \text{also}$$

$$3^k - 3^\ell = 3^\ell \left(3^{k-\ell} - 1\right) = (a - b) \cdot 1000000 \tag{18.1}$$

Das bedeutet, dass $3^\ell(3^{k-\ell} - 1)$ durch 1000000 teilbar ist. In der Primfaktorzerlegung von 3^ℓ tritt nur die Zahl 3 auf, und die Primfaktorzerlegung von 1000000 ist $2^6 \cdot 5^6$. Also sind 3^ℓ und 1000000 teilerfremd, so dass $3^{k-\ell} - 1$ durch 1000000 teilbar sein muss. Mit anderen Worten: $3^{k-\ell} - 1$ ist ein Vielfaches von 1000000. Das ist genau dann der Fall, wenn $3^{k-\ell} - 1$ mit sechs Nullen endet, Dann endet

$3^{k-\ell}$ mit den Ziffern 000001, womit die Aufgabe bewiesen ist.

Anmerkung: Es gibt sogar unendlich viele Potenzen, die mit den Ziffern 000001 enden.

Aufgabe j) unterstreicht, dass man mit voreiligen Analogieschlüssen vorsichtig sein sollte. In Kap. 2 haben wir gesehen, dass Anna zunächst einem naheliegenden Irrtum aufgesessen ist.

j) Es liegt nahe, den Beweis von Aufgabe i) zu kopieren. Wie dort existieren auch hier nichtnegative ganze Zahlen k, ℓ, a, b, c^*, für die (18.2) gilt.

$$2^k - 2^\ell = a \cdot 1000000 + c^* - (b \cdot 1000000 + c^*) = (a - b) \cdot 1000000, \quad \text{also}$$

$$2^k - 2^\ell = 2^\ell \left(2^{k-\ell} - 1 \right) = (a - b) \cdot 1000000 \tag{18.2}$$

Also ist $2^\ell (2^{k-\ell})$ durch 1000000 teilbar. Soweit kann man den Beweis von Aufgabe i) übertragen. Allerdings sind 2^ℓ und 1000000 nicht teilerfremd, so dass $2^{k-\ell} - 1$ nicht durch 1000000 teilbar sein muss. Damit bricht für die 2er-Potenzen zunächst der Beweis aus Aufgabe i) zusammen.

Aber nicht nur das: Auch gilt die Aussage aus Aufgabe i) *nicht* für 2er-Potenzen! Dazu betrachten wir die Zehnerreste der Potenzen $2, 2^2, 2^3, \ldots$, also deren Einerziffer. Diese nehmen die Werte $2, 4, 8, 6, 2, \ldots$ ab. (Die Einerziffer von $2^{m+1} = 2^m \cdot 2^1$ hängt nur von den Einerziffern von 2^m und $2^1 = 2$ ab.) Anmerkung: Das kann man formal mit der Modulo-Rechnung zeigen: $2^{m+1} \equiv 2^m \cdot 2 \bmod 10$; vgl. „Mathematische Geschichten für begabte Grundschülerinnen und Grundschüler" (Schindler-Tschirner und Schindler 2025) [64], Kap. 17, Rechenregel 2 oder Kap. 11, Rechenregel (11.5) in diesem Band.) Also ist die letzte Ziffer von 2^m niemals 1.

Am Ende von Kap. 2 wird noch eine (naheliegende) Verallgemeinerung des Schubfachprinzips kurz angesprochen, die gelegentlich zur Anwendung kommt. Weil keine zusätzlichen Schwierigkeiten auftreten, findet sich hierzu nur eine einfache Aufgabe, die sich inhaltlich direkt an Aufgabe c) anschließt.

k) Wie in Aufgabe c) bilden die Wochentage 7 Schubfächer. Die Aussage folgt aus dem verallgemeinerten Schubfachprinzip (für $n = 7$ und $k = 5$).

Mathematische Ziele und Ausblicke

Beweise sind das verbindende Element aller „Mathematischen Geschichten". In dieser Hinsicht schließt dieser Band nahtlos an den Grundschulband (Schindler-Tschirner und Schindler 2025) [64] (bzw. an die entsprechenden essential-Bände) an. Da im Schulunterricht in der Unterstufe außerhalb der Geometrie Beweise nur eine geringe Rolle spielen, mag dies für Kursteilnehmer überraschend sein, die nicht mit dem Grundschulband gearbeitet haben. Die Schüler sollen verstehen, dass Mathematik nicht nur aus „Rechnen" und dem Anwenden von „Kochrezepten" besteht, sondern auch Phantasie und Kreativität gefragt sind. Dieser Aspekt wurde in den ersten „Didaktischen Anregungen" bereits thematisiert.

Kap. 2 verlangt keine besonderen mathematischen Vorkenntnisse, so dass der Einstieg für Schüler aus allen Klassenstufen der Unterstufe ähnlich schwierig sein sollte, sieht man von der altersbedingten Reifeentwicklung einmal ab.

Als mathematische Beweistechnik lernen die Schüler das Schubfachprinzip kennen, das in unterschiedlichen mathematischen Gebieten (z. B. in der Zahlentheorie und Kombinatorik) angewandt wird. Die Aufgaben dieses Kapitels deuten die universelle Anwendbarkeit des Schubfachprinzips an. Das Schubfachprinzip wurde explizit erstmals von dem deutschen Mathematiker Johann Peter Gustav Lejeune Dirichlet (1805–1859) angewandt (Engel 1998) [19], S. 59. Daher wird es in vielen Sprachen als Dirichlet-Prinzip bezeichnet. Im Englischen ist neben der Bezeichnung „pigeonhole principle" auch „box principle" gebräuchlich.

Weitere (oftmals schwierigere) Anwendungen des Schubfachprinzips findet der interessierte Leser beispielsweise in (Specht et al. 2009) [75], Abschn. C.2. Dieses Buch zielt vornehmlich auf ältere Schüler ab. Das Schubfachprinzip tritt auch in verschiedenen Aufgaben der Mathematik-Olympiaden [44,45] und des Bundeswettbewerbs Mathematik auf (Specht et al. 2020) [76] (z. B. 1975, Runde 1, Aufgabe 4; 2001, Runde 2, Aufgabe 1; 2012, Runde 1, Aufgabe 4). Die Aufgabensammlung (Engel 1998) [19] widmet dem Schubfachprinzip ein ganzes Kapitel („The Box Principle"). Insgesamt enthält [19] etwa 1300 Aufgaben aus mehr als zwanzig anspruchsvollen nationalen und internationalen Mathematikwettbewerben (sogar von der internationalen Mathematikolympiade). Der adressierte Leserkreis sind Trainer und Teilnehmer von Wettbewerben bis in die höchste Stufe.

In Kap. 3 dreht sich alles um Bewegungsaufgaben. Diese Themenwahl hat mehrere Gründe. Nach dem „Beweiskapitel" 2 wird mit Zahlen gerechnet, was vielen Schülern entgegenkommen dürfte. Außerdem handelt es sich um Anwendungsaufgaben mit Bezug zur Physik, und die Schüler üben dabei das Lösen einfacher Gleichungen, eine Fähigkeit, die auch in den folgenden Kapiteln immer wieder benötigt wird.

a) Einsetzen in die Formel (3.1) ergibt

$$v = \frac{42 \text{ km}}{2 \text{ h}} = 21\,\frac{\text{km}}{\text{h}} \tag{19.1}$$

Katharina war also im Durchschnitt 21 km/h schnell.

Didaktische Anregung Um Platz zu sparen, erfolgt das Berechnen von Zahlenwerten und das Umrechnen von Einheiten in Gleichungsketten, die dann in eine Zeile passen. Vor allem für jüngere Schüler kann es hilfreich sein, wenn man beim Besprechen der Lösungen an einer Tafel oder einem Whiteboard mehrere Zeilen verwendet. Für Gl. (19.1) bedeutet dies, dass $v = \frac{42 \text{ km}}{2 \text{ h}}$ und $v = 21\,\frac{\text{km}}{\text{h}}$ in zwei Zeilen geschrieben werden.

b) Einsetzen in die Gl. (3.1) ergibt

$$v = \frac{400 \text{ m}}{62 \text{ s}} \approx 6{,}45\,\frac{\text{m}}{\text{s}} \tag{19.2}$$

Pauls Durchschnittsgeschwindigkeit betrug 6,45 m/s.

S. Schindler-Tschirner und W. Schindler, *Mathematische Geschichten für begabte Schülerinnen und Schüler in der Unterstufe*, https://doi.org/10.1007/978-3-658-50396-3_19

c) Es sind $1\,\text{km} = 1000\,\text{m}$ und $1\,\text{h} = 3600\,\text{s}$. Setzt man dies in die Gl. (19.1) ein, erhält man das zweite Gleichheitszeichen in Gl. (19.3).

$$v = 21\,\frac{\text{km}}{\text{h}} = 21 \cdot \frac{1000\,\text{m}}{3600\,\text{s}} = \frac{210\,\text{m}}{36\,\text{s}} = \frac{35\,\text{m}}{6\,\text{s}} = 5{,}8\overline{3}\,\frac{\text{m}}{\text{s}} \tag{19.3}$$

Die übrigen Gleichheitszeichen folgen aus Kürzen und der Darstellung des Bruchs $\frac{35}{6}$ als Dezimalzahl. Umgekehrt sind $1\,\text{m} = \frac{1}{1000}\,\text{km}$ und $1\,\text{s} = \frac{1}{3600}\,\text{h}$. Einsetzen in (19.2) ergibt

$$v = \frac{400\,\text{m}}{62\,\text{s}} \approx 6.45\,\frac{\text{m}}{\text{s}} = 6{,}45\,\frac{\frac{1}{1000}\,\text{km}}{\frac{1}{3600}\,\text{h}} = 6{,}45 \cdot \frac{3600}{1000}\,\frac{\text{km}}{\text{h}} = 23{,}22\,\frac{\text{km}}{\text{h}}$$
$$\tag{19.4}$$

Anmerkung: Um in (19.4) das *exakte* Ergebnis zu erhalten, muss man die Einheiten m und s im zweiten Term $\frac{400\,\text{m}}{62\,\text{s}}$ ersetzen und darf nicht mit der Näherung $6{,}45\,\frac{\text{m}}{\text{s}}$ beginnen. Dann erhält man zunächst einen Doppelbruch, und nach dem Kürzen erhält man das exakte Ergebnis $\frac{729\,\text{km}}{31\,\text{h}}$. Den letzten Term in (19.5) erhält durch das Umwandeln in eine Dezimalzahl.

$$v = \frac{400\,\text{m}}{62\,\text{s}} = \frac{\frac{400}{1000}\,\text{km}}{\frac{62}{3600}\,\text{h}} = \frac{720}{31}\,\frac{\text{km}}{\text{h}} \approx 23{,}23\,\frac{\text{km}}{\text{h}} \tag{19.5}$$

In Aufgabe c) lernen die Schüler, dass man Geschwindigkeiten in andere Einheiten umrechnen kann, indem man die Einheiten für Strecke und Zeit einzeln ersetzt.

Didaktische Anregung Die gerundeten Ergebnisse in (19.4) und (19.5) unterscheiden sich geringfügig. Möchte man ein möglichst genaues numerisches Endergebnis erhalten, sollte die Umwandlung eines Bruchs in eine Dezimalzahl möglichst spät erfolgen, um die Fortpflanzung des Rundungsfehlers möglichst gering zu halten. Entspricht der Bruch einer ganzen Zahl oder einem endlichen Dezimalbruch (wie etwa $\frac{4}{8} = 0{,}5$), so entstehen natürlich keine Rundungsfehler. Das kann ggf. im Kurs thematisiert werden. Allerdings spielen bei Bewegungsaufgaben Rundungsfehler normalerweise keine Rolle. Es sind beide Lösungen (19.4) und (19.5) in Ordnung.

Die Aufgaben d)–g) sind nach den Vorarbeiten in Kap. 3 relativ einfach und sollten daher bevorzugt von leistungsschwächeren Kursteilnehmern bearbeitet werden.

d) Wie in Aufgabe c) rechnen wir im ersten Schritt die Einheiten in Zähler und Nenner getrennt um. Teilaufgabe (i) übt nochmals das Rechnen mit Doppelbrüchen.

$$\text{(i)} \quad \frac{3\,\text{cm}}{\text{s}} = \frac{3 \cdot \frac{1}{100}\,\text{m}}{\frac{1}{3600}\,\text{h}} = \frac{3 \cdot 3600}{100}\frac{\text{m}}{\text{h}} = 108\frac{\text{m}}{\text{h}} \tag{19.6}$$

$$\text{(ii)} \quad \frac{7000\,\text{mm}}{\text{min}} = \frac{7000 \cdot \frac{1}{1000}\,\text{m}}{60\,\text{s}} = \frac{7}{60}\frac{\text{m}}{\text{s}} = 0,11\overline{6}\frac{\text{m}}{\text{s}} \tag{19.7}$$

$$\text{(iii)} \quad \frac{300000\,\text{m}}{\text{Tag}} = \frac{300000 \cdot \frac{1}{1000}\,\text{km}}{24\,\text{h}} = \frac{300}{24}\frac{\text{km}}{\text{h}} = 12,5\frac{\text{km}}{\text{h}} \tag{19.8}$$

e) Diese Aufgabe erfordert lediglich die Definition der Durchschschnittsgeschwindigkeit. Es bezeichnen v_M und v_A die Durchschschnittsgeschwindigkeiten des Motorrads bzw. des Autos. Dann ist

$$v_M = \frac{88\,\text{km}}{69\,\text{min}} = \frac{88\,\text{km}}{69 \cdot \frac{1}{60}\,\text{h}} = 76,52\frac{\text{km}}{\text{h}} \quad \text{und} \tag{19.9}$$

$$v_A = \frac{155\,\text{km}}{2\,\text{h}} = 77,5\frac{\text{km}}{\text{h}} \tag{19.10}$$

Das Auto ist also im Durchschnitt etwas schneller gefahren als das Motorrad.

f) Einsetzen in Gl. (3.2) ergibt

$$s = 120\frac{\text{km}}{\text{h}} \cdot 3\,\text{h} = 360\,\text{km} \tag{19.11}$$

Herr Grün ist 360 km gefahren.

g) Einsetzen in Gl. (3.3) ergibt

$$t = \frac{55\,\text{km}}{20\frac{\text{km}}{\text{h}}} = \frac{55}{20}\frac{\text{km} \cdot \text{h}}{\text{km}} = \frac{11}{4}\,\text{h} = 2,75\,\text{h} \tag{19.12}$$

Der Radfahrer war 2,75 h, also 2 h und 45 min unterwegs.

Didaktische Anregung Eine zentrale Fähigkeit, die in diesem Kapitel immer wieder benötigt (und geübt) wird, ist das Umformen von Gleichungen. Hierbei können aufgrund fehlenden bzw. zusätzlichen Schulstoffs signifikante Unterschiede zwischen Schülern der Klassenstufen 5 und 7 auftreten. Es liegt im Ermessen des Kursleiters, ob er zunächst einige einfache Aufgaben zum Lösen von Gleichungen bearbeiten lässt, bevor er die nächsten Aufgaben angeht. Dort wird das Umstellen von Gleichungen als Technik benötigt, die Hauptschwierigkeit besteht aber darin, die Gleichungen herzuleiten. Es kann auch sinnvoll sein, einzelnen Schülern Extraaufgaben zum Umformen von Gleichungen zu geben, während die übrigen Kursteilnehmer bereits mit den nächsten Teilaufgaben fortfahren.

Die Herleitung der Gl. (3.2) und (3.3) aus Gl. (3.1) im Aufgabenkapitel dient zwei Zielen. Einerseits wird deutlich, wie Geschwindigkeit, Strecke und Zeit zusammenhängen und dass zwei Größen die dritte eindeutig festlegen. Die Herleitungen dienen einigen Kursteilnehmern als Erinnerung und Wiederholung, wie man Gleichungen nach einem gewünschten Term umstellt, während andere Schüler diese Technik zum ersten Mal sehen. Der Kursleiter sollte die Schüler unbedingt darauf hinweisen, dass es nicht notwendig ist, sich alle drei Formeln zu merken, sondern dass eine einzige genügt (z. B. (3.1)).

h) Da Herbert doppelt so schnell fährt wie Hugo, benötigt er nur die halbe Zeit, d. h. 35 min. Hugo kommt um 15:10 Uhr in B-Dorf an, Herbert aber erst um 15:15 Uhr.

i) Der Schlüssel zur Lösung ist die benötigte Zeit. Da beide Autos gleichzeitig starten, sind beide die gleiche Zeit t unterwegs. Wir bezeichnen die Strecke, die das Auto zurücklegt, das in A-Dorf startet, mit s. Da das andere Auto doppelt so schnell fährt, legt es die doppelte Strecke zurück, also $2s$. Zusammen legen beide Autos 60 km zurück, die Entfernung zwischen A-Dorf und B-Dorf. Aus diesen Überlegungen ergibt sich die Gleichung

$$s + 2s = 3s = 60 \,\text{km} \tag{19.13}$$

Teilt man beide Seiten der Gl. (19.13) durch 3, ergibt dies $s = 20$ km. Also treffen sich die beiden Autos, wenn sie 20 km von A-Dorf entfernt sind.

j) Wenn Anton Maria zum ersten Mal überrundet, sind beide dieselbe Zeit t unterwegs. In dieser Zeit ist Maria die Strecke s_M und Anton die Strecke $s_A = s_M + 0{,}4$ km gelaufen, da eine Runde 0,4 km lang ist. (Da die Geschwindigkeiten in km/h angegeben sind, geben wir die Strecken in km an.) Mit Gl. (3.3) und Einsetzen erhält man

$$t = \frac{s_M}{v_M} \quad \text{und} \quad t = \frac{s_A}{v_A} = \frac{s_M + 0{,}4\,\text{km}}{v_A}, \quad \text{also} \quad \frac{s_M}{v_M} = \frac{s_M + 0{,}4\,\text{km}}{v_A} \tag{19.14}$$

Löst man die rechte Gleichung in (19.14) nach s_M auf, ergibt dies

$$s_M \cdot v_A = (s_M + 0{,}4\,\text{km}) v_M, \quad \text{also} \quad s_M(v_A - v_M) = 0{,}4\,\text{km} \cdot v_M$$

und damit

$$s_M = \frac{0{,}4\,\text{km} \cdot v_M}{v_A - v_M} = \frac{0{,}4 \cdot 11}{12 - 11}\,\text{km} = 4{,}4\,\text{km} \tag{19.15}$$

Dementsprechend ist Anton $s_A = 4{,}8$ km gelaufen. Durch Einsetzen in die linke Gleichung in (19.14) folgt $t = \frac{4{,}4}{11}$ h $= 0{,}4$ h. Oder anders ausgedrückt: Anton und Maria sind 24 min gelaufen.

Didaktische Anregung Die Aufgaben k) und m) sind die schwierigsten in diesem Kapitel. Es bietet sich daher an, k) und m) nur leistungsstarken Kursteilnehmern zu stellen. Bei Aufgabe k) ist es notwendig, Gleichungen ineinander einzusetzen.

k) Da Clara 4 min später gestartet und 2 min früher als Merle angekommen ist, hat Merle für die Strecke 6 min mehr benötigt als Clara. 6 min sind eine Zehntel Stunde. Bezeichnen t_M und t_C die Fahrzeiten von Merle und Clara und v_M und v_C deren Durchschnittsgeschwindigkeiten, erhält man die Gl. (19.16) und (19.18).

$$t_M = t_C + \frac{1}{10}\,\text{h} \qquad \text{und daraus} \tag{19.16}$$

$$t_M - t_C = \frac{1}{10}\,\text{h} \tag{19.17}$$

Es bezeichnet ferner s die gesuchte Streckenlänge. Einsetzen in (3.3) liefert

$$t_M = \frac{s}{v_M} \qquad \text{und} \qquad t_C = \frac{s}{v_C} \tag{19.18}$$

Setzt man die Terme aus (19.18) in die Gl. (19.17) ein, folgt durch Ausklammern von s

$$\frac{s}{v_M} - \frac{s}{v_C} = s\left(\frac{1}{v_M} - \frac{1}{v_C}\right) = \frac{1}{10}\,\text{h} \tag{19.19}$$

Dividiert man (19.19) durch $\frac{1}{v_M} - \frac{1}{v_C}$ und setzt man die Geschwindigkeiten v_M und v_C ein, erhält man schließlich die gesuchte Länge der Rennstrecke

$$s = \frac{\frac{1}{10}\,\text{h}}{\frac{1}{v_M} - \frac{1}{v_C}} = \frac{\frac{1}{10}\,\text{h}}{\frac{1}{24}\frac{\text{h}}{\text{km}} - \frac{1}{27}\frac{\text{h}}{\text{km}}} = \frac{\frac{1}{10}}{\frac{9-8}{216}}\,\text{km} = \frac{108}{5}\,\text{km} = 21{,}6\,\text{km} \tag{19.20}$$

Die Rennstrecke ist $21{,}6$ km lang.

l) Eine naheliegende Antwort wäre 10 km/h. Dies ist aber falsch, weil Antonia weniger Zeit auf dem zweiten Streckenabschnitt verbringt. Um für die gesamte Strecke ($= 8$ km) eine Durchschnittsgeschwindigkeit von 8 km/h zu erreichen, muss Antonia nach genau einer Stunde im Ziel ankommen. Dies ist die Summe der Zeiten, die Antonia für die beiden Streckenhälften benötigt. Bezeichnet $v_2 = x \cdot$ km/h Antonias Geschwindigkeit auf dem zweiten Streckenabschnitt, erhält man durch Einsetzen in (3.3) und Zusammenfassen

$$1\,\text{h} = \frac{4\,\text{km}}{6\frac{\text{km}}{\text{h}}} + \frac{4\,\text{km}}{x\frac{\text{km}}{\text{h}}} = \frac{4}{6}\,\text{h} + \frac{4}{x}\,\text{h} = \left(\frac{2}{3} + \frac{4}{x}\right)\text{h} \tag{19.21}$$

Daraus folgt

$$1 = \frac{2}{3} + \frac{4}{x} \quad \text{und damit} \quad \frac{1}{3} = \frac{4}{x} \quad \text{und damit} \quad x = 4 \cdot 3 = 12 \tag{19.22}$$

Antonia muss auf dem zweiten Streckenabschnitt im Durchschnitt 12 km/h schnell laufen, um auf der gesamten Strecke die Durchschnittsgeschwindigkeit von 8 km/h zu erreichen. Die rechte Gleichung in (19.22) erhält man, indem man die zweite Gleichung auf beiden Seiten mit $3x$ multipliziert.

Anmerkung: Wäre Antonia im ersten Streckenabschnitt durchschnittlich nur 4 km/h schnell gewesen, hätte sie auf der Gesamtstrecke eine Durchschnittsgeschwindigkeit von 8 km/h nicht mehr erreichen können. Sie wäre nämlich schon eine Stunde unterwegs gewesen. Es steht dem Kursleiter frei, dieses Phänomen anzusprechen. (Ein formales Vorgehen wie oben führt übrigens zu $0 = \frac{4}{x}$.)

m) Wenn die Lokomotiven der beiden Züge aneinander vorbeifahren, sind die Zugenden 170 m + 230 m = 400 m voneinander entfernt. Sie fahren mit den Geschwindigkeiten $v_1 = 185$ km/h (Zug 1) bzw. $v_2 = 135$ km/h (Zug 2) aufeinander zu. Damit entsprechen die Zugenden den beiden Autos in Aufgabe i), und die Gesamtlänge der beiden Züge (= 400 m = 0,4 km) entspricht der Entfernung zwischen A-Dorf und B-Dorf. Anders als in Aufgabe i) ist nicht der Treffpunkt gesucht, sondern die benötigte Zeit t. Unter Verwendung von Gl. (3.2) erhält man

$$0{,}4 \,\text{km} = v_1 t + v_2 t = (v_1 + v_2)t = 320\,\frac{\text{km}}{\text{h}} \cdot t \quad \text{und damit} \quad (19.23)$$

$$t = \frac{0{,}4\,\text{km}}{320\frac{\text{km}}{\text{h}}} = \frac{4}{3200}\,\text{h} = \frac{1}{800}\,\text{h} = \frac{3600}{800}\,\text{s} = 4{,}5\,\text{s} \qquad (19.24)$$

Der Passiervorgang der beiden Züge dauert 4,5 s. In Gl. (19.24) wurde zunächst 0,4 durch $\frac{4}{10}$ und danach 1 h durch 3600 s ersetzt.

Mathematische Ziele und Ausblicke

Die Gl. (3.1) gehört zu den elementarsten Formeln in der Mechanik und ist klassischer Physik-Schulstoff, wenngleich nicht in der Unterstufe. In den Übungsaufgaben wird dieser Zusammenhang mit zusätzlichen Schwierigkeiten kombiniert.

(Anspruchsvolle) Bewegungsaufgaben sind bei verschiedenen Mathematikwettbewerben für die Klassenstufen 5 bis 7 sehr beliebt. Hervorzuheben sind in dieser Hinsicht die Mathematik-Olympiaden (Mathematik-Olympiaden e. V. 1996–2025) [44,45]; vgl. z. B. die Aufgaben 630633, 620635, 610523, 600534, 590813, 580622, 570635, 570722, 560533, 530633, 520735, 510812, 440722, 390822, 380516, 350723. Die beiden ersten Ziffern geben die Olympiade an (,58' = 58. Mathematik-Olympiade 2018/2019), die beiden mittleren Ziffern die Klassenstufe, die fünfte Ziffer die Wettbewerbsstufe (,1' = Schulrunde, ,2' = Regionalrunde, ,3' = Landesrunde, ,4' = Bundesrunde) und die letzte Ziffer die Nummer der Aufgabe. Eine weitere Quelle für zahlreiche Aufgaben zu Geschwindigkeiten und Entfernungen ist (Loyd und Gardner 1979) [40].

Kap. 4 und 5 befassen sich mit ebener Geometrie. Kap. 4 spricht unterschiedliche Themen an, beginnend mit einfachen Aufgaben zu Scheitelwinkeln und Wechselwinkeln. Nach elementaren Konstruktionen mit Zirkel und Lineal steuern wir auf den thematischen Schwerpunkt der beiden Geometriekapitel zu, den Kongruenzsätzen für Dreiecke.

Didaktische Anregung Geometrie ist ein Gebiet der Schulmathematik, in dem traditionell Beweise geführt werden. Die Vorkenntnisse der Schüler hängen vermutlich von der Klassenstufe ab. Eventuell muss der Kursleiter dies erst einmal ausgleichen, oder er kann den Schülern Aufgaben individuell zuweisen.

Die ersten drei Aufgaben sind relativ einfach und sollten (ggf. mit Hilfestellung) von allen Schülern erfolgreich bearbeitet werden können. Dies soll den Schülern einen erfolgreichen Start in die Geometriekapitel erleichtern. In den Aufgaben wird die Anwendung von Scheitelwinkeln, Wechselwinkeln und Nebenwinkeln geübt, und es wird die Tatsache ausgenutzt, dass die Winkelsumme im Dreieck $180°$ ist.

a) Die gesuchten Winkel sind in der linken Skizze von Abb. 20.1 eingetragen. Begründung: Die Winkel $\angle BAD$ und $\angle CDF$ sind Stufenwinkel, woraus $\angle CDF = \alpha$ folgt. Die Winkel $\angle CDF$ und $\angle ADC$ sind Nebenwinkel, woraus der gesuchte Zusammenhang $\beta = 180° - \alpha$ folgt. Ferner gilt $\angle BAD = \alpha = \angle IBC$ (Stufenwinkel), $\angle CDF = \alpha = \angle HCG$ (Stufenwinkel), $\angle HCG = \alpha = \angle DCB$ (Scheitelwinkel), $\angle ADC = \beta = \angle FDE$ (Scheitelwinkel). Außerdem sind $\angle IBC$ und $\angle CBA$ Nebenwinkel, woraus schließlich $\angle CBA = \beta$ folgt. Anmerkung: Man hätte alternativ z. B. auch argumentieren können, dass $\angle IBC$ und $\angle DCB$ Wechselwinkel und daher gleich sind.

© Der/die Autor(en), exklusiv lizenziert an Springer Fachmedien Wiesbaden GmbH, ein Teil von Springer Nature 2026
S. Schindler-Tschirner und W. Schindler, *Mathematische Geschichten für begabte Schülerinnen und Schüler in der Unterstufe*,
https://doi.org/10.1007/978-3-658-50396-3_20

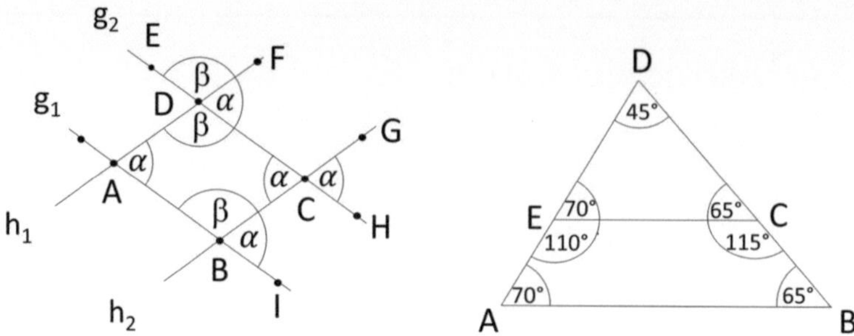

Abb. 20.1 links: Lösung von Aufgabe **a**): Es treten nur die Winkel α und β auf; rechts: Lösung von Aufgabe **c**)

b) In beiden Teilaufgaben wird ausnutzt, dass die Winkelsumme im Dreieck $180°$ beträgt.

   (i) Es ist $\gamma = 180° - 23° - 58° = 99°$.
   (ii) Es ist $\alpha = 180° - 93° - 43° = 44°$.

c) Die gesuchten Winkel sind in der rechten Skizze von Abb. 20.1 eingetragen. Begründung: Es ist $\angle BAD + \angle DBA + \angle ADB = 180°$. Einsetzen ergibt $70° + \angle DBA + 45° = 180°$, woraus $\angle DBA = 180° - 70° - 45° = 65°$ folgt. Ferner ist $\angle CED = 180° - \angle AEC = 180° - 110° = 70°$ (Nebenwinkel). Außerdem gelten $\angle DBA = 65° = \angle DCE$ (Stufenwinkel) und $\angle ECB = 180° - \angle DCE = 180° - 65° = 115°$ (Nebenwinkel).

Didaktische Anregung   In Aufgabe d) wird der erste Beweis dieses Kapitels geführt. Der Beweis ist relativ kurz und sollte von allen Schülern zumindest nachvollzogen werden können. Für das selbstständige Finden des Beweises ist bei einigen Schülern vermutlich Unterstützung notwendig.

d) In der linken Skizze in Abb. 20.2 ist $\angle BAC = \alpha = \angle QCP$ (Stufenwinkel) und $\angle CBA = \beta = \angle BCQ$ (Wechselwinkel). Außerdem ist $\angle ACP$ ein gestreckter Winkel. Daraus folgt

$$180° = \angle ACP = \angle QCP + \angle BCQ + \angle ACB = \alpha + \beta + \gamma\,, \qquad (20.1)$$

womit die Behauptung bewiesen ist.

Aufgabe e) erinnert an eine wesentliche Eigenschaft eines Kreises, und in den Aufgaben f)–h) befassen sich die Schüler mit einfachen Konstruktionen mit Zirkel und Lineal. Wenn sich die Schüler eine zentrale Eigenschaft einer Mittelsenkrechten in Erinnerung rufen, kann Aufgabe h) auf Aufgabe f) zurückgeführt werden.

e) Die Punkte mit Abstand 2 liegen auf einem Kreis um P mit Radius 2; vgl. Abb. 20.2, rechte Skizze.

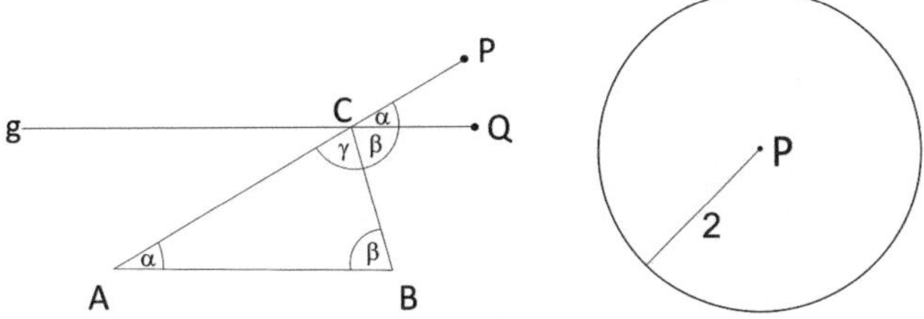

Abb. 20.2 links: Die Gerade g ist parallel zu AB. rechts: Kreis um P mit Radius 2

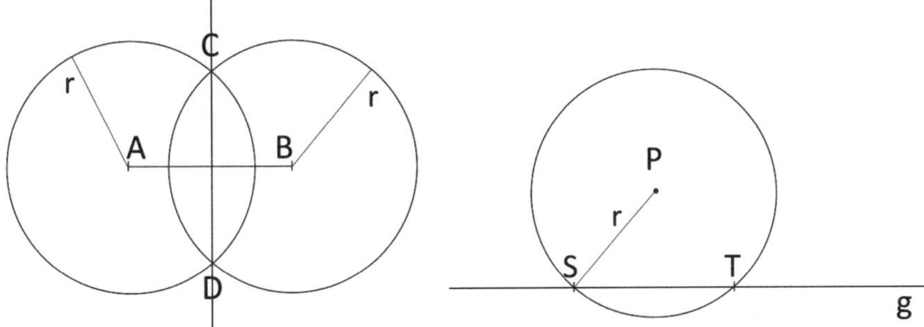

Abb. 20.3 links: Konstruktion einer Mittelsenkrechten auf $\overline{AB}$; rechts: Aufgabe g): Schritt 1

f) Wir beschreiben zunächst die Konstruktion der Mittelsenkrechten. Im Anschluss weisen wir die Korrektheit der Konstruktion nach.

Schritt 1: Wir wählen $r > \frac{1}{2}|\overline{AB}|$. Wir schlagen einen Kreis um A und einen Kreis um B mit dem Radius r.

Anmerkung: Der Radius r muss größer als der halbe Abstand von A und B sein. Andernfalls würden sich die Kreise nicht schneiden.

Schritt 2: Wir bezeichnen die Schnittpunkte der beiden Kreise mit C und D (vgl. linke Skizze in Abb. 20.3). Mit einem Lineal zeichnen wir eine Gerade durch C und D. Die Gerade CD ist die gesuchte Mittelsenkrechte auf $\overline{AB}$.

Beweis: Da C und D auf beiden Kreisen liegen, besitzt das Viereck $ADBC$ vier gleich lange Seiten, und zwar ist $|\overline{AD}| = |\overline{DB}| = |\overline{BC}| = |\overline{CA}| = r$. Daher ist das Viereck $ADBC$ eine Raute. Mentor Georg hat in Kap. 4 darauf hingewiesen, dass die Diagonalen $\overline{DC}$ und $\overline{AB}$ aufeinander senkrecht stehen und der Schnittpunkt beide Diagonalen in der Hälfte teilt. Damit ist alles gezeigt.

g) Wie in Aufgabe f) beschreiben wir zunächst die Konstruktion, und danach beweisen wir ihre Korrektheit.

Schritt 1: Wir schlagen einen Kreis mit Radius r um P, der g in zwei Punkten (S und T) schneidet; vgl. Abb. 20.3, rechte Skizze.

Schritt 2: Wir schlagen einen Kreis um S und einen Kreis um T mit dem Radius r.

Schritt 3: Die beiden Kreise schneiden sich in P und Q. Mit einem Lineal verbinden wir die Punkte P und Q; vgl. Abb. 20.4, linke Skizze. Die Gerade PQ

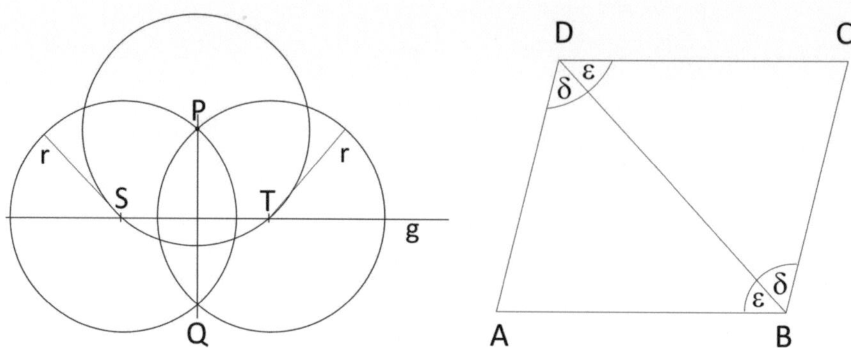

Abb. 20.4 links: Aufgabe g): Schritte 2 u. 3; rechts: Parallelogramm

ist die Mittelsenkrechte auf g; vgl. Aufgabe f).

Beweis: Das Viereck $PSQT$ besitzt vier gleich lange Seiten der Länge r und ist damit eine Raute. Wie in Aufgabe f) folgt daraus, dass die Gerade PQ senkrecht auf g steht. Außerdem liegt P auf PQ, womit bewiesen ist, dass die Konstruktion korrekt ist.

h) Wie in Aufgabe f) konstruieren wir die Mittelsenkrechte. Diese teilt die Strecke $\overline{AB}$ in der Mitte.

Definition 4.5 definiert den Begriff der Kongruenz, der einigen Schüler schon bekannt sein dürfte. Die Definition ist relativ formal gehalten, und deshalb erklärt Georg den Sachverhalt anschaulich.

Ergänzung (für den Kursleiter) Definition 4.5 lässt Parallelverschiebungen, Achsenspiegelungen und Drehungen zu. Allgemeiner kann man alle Kongruenzabbildungen zulassen. Das sind Abbildungen, die Geraden auf Geraden abbilden und dabei Streckenlängen und Winkel unverändert lassen. Zu den Kongruenzabbildungen gehören insbesondere Parallelverschiebungen, Achsenspiegelungen und Drehungen. Interessanterweise kann man jede Kongruenzabbildung, die nicht selbst eine Achsenspiegelung ist, durch eine Hintereinanderausführung von zwei oder drei Achsenspiegelungen darstellen; vgl. (Schülerduden Mathematik 2011) [73], S. 232 ff. Daher ist es für die Definition der Kongruenz nicht nötig, die verschiedenen Kongruenzabbildungen genauer zu spezifizieren, da dies an der Eigenschaft zweier Figuren, kongruent zu sein, nichts ändert. Eigentlich könnte man sich sogar auf Achsenspiegelungen beschränken.

Es folgen zwei Aufgaben, um die Kongruenzsätze einzuüben. In den Aufgaben i)–k) beweisen die Schüler interessante Eigenschaften von Parallelogrammen, die sie in Kap. 5 benötigen werden.

i) Wir stellen zunächst fest, dass $\angle DBA = \epsilon = \angle BDC$ (Wechselwinkel) und $\angle CBD = \delta = \angle ADB$ (Wechselwinkel) gilt; vgl. Abb. 20.4, rechte Skizze. Aus dem Kongruenzsatz (WSW, mit $S = \overline{BD}$) folgt, dass die Dreiecke ABD und

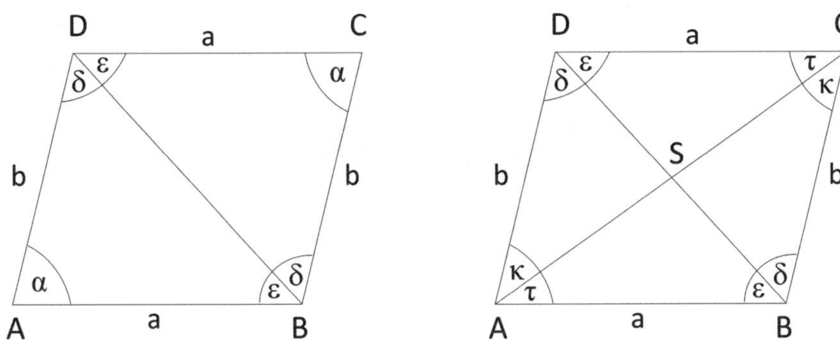

Abb. 20.5 links: Aufgabe i): Es ist $\beta = \delta + \epsilon$; rechts: Aufgabe j): Fortsetzung der linken Skizze

BCD kongruent sind. Dabei entsprechen sich die Seiten $\overline{AD}$ und $\overline{BC}$ sowie $\overline{AB}$ und $\overline{CD}$. Also ist $\overline{AB} = \overline{CD} = a$ und $\overline{AD} = \overline{BC} = b$. Schließlich ist noch $\angle BAD = \angle DCB = \alpha$ und $\angle CBA = \angle ADC = \delta + \epsilon = \beta$, womit alles bewiesen ist. Die Ergebnisse sind in der linken Skizze von Abb. 20.5 eingezeichnet.

j) Wir nutzen die Erkenntnisse aus Aufgabe i). Die rechte Skizze in Abb. 20.5 ergänzt die linke Skizze in Abb. 20.5. Zusätzlich ist der Winkel α (analog zu β in Aufgabe i)) in zwei Teilwinkel der Größe τ und κ aufgeteilt. Das ist möglich, da $\angle BAC = \angle DCA$ (Wechselwinkel) und $\angle CAD = \angle ACB$ (Wechselwinkel) gilt. Die Dreiecke ASD und BCS sind kongruent (Kongruenzsatz WSW mit $S = \overline{AD}$ bzw. $\overline{BC}$ und den Winkeln δ und κ. Daraus folgt $|\overline{SB}| = |\overline{DS}|$ und $|\overline{CS}| = |\overline{SA}|$, womit die Behauptung bewiesen ist.

k) In die rechten Skizze von Abb. 4.5 zeichnen wir eine Parallele zur Seite $\overline{AD}$ durch den Punkt B. Diese schneidet die Gerade CD im Punkt C'. Dann ist das Viereck $ABC'D$ ein Parallelogramm. Aus Aufgabe i) wissen wir, dass dann $|\overline{AB}| = |\overline{DC'}|$ gilt. Nach Voraussetzung ist dann $|\overline{DC}| = |\overline{DC'}|$. Daraus folgt $C' = C$, weil C und C' auf derselben Seite von D liegen.

Der alte MaRT-Fall verwendet dieselben Techniken wie die Aufgaben i) und j). Eine zusätzliche Schwierigkeit besteht darin, auf die Idee zu kommen, eine Achsenspiegelung am Nordufer des Flusses Enigma auszuführen.

l) (alter MaRT-Fall) Es sind ein paar Vorüberlegungen notwendig. Wir ersetzen das (kerzengerade!) Nordufer des Flusses Enigma durch eine Gerade g und spiegeln den Punkt B an g. Den Bildpunkt von B bezeichnen wir mit B' und den Schnittpunkt der Strecke $\overline{BB'}$ mit der Geraden g mit S. Die linke Skizze in Abb. 20.6 illustriert die Situation. Aus den Eigenschaften einer Achsenspiegelung folgen: $\angle BSC = \angle CSB' = 90°$ und $|\overline{BS}| = |\overline{B'S}|$. Aus dem Kongruenzsatz SWS (mit W = $\angle BSC$ bzw. $\angle CSB'$) folgt, das die Dreiecke CSB und $CB'S$ kongruent sind. Insbesondere folgt daraus $|\overline{CB}| = |\overline{CB'}|$ und damit

$$|\overline{AC}| + |\overline{CB}| = |\overline{AC}| + |\overline{CB'}| \tag{20.2}$$

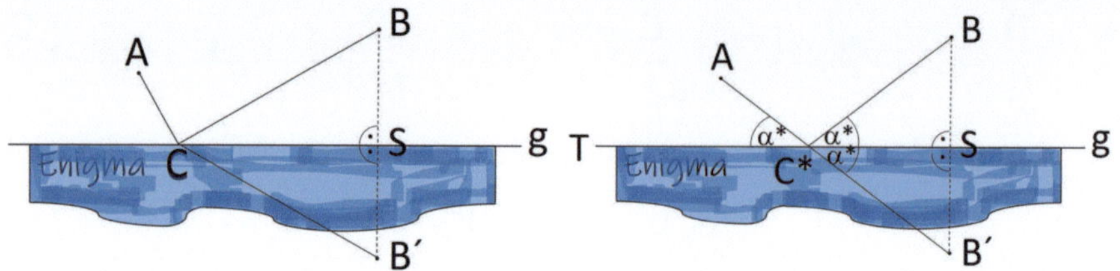

Abb. 20.6 links: Achsenspiegelung von B an g. rechts: Winkel für den optimalen Punkt C^*

Gl. (20.2) vereinfacht die Aufgabe deutlich. Der optimale Punkt C^* ist also der, der die Gesamtstrecke von A nach B' minimiert. Das ist genau dann der Fall, wenn A, B' und C^* auf einer Geraden liegen, d. h. wenn C^* der Schnittpunkt von $\overline{AB'}$ mit g ist.

Mit diesen Erkenntnissen ist die Konstruktion von C^* nun sehr einfach:

Schritt 1: Wir spiegeln B an der Gerade g. Der Bildpunkt wird mit B' bezeichnet.

Schritt 2: Wir verbinden A und B' durch eine Strecke. Der gesuchte Punkt C^* ist der Schnittpunkt von $\overline{AB'}$ mit g.

Anmerkung: (i) Die Breite des Flusses Enigma spielt für die Lösung keine Rolle. Dies trifft auch zu, wenn der Bildpunkt B' im Fluss liegt.

(ii) Da die Dreiecke CSB und $CB'S$ kongruent sind, gilt $\angle SC^*B = \angle B'C^*S$, und außerdem ist $\angle B'C^*S = \angle AC^*T$ (Scheitelwinkel); vgl. Abb. 20.6, rechts.

(iii) Oben wurde mit dem Kongruenzsatz SWS begründet, dass die Dreiecke CSB und $CB'S$ kongruent sind. Dies ergibt sich auch direkt aus der Tatsache, dass Achsenspiegelungen zu den Kongruenzabbildungen gehören.

Mathematische Ziele und Ausblicke

vgl. Kap. 21

Kap. 5 setzt Kap. 4 thematisch fort. Auch hier spielen die Kongruenzsätze eine zentrale Rolle. Die Schüler beweisen Formeln zur Flächenberechnung von Dreiecken, Parallelogrammen und Trapezen und wenden diese an. Hinzu kommt der Satz des Thales.

Didaktische Anregung Der Schwerpunkt von Kap. 5 liegt auf den Kongruenzsätzen für Dreiecke, die die Schüler im vorangegangenen Kapitel kennengelernt haben. Die Schüler wenden die Kongruenzsätze in unterschiedlichen Anwendungskontexten an. Damit üben die Schüler das Beweisen von geometrischen Sachverhalten, und außerdem lernen sie die Bedeutung der Kongruenzsätze kennen. Hierfür sollte den Kursteilnehmern genügend Zeit eingeräumt werden.

In den beiden ersten Aufgaben wird jeweils ein Dreieck mit Zirkel und Lineal konstruiert.

a) Wir beginnen mit der letzten Frage von Aufgabe a). Aus dem Kongruenzsatz SSS folgt, dass die Seitenlängen das Dreieck ABC bis auf Kongruenz eindeutig festlegen.
Es folgt die Konstruktion mit Zirkel und Lineal.
Schritt 1: Wir zeichnen eine Strecke der Länge 5 cm und bezeichnen deren Endpunkte mit A und B.
Schritt 2: Wir schlagen einen Kreis um A mit dem Radius $r_1 = 4$ cm.
Schritt 3: Wir schlagen einen Kreis um B mit dem Radius $r_2 = 3$ cm.
Die beiden Kreise schneiden sich in den Punkten C und C'; vgl. Abb. 21.1, links. Die Dreiecke ABC und ABC' erfüllen die Bedingungen der Aufgabe. Wie bereits oben festgestellt, sind beide Dreiecke kongruent.

© Der/die Autor(en), exklusiv lizenziert an Springer Fachmedien Wiesbaden GmbH, ein Teil von Springer Nature 2026
S. Schindler-Tschirner und W. Schindler, *Mathematische Geschichten für begabte Schülerinnen und Schüler in der Unterstufe*,
https://doi.org/10.1007/978-3-658-50396-3_21

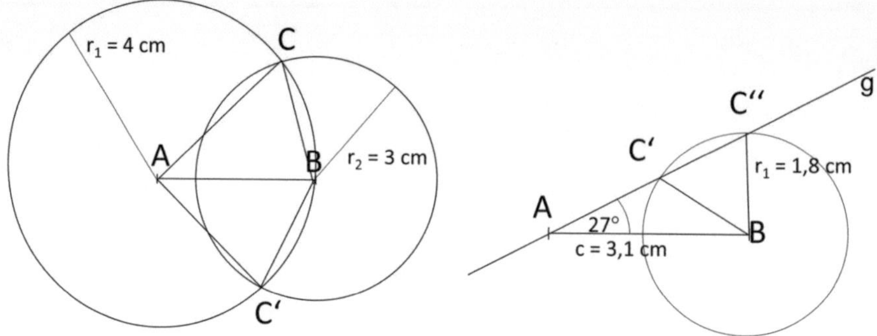

Abb. 21.1 links: Konstruktion eines Dreiecks bei gegebenen Seitenlängen a, b, c; rechts: Die Dreiecke ABC' und ABC'' sind nicht kongruent

Anmerkung: Spiegelt man das Dreieck ABC an der Geraden AB (Achsenspiegelung), erhält man das Dreieck ABC'.

b) Die Angaben in den Teilaufgaben (i), (ii), (iii), (v) und (vi) legen Dreiecke bis auf Kongruenz eindeutig fest. Nachfolgend werden die Kongruenzsätze angegeben, aus denen dies folgt.

(i) Kongruenzsatz WSW (für (α, b, γ))

(ii) Kongruenzsatz SWS (für (a, γ, b))

(iii) Kongruenzsatz SSS (für (α, b, γ))

(v) Kongruenzsatz SWW (für (b, α, β))

(vi) Kongruenzsatz SSW (für (a, c, γ))

(iv) Anders als in Teilaufgabe (vi) kann der Kongruenzsatz SSW hier nicht angewendet werden, weil der Winkel α nicht der längeren, sondern der kürzeren der beiden Seiten a und c gegenüberliegt. Wir konstruieren zwei nicht-kongruente Dreiecke, die die Bedingungen von Teilaufgabe (iv) erfüllen; vgl. Abb. 21.1, rechts.

Schritt 1: Wir zeichnen eine Strecke der Länge 3,1 cm und bezeichnen deren Endpunkte mit A und B.

Schritt 2: Wir zeichnen eine Gerade g durch A, die AB in einem Winkel von $\alpha = 27°$ schneidet.

Schritt 3: Wir schlagen einen Kreis um B mit dem Radius $r = 1,8$ cm

Dieser Kreis schneidet die Gerade g in den Punkten C' und C''. Die Dreiecke ABC' und ABC'' sind nicht kongruent, aber sie erfüllen beide die Voraussetzungen (iv).

Anmerkung: Teilaufgabe (iv) zeigt, dass beim Kongruenzsatz SSW nicht auf

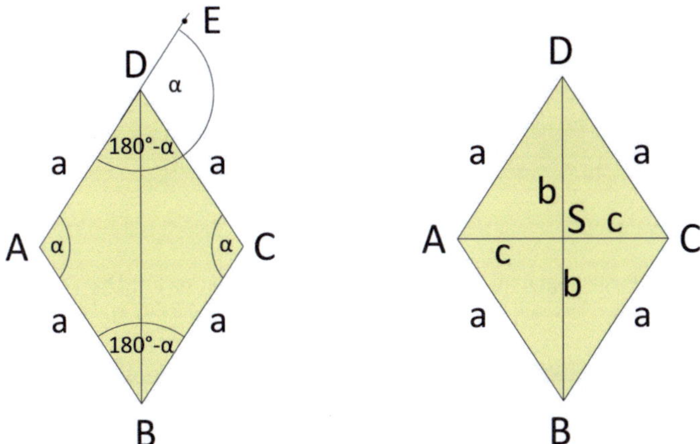

Abb. 21.2 Aufgabe c) Raute

die Voraussetzung verzichtet werden kann, dass der Winkel der größeren Seite gegenüber liegt. Dies sollte vom Kursleiter thematisiert werden.

In Aufgabe c) wird ein Hinweis von Georg aus Kap. 4 über Eigenschaften von Rauten bewiesen, der in Kap. 4, Aufgabe f), für die Konstruktion einer Mittelsenkrechten verwendet wurde.

c) Die linke Skizze in Abb. 21.2 zeigt eine Raute mit Seitenlänge a. Die Dreiecke ABD und BCD sind kongruent (Kongruenzsatz SSS). Daraus folgt $\angle BAD = \angle DCB = \alpha$. Ebenso sind die Dreiecke ABC und ACD kongruent (Kongruenzsatz SSS), woraus $\angle ADC = \angle CBA$ folgt. Georg hat am Ende von Kap. 4 erklärt, dass die Winkelsumme einem Viereck 360° beträgt. Daraus folgt $\angle ADC = \angle CBA = 180° - \alpha$. Der Nebenwinkel von $\angle ADC$, der Winkel $\angle CDE$, beträgt α. Die Winkel sind in der linken Skizze in Abb. 21.2 eingezeichnet. Daraus folgt, dass die Geraden AB und CD parallel sind (ansonsten wäre $\angle BAD \neq \angle CDE$.) Auf dieselbe Weise zeigt man, dass auch die Geraden BC und AD parallel sind. Damit ist gezeigt, dass eine Raute stets ein Parallelogramm ist.
Wir wissen aus Kap. 4, Aufgabe j), dass sich in einem Parallelogramm die Diagonalen halbieren, womit auch die zweite Aussage bewiesen ist. Dies führt zu den Längenangaben in der rechte Skizze in Abb. 21.2. Aus dem Kongruenzsatz SSS folgt, dass die Dreiecke ASD, ABS, BCS und CDS kongruent sind. Hieraus folgt wiederum, dass die Winkel $\angle ASB$, $\angle BSC$, $\angle CSD$ und $\angle DSA$ gleich sind. Da sie zusammen einen Vollwinkel bilden, folgt hieraus $\angle ASB = \angle BSC = \angle CSD = \angle DSA = 90°$. Damit ist auch die dritte Aussage bewiesen.

Es folgen zwei Aufgaben zur Flächenberechnung von Parallelogrammen. Die Flächenberechnungsformel wird in Aufgabe d) bewiesen und in Aufgabe e) angewandt.

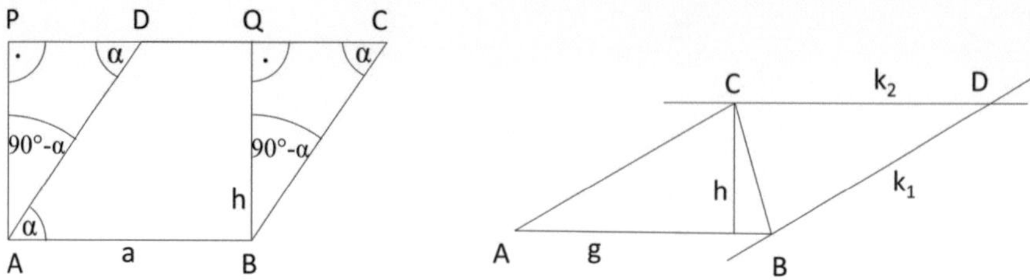

Abb. 21.3 links: Parallelogramm mit Grundseite a und Höhe h; rechts: Das Dreieck ABC wird mit einem kongruenten Dreieck BDC zu einem Parallelogramm $ABDC$ ergänzt

d) Ist $\angle BAD = \alpha = 90°$, ist das Parallelogramm ein Rechteck und die Flächenformel ist bekanntermaßen richtig. Die linke Skizze in Abb. 21.3 zeigt ein Parallelogramm mit $\alpha < 90°$. Die Beweisidee besteht darin, dem Parallelogramm $ABCD$ ein Dreieck hinzuzufügen und gleichzeitig ein kongruentes Dreieck wegzunehmen, so dass ein zum Parallelogramm flächengleiches Rechteck entsteht.
Die Strecken $\overline{PA}$ und $\overline{QB}$ stehen auf CD senkrecht und haben die Länge h. Es ist $\angle BAD = \angle ADP$ (Wechselwinkel) und $\angle ADP = \angle BCQ$ (Stufenwinkel). Daraus folgt $\angle DAP = 180° - 90° - \alpha = 90° - \alpha$ (Winkelsumme im Dreieck) und ebenso $\angle CBQ = 180° - 90° - \alpha = 90° - \alpha$ (Winkelsumme im Dreieck). Aus Kap. 4, Aufgabe i) wissen wir, dass $\overline{AD} = \overline{BC}$ gilt. Aus dem Kongruenzsatz WSW (mit Seite $\overline{AD}$ bzw. $\overline{BC}$) folgt, dass die Dreiecke ADP und BCQ kongruent sind. Also sind auch deren Flächen gleich. Daraus folgt, dass auch die Flächen des Parallelogramms $ABCD$ und des Rechtecks $ABQP$ gleich sind. Letztere ist bekanntlich ah, womit die Aussage für $\alpha < 90°$ bewiesen ist. Den Fall $\alpha > 90°$ behandelt man analog.

e) (i) Einsetzen in die Flächenformel für Parallelogramme aus Aufgabe d) ergibt

$$F = a \cdot h = 5 \cdot 2 \, \text{m}^2 = 10 \, \text{m}^2 \tag{21.1}$$
$$= 10 \cdot 100 \, \text{cm} \cdot 100 \, \text{cm} = 100000 \, \text{cm}^2 . \tag{21.2}$$

Die Fläche in m^2 wird in Gl. (21.2) in cm^2 umgerechnet, indem man m durch $100 \, \text{cm}$ ersetzt. Das Umrechnen der Einheiten geht wie in Kap. 3.
(ii) Diese Teilaufgabe löst man wie Teilaufgabe (i):

$$F = a \cdot h = 3 \cdot \frac{1}{100} \, \text{m} \cdot 0{,}5 \, \text{m} = 0{,}015 \, \text{m}^2 \tag{21.3}$$
$$= 0{,}015 \cdot 100 \, \text{cm} \cdot 100 \, \text{cm} = 150 \, \text{cm}^2 . \tag{21.4}$$

Didaktische Anregung In den Aufgaben d), f) und h) werden Formeln bewiesen, mit denen man die Fläche von Parallelogrammen, Dreiecken und Trapezen berechnen kann. In d) und f) finden einmal mehr die Kongruenzsätze Anwendung. In den Aufgaben e), h) und i) werden diese Formeln angewandt, was naturgemäß einfacher ist.

Leistungsschwächeren Schülern kann der Kursleiter ersatzweise zusätzliche Anwendungsaufgaben der Flächenformeln stellen, falls sich die Beweise als zu schwierig erweisen sollten.

f) Um die Flächenformel für Dreiecke zu beweisen, zeichnen wir die Geraden k_1 und k_2. Die Gerade k_1 ist parallel zu AC und geht durch den Punkt B, während k_2 parallel zu AB ist und C enthält. Die Geraden k_1 und k_2 schneiden sich im Punkt D. Dann bildet das Viereck $ABDC$ ein Parallelogramm; vgl. Abb. 21.3, rechte Skizze. Aus Kap. 5, Aufgabe i), wissen wir, dass $\overline{AC} = \overline{BD}$, $\angle BAC = \angle BDC$ und $\overline{AB} = \overline{DC}$ gilt. Also sind die Dreiecke ABC und BDC kongruent (Kongruenzsatz SWS mit dem Winkel $\angle BAC$ bzw. $\angle CDB$) und besitzen die gleiche Fläche. Aus Aufgabe d) wissen wir, dass die Fläche des Parallelogramms $ABDC$ durch gh gegeben ist. Daraus folgt nun, dass $\frac{gh}{2}$ die Fläche des Dreiecks ABC ist.

g) Wir stellen zunächst fest, dass anders als in Aufgabe f) die Seitenlängen keine Einheiten haben, was die Aufgabe etwas leichter macht. Bei allen drei Teilaufgaben erhält man die Lösung durch das Einsetzen in die Flächenformel $F = \frac{g \cdot h}{2}$.

$$(i) \qquad F = \frac{a \cdot h_a}{2} = \frac{3 \cdot 2}{2} = 3 \tag{21.5}$$

$$(ii) \qquad F = \frac{c \cdot h_c}{2} = \frac{31 \cdot 18}{2} = 279 \tag{21.6}$$

$$(iii) \qquad F = \frac{a \cdot b}{2} = \frac{4 \cdot 2}{2} = 4 \tag{21.7}$$

In Teilaufgabe (iii) stehen die Katheten a und b senkrecht aufeinander. Daher ist b die Höhe auf a (und umgekehrt). Dies erklärt (21.7).

In Aufgabe h) nutzen wir aus, was wir schon über Parallelogramme und Dreiecke wissen.

h) Ist $a = b$, ist das Trapez ein Parallelogramm (Kap. 4, Aufgabe k)), und die Behauptung folgt aus Aufgabe d). Wir nehmen zunächst an, dass $a > b$ gilt; vgl. Abb. 21.4, linke Skizze. Die Gerade EC ist parallel zu AD und geht durch den Punkt C. Da die Seiten $\overline{AE}$ und $\overline{CD}$ ebenfalls parallel sind (Eigenschaften eines Trapezes), bildet das Viereck $AECD$ ein Parallelogramm mit Höhe h und $|\overline{AE}| = b$. Die Seite $\overline{EB}$ hat die Länge $a - b$, und die zugehörige Höhe im Dreieck EBC ist h. Die Fläche des Trapezes $ABCD$ ergibt sich aus der Summe der Flächen des Parallelogramms $AECD$ und des Dreiecks EBC. Aus den Aufgaben d) und f) erhält man die Fläche F des Trapezes $ABCD$ (21.8).

$$F = bh + \frac{(a-b)h}{2} = \frac{2bh + (a-b)h}{2} = \frac{(2b + (a-b))h}{2} = \frac{(a+b)h}{2} \tag{21.8}$$

Den Fall $a < b$ behandelt man analog (Parallele zu AD durch den Punkt B. Damit ist die Aussage von Aufgabe h) bewiesen.

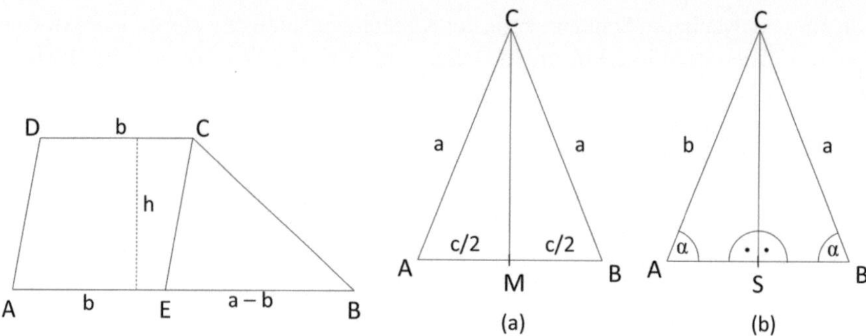

Abb. 21.4 links: Trapez, zerlegt in ein Parallelogramm und ein Dreieck; rechts: Skizzen zu den Aufgaben j) (**a**) und k) (**b**) (gleichschenklige Dreiecke)

i) Löst man die Flächenformel für Trapeze aus Aufgabe h), Formel (21.8), nach b auf und setzt die Zahlenwerte ein, erhält man

$$b = \frac{2F}{h} - a = \frac{2 \cdot 2{,}88 \,\mathrm{m}^2}{1{,}6 \,\mathrm{m}} - 2{,}4 \,\mathrm{m} = 3{,}6 \,\mathrm{m} - 2{,}4 \,\mathrm{m} = 1{,}2 \,\mathrm{m} \qquad (21.9)$$

Wir verlassen das Gebiet der Flächenberechnungen und steuern auf den Satz des Thales zu, der auch im Schulunterricht gelehrt wird. Er wird später zur Lösung des alten MaRT-Falls benötigt. In den Aufgaben j) und k) beweisen wir zunächst, dass ein Dreieck genau dann gleichschenklig ist, falls es zwei gleiche Winkel besitzt.

j) Es bezeichnet M den Mittelpunkt der Seite $\overline{AB}$; vgl. Abb. 21.4, rechts, Skizze (a). Dann sind die beiden Dreiecke AMC und MBC kongruent (Kongruenzsatz SSS), da $|\overline{AM}| = |\overline{MB}|$. Daraus folgt die Behauptung $\alpha = \beta$.

k) Es bezeichne S den Fußpunkt der Höhe h_c; vgl. Abb. 21.4, rechts, Skizze (b). Dann sind die Dreiecke ASC und BCS kongruent (Kongruenzsatz SWW), wobei die Seite durch die Höhe h_c und die Winkel durch α und $90°$ gegeben sind. Daher ist $|\overline{AC}| = |\overline{BC}|$, womit die Behauptung bewiesen ist.

l) Es sei ABC ein gleichseitiges Dreieck. Dann ist ABC ein gleichschenkliges Dreieck mit $a = b$, aber auch ein gleichschenkliges Dreieck mit $a = c$. Aus Aufgabe j) folgt $\alpha = \beta$ und $\alpha = \gamma$. Daraus folgt $\alpha = \beta = \gamma = 60°$, da die Winkelsumme im Dreieck $180°$ beträgt.

Didaktische Anregung Der Beweis des Satzes des Thales ist nicht allzu kompliziert und normalerweise Schulstoff. Trotzdem wird der Beweis in Aufgabe m) geführt, damit die Schüler mit den Eigenschaften von gleichschenkligen Dreiecken vertraut werden.

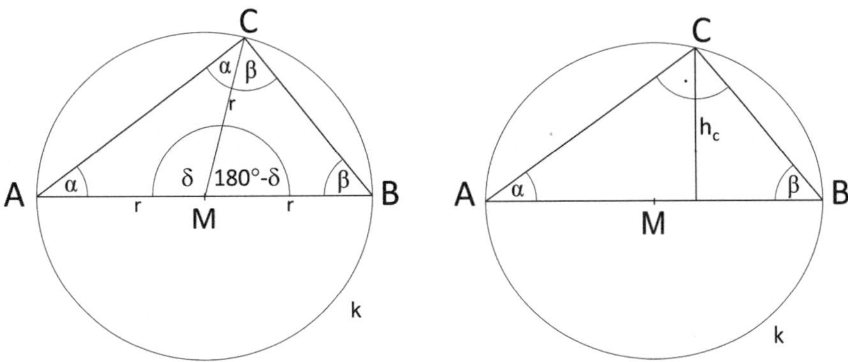

Abb. 21.5 links: Satz des Thales; rechts: alter MaRT-Fall

m) Es bezeichnet M den Mittelpunkt der Strecke $\overline{AB}$. Die Dreiecke AMC und CMB sind gleichschenklig, wobei $|\overline{AM}| = |\overline{MC}| = r$ und $|\overline{MB}| = |\overline{MC}| = r$ gelten; vgl. Abb. 21.5, links. Außerdem sind $\angle CMA$ und $\angle BMC$ Nebenwinkel, woraus $\angle BMC = 180° - \angle CMA = 180° - \delta$ folgt. Da die Winkelsumme in den Dreiecken AMC und MBC jeweils $180°$ beträgt, folgt

$$360° = (\alpha + \delta + \alpha) + (\beta + 180° - \delta + \beta) = 2(\alpha + \beta) + 180° \qquad (21.10)$$

Subtrahiert man in (21.10) auf beiden Seiten $180°$ und teilt die Gleichung anschließend durch 2, erhält man $\alpha + \beta = 90°$. Es ist $\gamma = \alpha + \beta$, womit der Satz des Thales bewiesen ist.

n) Wir bezeichnen die Ecken des Dreiecks (der Nussecke) mit den Buchstaben A, B und C, wobei der rechte Winkel in C anliegt. Außerdem bezeichnet M den Mittelpunkt der Strecke $\overline{AB}$. Wir schlagen einen Kreis mit dem Radius $r = \frac{|\overline{AB}|}{2}$ um M. Nach dem Satz des Thales ist $\angle AC'B = 90°$ für alle $C' \in k$. Die Umkehrung des Satzes des Thales besagt, dass für alle Punkte $C'' \notin k$ gilt $\angle AC''B \neq 90°$. Auf der Suche nach dem größten Dreieck kann man sich auf den oberen Halbkreis beschränken, da jedes Dreieck, dessen dritte Ecke C auf dem unteren Halbkreis liegt, durch eine Achsenspiegelung an AB (Kongruenzabbildung!) auf den oberen Halbkreis abbilden kann. Die Fläche F der Nussecke beträgt $F = \frac{1}{2}|\overline{AB}| \cdot h_c$. Sie ist also genau dann maximal, wenn die Höhe h_c maximal ist. Das ist der Fall, wenn C auf der Senkrechten zu $\overline{AB}$ durch M liegt. Dann ist das Dreieck AMC rechtwinklig mit einem rechten Winkel in M. Es ist $h_c = r$ und

$$F = \frac{|\overline{AB}| \cdot r}{2} = \frac{|\overline{AB}|^2}{4} = 9 \text{ cm}^2 . \qquad (21.11)$$

Wegen $|\overline{AM}| = |\overline{MC}| = r$ ist das Dreieck AMC gleichschenklig mit Basis $\overline{AC}$. Daraus folgt $\angle MAC = \angle ACM = 45°$. Ebenso gilt $\angle CBM = 45°$. Zusammengefasst: Die größte Nussecke ist gleichschenklig mit den Basiswinkeln $\angle BAC = \angle CBA = 45°$. Ihre Fläche beträgt 9 cm^2.

Mathematische Ziele und Ausblicke

Landvermessung und Kartierung gehören zu den ältesten und offensichtlichsten Anwendungen der ebenen Geometrie (altgriechisch: geo = „Erde, Land", metria = „Messung", also Geometrie = Erdvermessung). Euklid legte die Grundlagen der ebenen Geometrie in seinem Werk „Die Elemente", das über Jahrhunderte die Grundlage der klassischen Geometrie bildete. Wichtige Inhalte sind beispielsweise der Satz des Pythagoras, der Satz des Thales, das Parallelenaxiom, Definitionen und Postulate sowie ein axiomatischer Aufbau; vgl. (Scheid und Schwarz 2017) [59].

Auch heute findet die Geometrie in unzähligen Bereichen Anwendung, häufig in Kombination mit moderner Technologie. Architekten und Bauingenieure nutzen ebene Geometrie, um Grundrisse zu zeichnen, Räume zu gestalten, Wandflächen zu berechnen und Proportionen zu definieren. Die präzise Anordnung von Wänden, Türen und Fenstern basiert auf geometrischen Prinzipien. In der Computergrafik und der Spieleentwicklung werden alle zwei- und dreidimensionalen Objekte durch sogenannte graphische Primitive wie Punkte, Linien, Dreiecke und Polygone dargestellt. Manipulationen von Objekten wie Skalierungen, Rotationen oder Spiegelungen beruhen auf geometrischen Transformationen. Auch für das Rendering von Objekten, beispielsweise für den Einfall des Lichts auf Oberflächen, werden komplexe geometrische Algorithmen verwendet. In der Robotik wird mit Hilfe von geometrischen Algorithmen die Navigation von Robotern in einem Raum berechnet. In der Kunst, Mode und Malerei wurden und werden geometrische Formen und Prinzipien für die Komposition und Proportionen genutzt.

Die vielfältigen Anwendungen der Geometrie unterstreichen ihre universelle Bedeutung auch in unserer heutigen Zeit. Ursprünglich war die Geometrie ein zentraler Bestandteil des Mathematikunterrichts in der Schule. Geometrie bildet hierbei den klassischen Teil des Beweisens und Argumentierens im Mathematikunterricht. Leider wird die Geometrie im Schulunterricht mehr und mehr vernachlässigt. Nach Weigand (Weigand et al. 2018) [89] kann man mit der Geometrie drei wichtige Zielsetzungen verfolgen, nämlich mit „Geometrie die (Um-)Welt erschließen, mit Geometrie die Grundlagen des wissenschaftlichen Denkens und Arbeitens kennenzulernen und mit Geometrie Problemlösen zu lernen". Ferner betonen (Weigand et al. 2018) [89] in Kap. 1 „Ziele des Geometrieunterrichts" (S. 1–20): „Geometrie ist nicht nur ein klassisches Feld mathematischer Bildung, sondern auch eine Schlüsselkompetenz für moderne Anwendungen in Informatik, Technik und Ingenieurwissenschaften."

In vielen Mathematikwettbewerben, etwa beim Bundeswettbewerb Mathematik und den Mathematik-Olympiaden, werden regelmäßig geometrische Kenntnisse wie z. B. Konstruktionen und geometrisches Beweisen benötigt. Diese Aufgaben können nur mit einer Kombination aus bereits erlerntem geometrischen Grundwissen und mathematischer Kreativität erfolgreich bearbeitet werden, vgl. (Specht et al. 2020) [76] und (Mathematik-Olympiaden e. V. Rostock 1996–2025) [44,45].

In diesem und im folgenden Kapitel sollte es kaum zu begrifflichen Schwierigkeiten kommen. Probleme dürften sich eher aus den für die Schüler ungewohnten Schlussweisen ergeben. In Kap. 6 erwartet die Schüler eine Vielzahl unterschiedlicher Aufgaben. Für Kap. 6 sollten 3 Kurstreffen vorgesehen werden.

Die Aufgaben a), b) und c) sind einfach und sollen die Schüler mit den kommenden Fragestellungen vertraut machen. In c) erfolgt die Aufzählung in lexikographischer Ordnung, was der Vorbereitung von Aufgabe e) dient, in der das erste wichtige Ergebnis in Kap. 6 bewiesen wird.

a) Es gibt offensichtlich nur 2 solche Zahlen, nämlich 38 und 83.
b) Um Schreibarbeit zu sparen, kürzen wir „blaue Kugel", „grüne Kugel" und „rote Kugel" mit b, g und r ab. Es gibt 6 Möglichkeiten, die 3 Kugeln anzuordnen: bgr, brg, gbr, grb, rbg, rgb.
c) Es gibt insgesamt 24 Wörter: ABCD, ABDC, ACBD, ACDB, ADBC, ADCB, BACD, BADC, BCAD, BCDA, BDAC, BDCA, CABD, CADB, CBAD, CBDA, CDAB, CDBA, DABC, DACB, DBAC, DBCA, DCAB, DCBA. Man erkennt, dass es 6 Wörter gibt, die mit A (mit B, mit C, mit D) beginnen.

In den Aufgaben d) und e) üben die Schüler den Umgang mit Fakultäten.

d) Es ist

$$1! = 1, \quad 2! = 1 \cdot 2 = 2, \quad 3! = 1 \cdot 2 \cdot 3 = 6, \quad 4! = 24, \quad 5! = 120 \quad (22.1)$$

e) Es sollte darauf geachtet werden, dass die Schüler die Brüche geschickt ausrechnen. In den Gl. (22.2) und (22.3) wird $n!$ als Vielfaches von kleineren Fakultäten

S. Schindler-Tschirner und W. Schindler, *Mathematische Geschichten für begabte Schülerinnen und Schüler in der Unterstufe*,
https://doi.org/10.1007/978-3-658-50396-3_22

ausgedrückt, um die Brüche einfacher kürzen zu können.

$$\frac{5!}{7!} = \frac{5!}{7 \cdot 6 \cdot 5!} = \frac{1}{7 \cdot 6} = \frac{1}{42}, \qquad \frac{12!}{11!} = \frac{12 \cdot 11!}{11!} = 12 \quad \text{und} \tag{22.2}$$

$$\frac{n!}{(n-k)!} = \frac{n(n-1)\cdots(n-k+1)(n-k)!}{(n-k)!} = n(n-1)\cdots(n-k+1) \tag{22.3}$$

f) Es ist klar, dass zwei Permutationen verschieden sind, wenn sie sich mindestens an einer Position unterscheiden. Es gibt n Möglichkeiten, die erste Position zu besetzen. Für $n = 1$ sind wir fertig. Ist $n > 1$, bleiben $n - 1$ Objekte für die Positionen 2 bis n übrig, ganz gleich, welches Objekt sich an der ersten Position befindet. Daher gibt es zu jeder Besetzung der ersten Position $(n - 1)$ Möglichkeiten, die zweite Position zu besetzen. Also gibt es insgesamt $(n - 1) + \cdots + (n - 1) = n(n - 1)$ Möglichkeiten, die beiden ersten Positionen zu besetzen. Diesen Prozess setzt man für die Positionen $3, 4, \ldots, n - 1, n$ fort. Daraus folgt, dass es $n(n - 1) \cdots 2 \cdot 1 = n!$ Permutationen gibt, womit die Behauptung der Aufgabe bewiesen ist.

Didaktische Anregung Vor allem für jüngere Kursteilnehmer kann der allgemeine Beweis in Aufgabe f) schwierig sein. Dann bietet es sich an, den Beweis zunächst für $n = 3$ oder $n = 4$ zu besprechen, was den Aufgaben b) und c) entspricht. Abb. 22.1 illustriert den Beweis für $n = 3$ mit einem Baumdiagramm.

g) Aus f) folgt, dass es $8! = 40320$ verschiedene Playlists aus 8 Musiktiteln gibt. Timm benötigt also 40320 Tage, bis er alle möglichen Playlists gehört hat. Wegen der Schaltjahre hat ein Jahr durchschnittlich $365,25$ Tage. Das sind $40320 : 365,25 \approx 110,39$ Jahre. Da Timm gerade 11 Jahre alt geworden ist, wäre er dann 121 Jahre alt.

Anmerkung: Aufgabe g) ist eine einfache Anwendung der allgemeinen Formel aus f). Durch d) und am Beispiel $8!$ sollen die Schüler ein Gefühl dafür bekommen, wie schnell Fakultäten wachsen, wenn n größer wird.

h) Man kann eine Belegung der Buchstaben A bis S in Abb. 6.1 mit Ziffern beschreiben, indem man die Ziffern von 0 bis 9 hintereinander schreibt, wobei jede Ziffer genau einmal vorkommt. Die erste Ziffer entspricht dem Buchstaben A, die zweite Ziffer dem Buchstaben B, ... und die zehnte Ziffer schließlich S. Daher

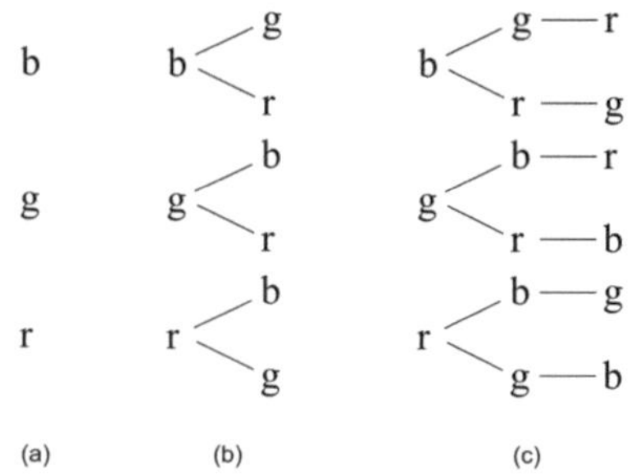

Abb. 22.1 (a) Belegungen von Position 1, (b) Belegungen von Position 1 und 2, (c) alle Permutationen von b, g und r

gibt es genauso viele Belegungen der 10 Buchstaben A bis S wie es Permutationen der Ziffern $0, \ldots, 9$ gibt.

  (i) Es gibt $10! = 3.628.800$ Permutationen.

(ii) Ein Tag hat $60 \cdot 60 \cdot 24$ sec. Um alle Permutationen auszuprobieren, benötigt man

$$\frac{10! \cdot 10}{60 \cdot 60 \cdot 24} \text{ Tage} = 420 \text{ Tage} \tag{22.4}$$

i) Weil die Belegung von drei Buchstaben schon bekannt ist, bleiben für die übrigen 7 Buchstaben nur noch 7 Ziffern übrig. Die Lösung von i) ist analog zu h).

  (i) Es gibt $7! = 5040$ Permutationen.

(ii) Dafür benötigt man

$$\frac{7! \cdot 10}{60 \cdot 60} \text{ h} = 14 \text{ h} \tag{22.5}$$

j) Der Beweis geht analog zu Aufgabe f). Es gibt n Möglichkeiten, die erste Position zu besetzen. Ist $n > 1$, bleiben $n - 1$ Objekte für die Positionen 2 bis k übrig, ganz gleich, welches Objekt sich an der ersten Position befindet. Daher gibt es zu jeder Besetzung der ersten Position $(n - 1)$ Möglichkeiten, die zweite Position zu besetzen. Also gibt es insgesamt $(n - 1) + \cdots + (n - 1) = n(n - 1)$ Möglichkeiten, die beiden ersten Positionen zu besetzen. Diesen Prozess setzt man für die Positionen $3, 4, \ldots, k - 1, k$ fort. Daraus folgt, dass es

$$n(n - 1) \cdots (n - k + 1) = \frac{n!}{(n - k)!} \quad \text{Möglichkeiten} \tag{22.6}$$

gibt, k von n unterscheidbaren Objekten in einer Reihe anzuordnen.

k) Hier ist die Situation anders als in Aufgabe i), weil noch alle 10 Ziffern in Frage kommen. Es ist also zu klären, auf wie viele Arten man 7 aus 10 unterscheidbaren Objekten (auswählen und) anordnen kann.

  (i) Einsetzen in (22.6) ergibt, dass es $\frac{10!}{(10-7)!} = 604.800$ Möglichkeiten gibt.

(ii) Dafür benötigt man

$$\frac{10! \cdot 10}{3! \cdot 60 \cdot 60 \cdot 24} \text{ Tage} = 70 \text{ Tage} \tag{22.7}$$

Auch die übrigen Aufgaben befassen sich mit Permutationen. Allerdings kommen Zusatzbedingungen hinzu, die die Lösung erschweren.

l) Es gibt $5! = 120$ Möglichkeiten, 5 unterschiedlich gefärbte Kugeln nebeneinander zu legen. Wie sieht das aus, wenn wir zwei blaue Kugeln haben? In einem Gedankenexperiment markieren wir die beiden blauen Kugeln zunächst mit einer kleinen „1" (b_1) und einer kleinen „2" (b_2), um sie unterscheidbar zu machen. Dann gibt es wie bisher $5!$ Permutationen. Vertauscht man in einer beliebigen Permutation die blaue Kugel b_1 mit der blauen Kugel b_2, erhält man eine andere Permutation. Wischen wir jetzt die Markierungen auf den blauen Kugeln weg, erhalten wir beide Male dieselbe Permutation. Daher beträgt die Anzahl der verschiedenen Anordnungen bei zwei (ununterscheidbaren!) blauen Kugeln

$$\frac{5!}{2!} = \frac{120}{2} = 60 \tag{22.8}$$

Der Term $2!$ entspricht der Anzahl der Permutationen von 2-elementigen Mengen mit unterschiedlichen Elementen (hier: Positionen der blauen Kugeln).

m) Diese Aufgabe löst man im Prinzip wie die vorherige. Macht man die identischen Buchstaben zunächst durch Indizes unterscheidbar (D_1, D_2, E_1, E_2, E_3), gibt es $7!$ Permutationen. Entfernt man die Indizes wieder (1, 2 und 1, 2, 3), kann man die D's und E's untereinander vertauschen, ohne dass sich dadurch die Anordnung der Buchstaben ändert. Nun gibt es $2!$ Permutationen, die die D's vertauschen und $3!$ Permutationen, die die E's vertauschen. Weil man die Permutation der D's und die Permutation der E's voneinander unabhängig wählen kann, erhält man

$$\frac{7!}{2! \cdot 3!} = \frac{7!}{2 \cdot 6} = 420 \tag{22.9}$$

Permutationen.

n) Ohne irgendwelche Einschränkungen hat der Ober $10!$ $(= 3\,628\,800)$ Möglichkeiten, 10 Gäste an der Tischseite zu platzieren. Wollen alle Ehepaare nebeneinander sitzen, muss auf Stuhl 2 der Ehepartner des Gastes von Stuhl 1 sitzen. Ebenso muss auf den Stühlen 3 und 4, 5 und 6, 7 und 8, 9 und 10 jeweils ein Ehepaar sitzen. Die erste Frage ist, auf wie viele Möglichkeiten man die 5 Ehepaare auf die 5 Stuhlgruppen $\{1, 2\}$, $\{3, 4\}$, $\{5, 6\}$, $\{7, 8\}$ und $\{9, 10\}$ verteilen kann. Das sind $5!$ Möglichkeiten. Für jede Verteilung der Ehepaare auf die Stuhlgruppen dürfen sich die Ehepaare innerhalb ihrer Stuhlgruppe beliebig setzen. Für jedes Ehepaar ergeben sich dadurch $2! = 2$ Möglichkeiten. Für alle 5 Ehepaare zusammen ergeben sich daher $2 \cdot 2 \cdot 2 \cdot 2 \cdot 2 = 2^5$ Möglichkeiten. Folglich gibt es

$$5! \cdot 2^5 = 3840 \tag{22.10}$$

zulässige Permutationen. Die Bedingung, dass alle Ehepartner nebeneinander sitzen wollen, reduziert die Anzahl der zulässigen Permutationen also um den Faktor $\frac{10!}{3840} = 945$. Auch bei der dritten Fragestellung gibt es $5!$ Möglichkeiten, die Ehepaare auf den Stuhlgruppen zu platzieren. Für jede Anordnung der Ehepaare auf den 5 Stuhlgruppen gibt es nur 2 Möglichkeiten, die 10 Gäste zu platzieren, weil die Belegung von Stuhl 1 festlegt, ob auf den Stühlen 1, 3, 5, 7 und 9 Männer oder Frauen sitzen. Daher existieren hier nur $5! \cdot 2 = 240$ zulässige Permutationen.

Didaktische Anregung Die Aufgaben o) und p) bereiten die Lösung des alten MaRT-Falls vor. Diesen Aufgaben sollte genügend Zeit eingeräumt werden. Die Aufgaben q) und r) (alter MaRT-Fall) sollten nur den leistungsstärksten Kursteilnehmern zur Bearbeitung gegeben werden.

o) Es sei π eine beliebige Permutation der 7 Gäste. Wenn alle Gäste k Stühle nach links rutschen, behält jeder Gast seinen rechten und linken Tischnachbarn. (Die Gäste wurden um k Positionen um den Mittelpunkt des Tisches gedreht, d. h. um $k \cdot \frac{360°}{7}$.) Und umgekehrt: Damit alle Gäste ihre linken Sitznachbarn behalten, müssen alle Gäste um dieselbe Anzahl an Stühlen weiterrutschen. Es genügt, die Anzahlen $k \in \{0, 1, \dots, 6\}$ zu betrachten. (Für $k = 0$ bleiben alle Gäste sitzen.) Für $k \geq 7$ erhält man keine weiteren Permutationen, da für $k = 7$ jeder Gast wieder auf seinem alten Platz sitzt. Daher ist $S(\pi)$ die Menge aller Permutationen, bei denen im Vergleich zu π jede Person um $k \in \{0, 1, \dots, 6\}$ Positionen nach links (d. h., im Uhrzeigersinn) weiterrückt. Oder anders ausgedrückt: Die Permutationen in $S(\pi)$ entstehen durch Drehungen der Sitzordnung π um den Tisch. Für jede Permutation π ist $|S(\pi)| = 7$.

p)(i) Es sei π eine beliebige Permutation, $\pi' \in S(\pi)$ und $\pi'' \in S(\pi')$. Dann ist π' gleichwertig zu π, und ist π'' gleichwertig zu π'. Aus Annas Feststellung folgt, dass auch π'' gleichwertig zu π ist und daher $\pi'' \in S(\pi) \cap S(\pi')$ gilt. Da $\pi'' \in S(\pi')$ beliebig gewählt war, folgt daraus $S(\pi') \subseteq S(\pi)$. Wegen $|S(\pi)| = |S(\pi')| = 7$ gilt sogar $S(\pi) = S(\pi')$.

Sei nun $\pi' \notin S(\pi)$ und $\pi'' \in S(\pi')$. Wir haben gerade bewiesen, dass dann auch $S(\pi'') = S(\pi')$ gilt. Wäre $\pi'' \in S(\pi)$, würde daraus $S(\pi) = S(\pi'') = S(\pi')$ folgen, was zum Widerspruch führt. Also gilt hier $S(\pi) \cap S(\pi') = \{\}$, womit Teilaufgabe (i) gezeigt ist.

(ii) Es gibt insgesamt 7! Permutationen. Aus Aufgabe o) und Teilaufgabe (i) folgt, dass man die Menge aller Permutationen in disjunkte Teilmengen $S(\pi)$ von jeweils 7 gleichwertigen Permutationen zerlegen kann. Daraus folgt, dass es

$$\frac{7!}{|S(\pi)|} = \frac{7!}{7} = 6! = 720 \qquad (22.11)$$

unterschiedliche Sitzordnungen im Sinne der Aufgabe o) gibt.

Nach diesen Vorarbeiten geht es an den alten MaRT-Fall. Die Beweisidee ist die gleiche wie bei den Aufgaben o) und p), wenngleich die Details etwas komplizierter sind. Bevor es weitergeht, sollten die Kursteilnehmer daher die Aufgaben o) und p) gut verstanden haben.

q)(i) Es sei π' eine Permutation, die gleichwertig zu π ist und Gast A auf Stuhl k sitzt. Wir nehmen zunächst an, dass Gast A denselben linken Nachbarn Y

besitzt wie in π. Dann muss auch Y denselben linken Tischnachbarn wie in π haben, weil der rechte Nachbar (= Gast A) übereinstimmt. Diese Argumentation setzt man fort, bis der rechte Tischnachbar von Gast A erreicht ist. Also gibt es nur eine solche Permutation π', und diese Permutation erhält man durch die Drehung der Sitzordnung π, für die Gast A auf Stuhl k sitzt. Das verhält sich genauso wie in der vereinfachten Aufgabenstellung.

Angenommen, der linke Tischnachbar Z von Gast A unter π' ist sein rechter Tischnachbar unter π. Dann muss der linke Tischnachbar von Z in π' sein rechter Tischnachbar in π sein. Diese Argumentation setzt man bis zum rechten Tischnachbarn von Gast A in π' fort. Also gibt es auch hier nur eine solche Permutation π'. Diese kann man aus π erreichen, indem man die Orientierung der Gäste umkehrt und die Sitzordnung danach so dreht, dass Gast A auf Stuhl k sitzt. (An welchem Platz man die Orientierung der Sitzordnung umkehrt, ist unerheblich, weil man die Unterschiede durch die anschließende Drehung ausgleichen kann.) Zur Umkehrung der Orientierung sei auf die nachfolgende Anmerkung hingewiesen.

Zusammengefasst: Zu jeder Permutation π gibt es zwei Permutationen, die die Aufgabenstellung (i) erfüllen. Im ersten Fall (linker Sitznachbar bleibt gleich) bleibt die Orientierung der Sitzteilnehmer erhalten, und im zweiten Fall (linker Sitznachbar wird zum rechten Sitznachbarn und umgekehrt) dreht sich die Orientierung der Sitznachbarn um.

Anmerkung: Abb. 22.2 illustriert die Umkehrung der Orientierung an Gast C. Geometrisch kann man dies als eine Achsenspiegelung interpretieren (vgl. linke Skizze), wobei Gast C auf der Achse sitzt und daher seinen Platz behält. Die Orientierung der Sitznachbarn dreht sich um (aus „Die Personen $A, B, \ldots, G$ sitzen im Uhrzeigersinn" wird „Die Personen $A, B, \ldots, G$ sitzen gegen den Uhrzeigersinn" und umgekehrt).

(ii) Es sei π eine beliebige Permutation. Wir bestimmen zunächst die Menge $S^*(\pi)$.

In (i) haben wir gezeigt, dass jede zu π gleichwertige Permutation π' durch die Position von Gast A und seinem linken Tischnachbarn beschrieben wird. Das sind insgesamt 14 Permutationen. Also ist $|S^*(\pi)| = 14$. Die Menge $S^*(\pi)$ besteht aus allen Permutationen, die man aus einer Drehung der Sitzordnung π oder einer Umkehrung der Orientierung von π und anschließender Drehung der Sitzordnung erhält.

(iii) Zum Beweis von (iii) zeigen wir zunächst, dass gleichwertige Sitzordnungen im Sinne des alten MaRT-Falls ebenfalls die Eigenschaften besitzen, die Anna und Bernd in Kap. 6 für die vereinfachte Aufgabenstellung o) nachgewiesen haben.

(*) Ist π' gleichwertig zu π, erhält man π' aus π durch eine Drehung oder durch die Umkehrung der Orientierung von π und anschließender Drehung. Daher kann man π' durch eine Drehung bzw. durch die Umkehrung der Orientierung von π' und anschließender Drehung in π überführen. Damit ist gezeigt, dass aus „π' ist gleichwertig zu π" auch „π ist gleichwertig zu π'" folgt.

(**) Es sei nun π' gleichwertig zu π und π'' gleichwertig zu π'. Um die Lesbarkeit

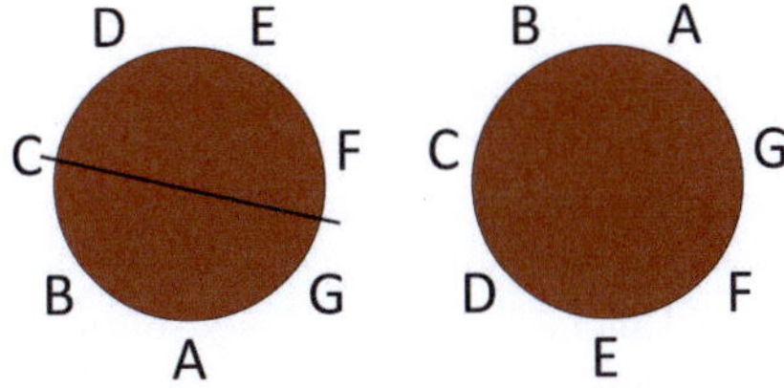

Abb. 22.2 Sitzanordnung der Gäste A, B, C, D, E, F und G bevor (linke Skizze) und nachdem (rechte Skizze) die Tischnachbarn ihre Plätze getauscht haben

zu erhöhen, verwenden wir in dieser Teilaufgabe die Abkürzungen „D" für Drehung und „UD" für die Umkehr der Orientierung und anschließender Drehung. Es bedeutet beispielsweise (D,UD), dass π' durch eine Drehung aus π hervorgeht und dass π'' durch die Umkehr der Orientierung und anschließender Drehung aus π' hervorgeht.

Fall 1: (D,D): Dann erhält man π'' durch eine Drehung aus π.

Fall 2: (D,UD), Fall 3: (UD,D): In beiden Fällen besitzt π'' die umgekehrte Orientierung wie π. Also erhält man π'' aus π durch die Umkehr der Orientierung und anschließender Drehung.

Fall 4: (UD,UD): Da die Orientierung zwei Mal umgekehrt wurde, besitzt π'' dieselbe Orientierung wie π. Also erhält man π'' durch eine Drehung von π.

Damit ist gezeigt, dass auch π'' zu π gleichwertig ist.

Im Beweis von Teilaufgabe p)(iii) haben wir lediglich ausgenutzt, dass gleichwertige Sitzordnungen (im Sinne der Aufgabe o)) die Eigenschaften besitzen, die wir in (*) und (**) nachgewiesen haben. Dieser Beweis kann daher wörtlich übertragen werden. Hieraus folgt ohne weitere Überlegungen, dass für zwei Permutationen π und π' gilt: $S^*(\pi) = S^*(\pi')$ oder $S^*(\pi) \cap S^*(\pi') = \{\}$.

r) Es gibt insgesamt 7! Permutationen. Aus Teilaufgabe q)(iii) folgt, dass man die Menge aller Permutationen in disjunkte Teilmengen $S^*(\pi)$ von jeweils 14 gleichwertigen Permutationen zerlegen kann. Daher gibt es insgesamt

$$\frac{7!}{|S(\pi)|} = \frac{7!}{14} = \frac{6!}{2} = 360 \tag{22.12}$$

unterschiedliche Sitzordnungen im Sinne der Aufgabenstellung, womit der alte MaRT-Fall gelöst ist.

Ergänzung (für den Kursleiter) (i) In Aufgabe p) definiert „π' ist gleichwertig zu π" eine Relation $\sim$ auf der Menge der Permutationen auf 7 unterscheidbaren Elementen (hier: den Gästen). Im Folgenden bedeutet $\pi' \sim \pi$, dass π' gleichwertig zu π ist. Offensichtlich gilt $\pi \sim \pi$, und es ist $S(\pi) = \{\pi' \mid \pi' \sim \pi\}$. In Kap. 6 hat Bernd erkannt, dass $\pi' \sim \pi$ die Relation $\pi \sim \pi'$ impliziert, und Anna hat darauf hingewiesen, dass aus $\pi' \sim \pi$ und $\pi'' \sim \pi'$ stets $\pi'' \sim \pi$ folgt. Also ist die Relation $\sim$ reflexiv, symmetrisch und transitiv, also eine Äquivalenzrelation. Daher unterteilt $\sim$ die Menge aller Permutationen in disjunkte Mengen (Äquivalenzklassen).

Anmerkung: Mit diesem Wissen über Äquivalenzrelationen hätte man sich den Beweis von Teilaufgabe p)(i) sparen können. Dasselbe gilt auch für Aufgabe q). Auch hier definiert „π' ist gleichwertig zu π" eine Äquivalenzrelation auf der Menge der Permutationen auf 7 unterscheidbaren Elementen, so dass auch der Beweis von Teilaufgabe q)(iii) nicht explizit hätte geführt werden müssen.

(ii) Vielleicht fragen die Schüler nach, weshalb man in den Aufgaben p) und q) beweisen muss, dass die Mengen $S(\pi)$ und $S(\pi')$ für unterschiedliche Permutationen π und π' entweder gleich oder disjunkt sind. Das folgende Beispiel zeigt, dass diese Eigenschaft keineswegs selbstverständlich für Mengen ist, die durch Relationen definiert werden.

Beispiel: Es sei $M = \{(b_1, b_2) \mid b_1, b_2 \in \{0, 1\}\}$, und es ist $(b_1, b_2) \sim (b_1', b_2')$, wenn sich die beiden 2-Tupel an höchstens einer Position unterscheiden. Man überzeugt sich leicht, dass die Relation $\sim$ zwar reflexiv und symmetrisch, aber nicht transitiv ist. Also ist $\sim$ keine Äquivalenzrelation. Ferner sei $U(b_1, b_2) = \{(b_1', b_2') \in M \mid (b_1, b_2) \sim (b_1', b_2')\}$. Es ist $|U(b_1, b_2)| = 3$ für alle $(b_1, b_2) \in M$. Allerdings sind diese Mengen für unterschiedliche 2-Tupel weder gleich noch disjunkt. (Es ist $U(0, 0) = \{(0, 0), (1, 0), (0, 1)\}$, $U(0, 1) = \{(0, 0), (0, 1), (1, 1)\}$, $U(1, 0) = \{(0, 0), (1, 0), (1, 1)\}$ und $U(1, 1) = \{(0, 1), (1, 0), (1, 1)\}$.)

Mathematische Ziele und Ausblicke

Die Kombinatorik ist ein Teilgebiet der diskreten Mathematik. Sie besitzt verschiedene Anwendungsgebiete, darunter die Wahrscheinlichkeitstheorie, ein Teilgebiet der Stochastik. Im Schulunterricht wird die Kombinatorik meist im Rahmen der Stochastik in der Oberstufe behandelt. In Mathematikwettbewerben kommen kombinatorische Fragestellungen jedoch deutlich früher vor. Dies war ein wichtiger Grund dafür, die Kap. 6 und 7 aufzunehmen. Die Schüler haben bereits im Grundschulband „Mathematischen Geschichten für begabte Grundschülerinnen und Grundschüler" (Schindler-Tschirner und Schindler 2025) [64] in den Kapiteln Kap. 13 und 20 Bekanntschaft mit kombinatorischen Fragestellungen gemacht. In Kap. 12 wird mit einer Rekursionsformel eine kombinatorische Fragestellung gelöst.

Bei den Mathematik-Olympiaden [44,45] stehen Aufgaben zur Kombinatorik für die Klassenstufen 3 bis 7 seit Jahrzehnten regelmäßig auf dem Programm. Der interessierte Leser sei exemplarisch auf die Aufgaben 630613, 630631, 620533, 620612, 620721, 610634, 600522, 590622, 580631, 570735, 440534, 440614, 440722, 360736, 350532, 350622 (für die Klassenstufen 5 bis 7) sowie auf die Aufgaben 470412, 500414, 520321, 520411 (für die Klassenstufen 3 und 4) verwiesen. Der Aufbau der Aufgabennummern wurde bereits in Kap. 19 ausführlich erläutert.

Kap. 7 setzt Kap. 6 thematisch fort. Es werden weitere Basistechniken aus der Kombinatorik erarbeitet und durch Übungsaufgaben vertieft. Auch für dieses Kapitel sollte der Kursleiter zwei bis drei Kurstreffen einplanen.

a) Da die gezogenen Kugeln in die Urne zurückgelegt werden, kann jede Ziffer der vierstelligen Zahl die Werte 0 bis 9 annehmen. Die erste Ziffer kann also 10 unterschiedliche Werte annehmen. Dasselbe gilt für die zweite Ziffer, und zwar unabhängig davon, welchen Wert die erste Ziffer angenommen hat. Daher gibt es $10 + \cdots + 10 = 10 \cdot 10 = 100$ mögliche zweistellige Zahlen. Unabhängig von den beiden ersten Ziffern kann die dritte Ziffer 10 unterschiedliche Werte annehmen, so dass $100 \cdot 10 = 1000$ unterschiedliche dreistellige Zahlen möglich sind. Wendet man die gleiche Überlegung noch einmal an, erkennt man, dass $10^4 = 10\,000$ verschiedene vierstellige Zahlen auftreten können.

b) Auch hier kann die erste Ziffer 10 verschiedene Werte annehmen. Da die gezogenen Kugeln nicht zurückgelegt werden, bleiben für die zweite Ziffer nur noch 9 mögliche Werte übrig. Ebenso bleiben für die dritte und vierte Ziffer nur noch 8 bzw. 7 mögliche Wette übrig. Daraus folgt, dass $10 \cdot 9 \cdot 8 \cdot 7 = 5040$ verschiedene vierstellige Zahlen auftreten können. Zur zweiten Frage: Es können nur Zahlen auftreten, die aus vier unterschiedlichen Ziffern bestehen.
Anmerkung: Die Argumentation ist die gleiche wie in Kap. 22, f).

Die Aufgaben c), d) und e) sind einfach. Es genügt, die Zahlenwerte in die beiden allgemeinen Formeln einzusetzen, die Carlotta vorgestellt hat.

c)(i) Ziehen mit Zurücklegen: Es existieren $13^3 = 2197$ geordnete Stichproben.
  (ii) Ziehen ohne Zurücklegen: Es existieren $13 \cdot 12 \cdot 11 = 1716$ geordnete Stichproben.

135
S. Schindler-Tschirner und W. Schindler, *Mathematische Geschichten für begabte Schülerinnen und Schüler in der Unterstufe*,
https://doi.org/10.1007/978-3-658-50396-3_23

d)(i) Ziehen mit Zurücklegen: Es existieren $6^6 = 46\,656$ geordnete Stichproben.

   (ii) Ziehen ohne Zurücklegen: Es existieren $6 \cdot 5 \cdot 4 \cdot 3 \cdot 2 \cdot 1 = 6! = 720$ geordnete Stichproben.

e)(i) Ziehen mit Zurücklegen: Es existieren $8^3 = 512$ geordnete Stichproben.

   (ii) Ziehen ohne Zurücklegen: Es existieren $8 \cdot 7 \cdot 6 = 336$ geordnete Stichproben.

f) Da es keine Rolle spielt, woran man die 8 Kugeln unterscheiden kann (Farbe, Aufschrift, Muster o. ä.), können wir annehmen, dass die 8 Kugeln mit den Zahlen 1 bis 8 beschriftet sind. Aus e) wissen wir bereits, dass es $8 \cdot 7 \cdot 6 = 336$ geordnete Zahlentripel gibt. Allerdings spielt hier die Reihenfolge keine Rolle, in der die drei Zahlen gezogen wurden, sondern nur *welche* Zahlen gezogen wurden. Da in jedem geordneten Tripel drei unterschiedliche Zahlen vorkommen, gibt es jeweils $3! = 6$ Tripel, in denen die gleichen drei Zahlen vorkommen. Daher gibt es

$$\frac{8 \cdot 7 \cdot 6}{3!} = 8 \cdot 7 = 56 \tag{23.1}$$

Möglichkeiten, wenn die Reihenfolge der gezogenen Kugeln keine Rolle spielt.

Didaktische Anregung In g) wird mit Binomialkoeffizienten gerechnet. Dies sollten alle Schüler bewältigen können, da nur die Definition benötigt wird und Brüche gekürzt werden. Es bietet sich wieder eine Gelegenheit, Erfolgserlebnisse zu sammeln, um das Selbstvertrauen zu stärken. Aufgabe h) bietet sich als Zusatzaufgabe an.

g) Kürzen und Ausmultiplizieren ergibt

$$\binom{6}{4} = \frac{6!}{(6-4)! \cdot 4!} = \frac{6 \cdot 5 \cdot 4!}{2! \cdot 4!} = 3 \cdot 5 = 15, \tag{23.2}$$

$$\binom{7}{2} = \frac{7!}{(7-2)! \cdot 2!} = \frac{7 \cdot 6 \cdot 5!}{5! \cdot 2!} = 7 \cdot 3 = 21, \quad \binom{4}{0} = \frac{4!}{4! \cdot 0!} = 1, \tag{23.3}$$

$$\binom{8}{1} = \frac{8!}{7! \cdot 1!} = 8, \quad \binom{8}{7} = \frac{8!}{1! \cdot 7!} = 8 \tag{23.4}$$

Beim Kürzen wurden die Überlegungen aus Kap. 6, e) angewendet.

h) Die Behauptung folgt durch Einsetzen in die Definition (7.1).

$$\binom{n}{n-k} = \frac{n!}{(n-(n-k))! \cdot (n-k)!} = \frac{n!}{k! \cdot (n-k)!} = \binom{n}{k} \tag{23.5}$$

Für $(n, k) = (8, 1)$ wurde die Gleichheit bereits in Gl. (23.4) nachgerechnet.

i) Der Beweis funktioniert wie in Aufgabe f), nur dass n und k an die Stelle der Zahlen 8 und 3 treten. (Wir können annehmen, dass die Menge durch $\{1, \dots, n\}$ gegeben ist und dass die n Kugeln mit $1, \dots, n$ beschriftet sind.) Den Zusammenhang zwischen ungeordneten Stichproben (Kombinationen) und Teilmengen hat Bernd gerade erklärt. Die geordneten k-elementigen Stichproben (Variationen) haben die Form $(m_1, \ldots, m_k)$, wobei $m_1, \ldots, m_k \in \{1, \ldots, n\}$ und die Zahlen $m_1, \ldots, m_k$ paarweise verschieden sind. Zu jeder k-elementigen Teilmenge $\{m_1, \ldots, m_k\}$ existieren daher $k!$ unterschiedliche Variationen, in denen die Zahlen $m_1, \ldots, m_k$ auftreten, jedoch in unterschiedlicher Reihenfolge. Wir wissen bereits, dass es $n(n-1)\cdots(n-k+1)$ verschiedene k-elementige Variationen gibt. Daher besitzt die Menge $\{1, \ldots, n\}$

$$\frac{n(n-1)\cdots(n-k+1)}{k!} = \frac{n!}{(n-k)! \cdot k!} = \binom{n}{k} \tag{23.6}$$

k-elementige Teilmengen. Das erste Gleichheitszeichen erhält man, indem man $n(n-1)\cdots(n-k+1)$ durch $\frac{n!}{(n-k)!}$ ersetzt; vgl. Kap. 6, Aufgabe e).

j) Die Menge $\{1, 2, 3, 4\}$ hat 4 Elemente. Daher existieren

$$\binom{4}{3} = \frac{4!}{(4-3)! \cdot 3!} = \frac{4 \cdot 3!}{1! \cdot 3!} = 4 \tag{23.7}$$

3-elementige Teilmengen. Die Menge $\{A, c, 67, s, 2\}$ enthält 5 Elemente. Daher existieren

$$\binom{5}{3} = \frac{5!}{(5-3)! \cdot 3!} = \frac{5 \cdot 4 \cdot 3!}{2! \cdot 3!} = 10 \tag{23.8}$$

3-elementige Teilmengen.

k) Beim Zahlenlotto „6 aus 49" ist $n = 49$ und $k = 6$. Daher gibt es

$$\binom{49}{6} = \frac{49 \cdot 48 \cdot 47 \cdot 46 \cdot 45 \cdot 44 \cdot 43!}{43! \cdot 6!} = 49 \cdot 47 \cdot 46 \cdot 3 \cdot 44 = 13\,983\,816 \tag{23.9}$$

verschiedene Tipps.

Anmerkung: Fakultäten wachsen sehr schnell an. So ist beispielsweise 49! eine 63-stellige Dezimalzahl. Deshalb sollte man Binomialkoeffizienten $\binom{n}{k}$ zuerst kürzen, wenn n und k nicht sehr klein sind.

Didaktische Anregung Die beiden letzten Aufgaben sind schwieriger, da die Schüler zusätzliche Überlegungen anstellen müssen. Je nach Zusammensetzung des Kurses können diese Aufgaben weggelassen oder nur leistungsstärkeren Schülern zur Bearbeitung gegeben werden.

l)(i) Um auf einem kürzesten Weg zu gehen, darf die Ameise an jeder Abzweigung nur nach rechts oder nach oben gehen, aber niemals nach links oder nach unten. Daher bestehen alle kürzesten Wege aus 10 Gitterabschnitten, wobei die Ameise 6 Mal nach rechts und 4 Mal nach oben geht. Die kürzesten Wege sind $10 \cdot 2$ cm $= 20$ cm lang. Welche 4 der 10 Streckenabschnitte nach oben führen, ist für die Länge des Weges unerheblich. Die Nummern der vier Schritte, in denen die Ameise nach oben geht, kann man als eine 4-elementige Teilmenge von $\{1, \ldots, 10\}$ auffassen. Daher gibt es so viele kürzeste Wege von A nach B wie es 4-elementige Teilmengen von $\{1, \ldots, 10\}$ gibt. Das sind

$$\binom{10}{4} = \frac{10 \cdot 9 \cdot 8 \cdot 7 \cdot 6!}{(10-4)! \cdot 4!} = \frac{10 \cdot 9 \cdot 8 \cdot 7}{4 \cdot 3 \cdot 2} = 10 \cdot 3 \cdot 7 = 210 \qquad (23.10)$$

Anmerkung: Alternativ kann man die vier Schritte, in denen die Ameise nach oben geht, auch mit einem Urnenmodell beschreiben, indem man aus einer Urne mit den Kugeln 1 bis 10 vier Kugeln ohne Zurücklegen zieht (ungeordnete Stichprobe).

Möglicherweise lösen manche Teilnehmer die Aufgabe, indem sie sich auf die Nummern der 6 Streckenabschnitte konzentrieren, in denen die Ameise nach rechts geht. Das ist natürlich auch richtig und führt wegen $\binom{10}{4} = \binom{10}{6}$ zum gleichen Ergebnis.

(ii) Mit derselben Begründung wie in (i) gibt es $\binom{6}{3} = 20$ kürzeste Wege von A nach C und $\binom{4}{1} = 4$ kürzeste Wege von C nach B. Die kürzesten Wege von A nach B über C erhält man, indem man die kürzesten Wege von A nach C mit den kürzesten Wegen von C nach B kombiniert. Daher gibt es insgesamt

$$\binom{6}{3} \cdot \binom{4}{1} = 20 \cdot 4 = 80 \qquad (23.11)$$

kürzeste Wege von A nach B, die über C führen.

m) Für jedes Paar von Personen in der 27-elementigen Teilmenge M besteht eine (F/kF)-Beziehung (F = Freund, kF = kein Freund). Es gibt $\binom{27}{2} = \frac{27 \cdot 26}{2} = 351$ Personenpaare. (Ein Personenpaar ist eine 2-elementige Teilmenge von M.) Jedes dieser Personenpaare kann befreundet sein (F) oder nicht (kF). Die verbleibende Frage, wie viele (F/kF)-Kombinationen existieren, kann man mit einem Urnenmodell berechnen. Die Urne enthält zwei Kugeln, die mit F bzw. kF beschriftet sind. Es wird 351 Mal eine Kugel gezogen und danach wieder in die Urne zurückgelegt. Es gibt also 2^{351} geordnete Stichproben (= mögliche (F/kF)-Beziehungen). So viele (F/kF)-Beziehungen müsste Anna berücksichtigen, was aber nicht praktisch möglich ist. (2^{351} ist eine 106-stellige Dezimalzahl.)

Anmerkung: Für k-elementige Teilmengen existieren $2^{\binom{k}{2}}$ (F/kF)-Beziehungen.

Mathematische Ziele und Ausblicke
vgl. Kap. 22

In Kap. 8 und 9 wird der Euklidische Algorithmus behandelt. Dies ist normalerweise kein Schulstoff. Motiviert wird er durch einen alten MaRT-Fall. Zuerst stehen drei Aufgaben auf dem Programm, in denen der größte gemeinsame Teiler von zwei bzw. von drei Zahlen aus deren Primfaktorzerlegungen berechnet wird. Dies dürften die Schüler aus dem Unterricht kennen. Später werden die Schüler die praktischen Schwierigkeiten dieses Vorgehens erkennen, wenn große Zahlen auftreten.

Didaktische Anregung Die Schüler beginnen mit etwas Vertrautem, was erste Erfolgserlebnisse bieten sollte. Falls dies einigen Schülern Schwierigkeiten bereitet, z. B. weil die ggT-Berechnung im Mathematikunterricht noch nicht behandelt wurde, bietet es sich an, dass der Kursleiter zusätzliche Aufgaben stellt.

a) Die Aufgaben a)–c) sind reine Rechenaufgaben.

$$30 = 2 \cdot 3 \cdot 5 \,, \quad 45 = 3^2 \cdot 5 \,, \quad \text{also} \quad \mathrm{ggT}(30, 45) = 3 \cdot 5 = 15 \tag{24.1}$$

$$117 = 3^2 \cdot 13 \,, \quad 51 = 3 \cdot 17 \,, \quad \text{also} \quad \mathrm{ggT}(117, 51) = 3 \tag{24.2}$$

b)

$$24 = 2^3 \cdot 3 \,, \quad 36 = 2^2 \cdot 3^2 \,, \quad \text{also} \quad \mathrm{ggT}(24, 36) = 2^2 \cdot 3 = 12 \tag{24.3}$$

$$64 = 2^6 \,, \quad 35 = 5 \cdot 7 \,, \quad \text{also} \quad \mathrm{ggT}(64, 35) = 1 \tag{24.4}$$

c)

$$27 = 3^3 \,, \quad 39 = 3 \cdot 13 \,, \quad 81 = 3^4 \,, \quad \text{also} \quad \mathrm{ggT}(27, 39, 81) = 3 \tag{24.5}$$

© Der/die Autor(en), exklusiv lizenziert an Springer Fachmedien Wiesbaden GmbH, ein Teil von Springer Nature 2026
S. Schindler-Tschirner und W. Schindler, *Mathematische Geschichten für begabte Schülerinnen und Schüler in der Unterstufe*,
https://doi.org/10.1007/978-3-658-50396-3_24

Didaktische Anregung In Kap. 8 stellen Anna und Bernd fest, dass der beste Algorithmus zur Primfaktorzerlegung, den sie im Grundschulband gelernt haben, für achtstellige Zahlen (ohne Computerunterstützung) nicht praktisch geeignet ist. Mit Computerunterstützung können einige Dezimalstellen mehr bewältigt werden. Der Kursleiter kann darauf hinweisen, dass der Euklidische Algorithmus deutlich besser skaliert. Mit dem Euklidischen Algorithmus kann man den ggT von nahezu beliebig großen Zahlen berechnen.

In den Aufgaben d) und e) werden bereits bekannte Ergebnisse mit dem jeweils anderen Verfahren (Primfaktorzerlegung bzw. Euklidischer Algorithmus) nachgerechnet. Dies ist beabsichtigt, damit die Schüler die ‚Gleichwertigkeit' beider Verfahren an einfachen Beispielen erfahren. Das ist natürlich kein Beweis, auch wenn einige Schüler diese Vermutung äußern sollten.

d)

$$54 = 2 \cdot 3^3 \,, \quad 15 = 3 \cdot 5 \,, \quad \text{also} \quad \mathrm{ggT}(54, 15) = 3 \qquad (24.6)$$

e) Hinweis: Wenn man die Reihenfolge der Zahlen 24 und 36 vertauscht, also $\mathrm{ggT}(36, 24)$ berechnet, führt dies natürlich zum gleichen Ergebnis, spart aber einen Rechenschritt. Gl. (24.7) vertauscht lediglich die Reihenfolge der Zahlen 24 und 36.

$$24 = 0 \cdot 36 + 24 \qquad (24.7)$$
$$36 = 1 \cdot 24 + 12 \qquad (24.8)$$
$$24 = 2 \cdot 12 \qquad (24.9)$$

Somit ist $\mathrm{ggT}(24, 36) = 12$. Ebenso erhält man $\mathrm{ggT}(64, 35) = 1$.

$$64 = 1 \cdot 35 + 29 \qquad (24.10)$$
$$35 = 1 \cdot 29 + 6 \qquad (24.11)$$
$$29 = 4 \cdot 6 + 5 \qquad (24.12)$$
$$6 = 1 \cdot 5 + 1 \qquad (24.13)$$
$$5 = 5 \cdot 1 \qquad (24.14)$$

Didaktische Anregung Den Schülern mag es selbstverständlich erscheinen, dass Algorithmen terminieren, d. h. zum Ende kommen. Dies ist aber nicht so und kann im Kurs thematisiert werden. Ein einfaches Beispiel für einen Algorithmus, der nicht terminiert: Setze $a := 1$ und erhöhe a solange um 1, bis der Wert 0 erreicht ist (unerreichbare Abbruchbedingung). In den Aufgaben f), g), h) und i) wird bewiesen, dass der Euklidische Algorithmus tatsächlich $\mathrm{ggT}(x, y)$ berechnet. Das ist für die Schüler nicht ganz einfach. Es liegt im Ermessen des Kursleiters, den Beweis an das Ende des Kapitels zu stellen oder auch einzelne Aufgaben wegzulassen.

In f) werden zwei Aussagen gezeigt, die in g) und h) benötigt werden. Aufgabe i) führt die Ergebnisse aus g) und h) zusammen.

f) Da d die Zahlen a und b teilt, gibt es ganze Zahlen ℓ und k, für die $a = d\ell$ und $b = dk$ ist. (Es ist $\ell = \frac{a}{d}$ und $k = \frac{b}{d}$.) Es ist

$$a + b = d\ell + dk = d(\ell + k) \tag{24.15}$$

Da $\ell + k$ eine ganze Zahl ist, ist $a + b$ ein Vielfaches von d. Ebenso zeigt man, dass $a - b$ ein Vielfaches von d ist:

$$a - b = d\ell - dk = d(\ell - k) \tag{24.16}$$

g) Es sei nun $d = \mathrm{ggT}(x, y) = \mathrm{ggT}(r_1, r_2)$. Daher teilt d die beiden Zahlen r_1 und r_2 und damit auch $\ell_1 r_2$ für beliebiges $\ell_1 \in \mathbb{Z}$. Durch Umstellen der Gl. (8.6) erhält man $r_3 = r_1 - \ell_1 r_2$. Aus Aufgabe f) folgt mit $a = r_1$ und $b = \ell_1 r_2$, dass d auch r_3 teilt. Aus Gl. (8.7) folgt auf dieselbe Weise, dass d neben r_2 und r_3 auch r_4 teilt. Setzt man diese Überlegung an den weiteren Gleichungen fort, so zeigt dies, dass d die Zahlen $r_1, r_2, r_3, r_4, \ldots, r_m$ teilt. Damit ist diese Aufgabe bewiesen.

h) Gl. (8.9) besagt, dass r_m die Zahl r_{m-1} teilt. Aus Gl. (8.8) und Aufgabe f) (mit $a = \ell_{m-2} r_{m-1}$ und $b = r_m$) folgt, dass r_m auch r_{m-2} teilt. Diese Schlussweise setzt man fort, indem man die Gleichungen von unten nach oben durchgeht. Daraus folgt schließlich, dass r_m auch r_1 und r_2 teilt. Damit teilt r_m auch den $\mathrm{ggT}(r_1, r_2)$, womit auch diese Aufgabe bewiesen ist.

i) Aus Aufgabe h) folgt, dass es ein $k \in \mathbb{Z}$ gibt, für das $\mathrm{ggT}(x, y) = kr_m$ ist. Da $\mathrm{ggT}(x, y)$ und r_m positiv sind, ist $k \in \mathbb{N}$. Ebenso folgt aus g), dass es ein $\ell \in \mathbb{N}$ gibt, für das $r_m = \ell\,\mathrm{ggT}(x, y)$ ist. Zweifaches Einsetzen ergibt

$$\mathrm{ggT}(x, y) = kr_m = k\ell\,\mathrm{ggT}(x, y) \quad \text{und damit} \tag{24.17}$$
$$1 = k\ell \tag{24.18}$$

Die Gl. (24.18) erhält man, indem man Gl. (24.17) durch $\mathrm{ggT}(x, y)$ teilt. Wegen $k, \ell \geq 1$ folgt aus Gl. (24.18), dass $k = 1$ und $\ell = 1$ ist. Daher ist $\mathrm{ggT}(x, y) = r_m$, und Aufgabe i) ist bewiesen.

Da die Schüler inzwischen den Euklidischen Algorithmus kennen und anwenden können, stellt der alte MaRT-Fall kein besonderes Problem mehr dar, außer dass viele Einzelschritte notwendig sind, die sorgfältig durchgeführt werden müssen.

j) (alter MaRT-Fall) Es ist $r_1 = 31\,031\,596$ und $r_2 = 11\,021\,650$. Die ersten Schritte sind

$$31031596 = 2 \cdot 11021650 + 8988296 \tag{24.19}$$
$$11021650 = 1 \cdot 8988296 + 2033354 \tag{24.20}$$
$$8988296 = 4 \cdot 2033354 + 854880 \tag{24.21}$$
$$2033354 = 2 \cdot 854880 + 323594 \tag{24.22}$$
$$854880 = 2 \cdot 323594 + 207692 \tag{24.23}$$
$$323594 = 1 \cdot 207692 + 115902 \tag{24.24}$$
$$207692 = 1 \cdot 115902 + 91790 \tag{24.25}$$

Um Platz zu sparen, stehen ab jetzt in jeder Zeile zwei Gleichungen.

$$115902 = 1 \cdot 91790 + 24112\,, \qquad 91790 = 3 \cdot 24112 + 19454 \tag{24.26}$$
$$24112 = 1 \cdot 19454 + 4658\,, \qquad 19454 = 4 \cdot 4658 + 822 \tag{24.27}$$
$$4658 = 5 \cdot 822 + 548\,, \qquad 822 = 5 \cdot 548 + 274 \tag{24.28}$$
$$548 = 2 \cdot 274 \tag{24.29}$$

Damit ist der alte MaRT-Fall gelöst. Es ist $\mathrm{ggT}(31031596, 11021650) = 274$. Daher kann man den Bruch durch 274 kürzen.

$$\frac{31031596}{11021650} = \frac{113254}{40225} \tag{24.30}$$

Die beiden letzten Aufgaben sind reine Rechenaufgaben, damit die Schüler den Euklidischen Algorithmus weiter üben. Außerdem sehen die Schüler an Aufgabe l), dass der Euklidische Algorithmus zuweilen selbst bei relativ großen Zahlen nur sehr wenige Schritte benötigt.

k) Wegen $\mathrm{ggT}(5751, 7100) = \mathrm{ggT}(7100, 5751)$ dürfen wir $r_1 = 7100$ und $r_2 = 5751$ setzen. (Andernfalls (für $r_1 = 5751$ und $r_2 = 7100$) erfordert dies wie in Aufgabe e) einen zusätzlichen Schritt.)

$$7100 = 1 \cdot 5751 + 1349\,, \qquad 5751 = 4 \cdot 1349 + 355 \tag{24.31}$$
$$1349 = 3 \cdot 355 + 284\,, \qquad 355 = 1 \cdot 284 + 71 \tag{24.32}$$
$$284 = 4 \cdot 71 \tag{24.33}$$

Daher kann man den Bruch durch $\mathrm{ggT}(7100, 5751) = 71$ kürzen.

$$\frac{5751}{7100} = \frac{81}{100} \tag{24.34}$$

1) Hier ist $r_1 = 1536$ und $r_2 = 1152$. Der Euklidische Algorithmus führt hier sehr schnell zum Ziel.

$$1536 = 1 \cdot 1152 + 384 \,, \quad 1152 = 3 \cdot 384 \tag{24.35}$$

Also ist $\mathrm{ggT}(1536, 1152) = 384$.

Anmerkung: Für diese beiden Zahlen ist es einfach, die Primfaktorzerlegungen zu berechnen, weil nur die Primzahlen 2 und 3 auftreten.

$$1536 = 2^9 \cdot 3 \,, \quad 1152 = 2^8 \cdot 3^2 \tag{24.36}$$

Mathematische Ziele und Ausblicke
vgl. Kap. 25

Kap. 9 vertieft das Verständnis des Euklidischen Algorithmus, und es wird der Zusammenhang zwischen dem ggT und dem kgV beleuchtet. In den Aufgaben c), h) und j) führen die Schüler wieder drei größere Beweise. Zu den reinen Rechenaufgaben und zu offensichtlichen Rechenschritten sind die Musterlösungen kurz gehalten. Dafür werden komplizierte Sachverhalte ausführlicher erläutert.

In a) und b) wird der Euklidische Algorithmus wiederholt und weiter geübt. Es sollten keine besonderen Schwierigkeiten auftreten, sodass die Schüler wieder Erfolgserlebnisse sammeln können. Das ist vor allem für die leistungsschwächeren Kursteilnehmer wichtig.

a) Der Euklidische Algorithmus liefert

$$324 = 1 \cdot 292 + 32, \qquad 292 = 9 \cdot 32 + 4 \tag{25.1}$$

$$32 = 8 \cdot 4 \tag{25.2}$$

Also ist $\mathrm{ggT}(324, 292) = 4$.

b) Der Euklidische Algorithmus ergibt $\mathrm{ggT}(529, 317) = 1$. Ausführlich:

$$529 = 1 \cdot 317 + 212, \qquad 317 = 1 \cdot 212 + 105 \tag{25.3}$$

$$212 = 2 \cdot 105 + 2, \qquad 105 = 52 \cdot 2 + 1 \tag{25.4}$$

$$2 = 2 \cdot 1 \tag{25.5}$$

Didaktische Anregung Auf reine Rechenaufgaben folgt wieder ein Beweis. Der Beweis verwendet Primfaktorzerlegungen, während für konkrete Rechnungen (mit

© Der/die Autor(en), exklusiv lizenziert an Springer Fachmedien Wiesbaden GmbH, ein Teil von Springer Nature 2026
S. Schindler-Tschirner und W. Schindler, *Mathematische Geschichten für begabte Schülerinnen und Schüler in der Unterstufe*,
https://doi.org/10.1007/978-3-658-50396-3_25

großen Zahlen) der Euklidische Algorithmus deutlich effizienter ist. Das liegt daran, dass man im Beweis die Primfaktorzerlegungen nicht explizit bestimmen muss. Es genügt vielmehr das Wissen, dass Primfaktorzerlegungen existieren und eindeutig sind. Dieser Unterschied sollte mit den Schülern herausgearbeitet werden.

c) Greift man Stavros Hinweis auf, erhält man die Darstellungen

$$x = p_1^{a_1} \cdot p_2^{a_2} \cdots p_m^{a_m}, \quad y = p_1^{b_1} \cdot p_2^{b_2} \cdots p_m^{b_m}, \quad z = p_1^{c_1} \cdot p_2^{c_2} \cdots p_m^{c_m}$$
$$\text{mit} \quad a_1, \ldots, a_m, b_1, \ldots, b_m, c_1, \ldots c_m \in \mathbb{N}_0 \qquad (25.6)$$

Es ist bekanntlich

$$\mathrm{ggT}(x, y, z) = p_1^{\min\{a_1,b_1,c_1\}} \cdot p_2^{\min\{a_2,b_2,c_2\}} \cdots p_m^{\min\{a_m,b_m,c_m\}} \qquad (25.7)$$

Ist $\min\{a_j, b_j, c_j\} = 0$, tritt p_j in höchstens zwei Primfaktorzerlegungen auf und damit nicht in der Primfaktorzerlegung von $\mathrm{ggT}(x, y, z)$. Dann ist $p_j^{\min\{a_j,b_j,c_j\}} = 1$. Allgemein gilt

$$\mathrm{ggT}(y, z) = p_1^{\min\{b_1,c_1\}} \cdot p_2^{\min\{b_2,c_2\}} \cdots p_m^{\min\{b_m,c_m\}} \quad \text{und damit} \quad (25.8)$$
$$\mathrm{ggT}(x, \mathrm{ggT}(y, z)) = p_1^{\min\{a_1,\min\{b_1,c_1\}\}} \cdots p_m^{\min\{a_m,\min\{b_m,c_m\}\}} \qquad (25.9)$$

Man kann das Minimum von drei Zahlen schrittweise berechnen, indem man zunächst das Minimum von zwei Zahlen bestimmt, d. h.

$$\min\{a_j, \min\{b_j, c_j\}\} = \min\{a_j, b_j, c_j\} \quad \text{für alle} \quad j = 1, 2, \ldots, m \qquad (25.10)$$

Das bedeutet, dass jede Primzahl p_j in Gl. (25.7) und in (25.9) denselben Exponenten besitzt. Daraus folgt $\mathrm{ggT}(x, y, z) = \mathrm{ggT}(x, \mathrm{ggT}(y, z))$, und Formel (9.2) ist bewiesen.

d) Dies ist eine Rechenaufgabe, in der die Formel (9.2) Anwendung findet. Die Zahlen 820, 2214 und 1722 wurden so gewählt, dass der Euklidische Algorithmus nur wenige Schritte erfordert.

$$2214 = 1 \cdot 1722 + 492, \qquad 1722 = 3 \cdot 492 + 246 \qquad (25.11)$$
$$492 = 2 \cdot 246 \qquad (25.12)$$

Es ist also $\mathrm{ggT}(2214, 1722) = 246$. Der zweite ggT-Schritt ergibt

$$820 = 3 \cdot 246 + 82, \qquad 246 = 3 \cdot 82 \qquad (25.13)$$

Also ist $\mathrm{ggT}(820, 2214, 1722) = 82$.

Es folgen drei Aufgaben zum kgV. Anders als beim Euklidischen Algorithmus werden hier Primfaktorzerlegungen berechnet. Wenn die Schüler aus dem Mathematikunterricht die ggT-Berechnung kennen, so wissen sie mit hoher Wahrscheinlichkeit auch, wie man das kgV bestimmt. Die Aufgaben e) und f) sind reine Rechenaufgaben, während g) zusätzliche Überlegungen erfordert.

e) Zunächst bestimmen wir die Primfaktorzerlegungen von 27 und 36.

$$27 = 3^3, \quad 36 = 2^2 \cdot 3^2, \quad \text{also} \quad \mathrm{kgV}(27, 36) = 2^2 \cdot 3^3 = 108 \qquad (25.14)$$

Im Gegensatz zur ggT-Berechnung gehen in den kgV die Primfaktoren in der höchsten Potenz ein, in der sie in einer der Primfaktorzerlegungen enthalten sind. Ebenso folgt

$$21 = 3 \cdot 7, \quad 23 = 23, \quad \text{also} \quad \mathrm{kgV}(21, 23) = 3 \cdot 7 \cdot 23 = 483 \qquad (25.15)$$

f) Die 1 hat keinen Einfluss auf den kgV. Daher genügt es, die Primfaktorzerlegungen der Zahlen $2, \ldots, 7$ zu berücksichtigen.

$$2 = 2, \quad 3 = 3, \quad 4 = 2^2, \quad 5 = 5, \quad 6 = 2 \cdot 3, \quad 7 = 7, \qquad (25.16)$$
$$\text{also} \quad \mathrm{kgV}(1, 2, 3, 4, 5, 6, 7) = 2^2 \cdot 3 \cdot 5 \cdot 7 = 420 \qquad (25.17)$$

g) Eine natürliche Zahl n ist genau dann durch 3 und 7 teilbar, wenn n ein Vielfaches von $\mathrm{kgV}(3, 7) = 21$ ist. Oder anders ausgedrückt: $n = 21 \cdot k$, wobei k eine natürliche Zahl ist. Es ist $100 : 21 = 4$ Rest 16. Daher ist $21 \cdot 5 = 105$ das kleinste Vielfache von 21, das ≥ 100 ist. Wegen $10\,000 : 21 = 476$ Rest 4 ist $21 \cdot 476 = 9996$ das größte Vielfache von 21, das $\leq 10\,000$ ist. Es bleibt also zu klären, wie viele Elemente die Menge $V = \{105, 126, \ldots, 9996\}$ enthält.

Dies könnte man feststellen, indem man die Vielfachen von 21 ausrechnet, aufschreibt und zählt. Es geht aber auch viel einfacher. Es ist nämlich $V = \{21 \cdot 5, 21 \cdot 6, \ldots, 21 \cdot 476\}$. Wenn wir jedes Element in V durch 21 teilen, erhalten wir die Menge $W = \{5, 6, \ldots, 476\}$. Offensichtlich besitzt W genauso viele Elemente wie V, und zwar $476 - 5 + 1 = 472$

Didaktische Anregung Aufgabe h) enthält den zweiten größeren Beweis in diesem Kapitel. Das Vorgehen ist ähnlich wie in Aufgabe c). Auf die Parallelen sollte hingewiesen werden. Abhängig vom Leistungsstand der Kursteilnehmer kann der Beweis auch weggelassen oder vom Kursleiter vorgerechnet werden.

h) Analog zu c) bezeichnen wir die Primzahlen, die in den Primfaktorzerlegungen von x oder y (oder in beiden) vorkommen, mit $p_1, \ldots, p_m$. Dann ist

$$x = p_1^{a_1} \cdot p_2^{a_2} \cdots p_m^{a_m}, \quad y = p_1^{b_1} \cdot p_2^{b_2} \cdots p_m^{b_m} \qquad (25.18)$$
$$\text{mit} \quad a_1, \ldots, a_m, b_1, \ldots, b_m \in \mathbb{N}_0$$

Aus der Lösung von c) wissen wir bereits, dass

$$\text{ggT}(x, y) = p_1^{\min\{a_1,b_1\}} \cdot p_2^{\min\{a_2,b_2\}} \cdots p_m^{\min\{a_m,b_m\}} \tag{25.19}$$

gilt, und das Pendant zu Gl. (25.19) für den kgV lautet

$$\text{kgV}(x, y) = p_1^{\max\{a_1,b_1\}} \cdot p_2^{\max\{a_2,b_2\}} \cdots p_m^{\max\{a_m,b_m\}} \tag{25.20}$$

Dabei bezeichnet $\max\{u, v\}$ das Maximum der Zahlen u und v. Wie man leicht sieht, ist $\max\{u, v\} + \min\{u, v\} = u + v$. (Für $u \leq v$ ist $\max\{u, v\} = v$ und $\min\{u, v\} = u$, und für $u > v$ gilt $\max\{u, v\} = u$ und $\min\{u, v\} = v$.)

$$\text{kgV}(x, y) \cdot \text{ggT}(x, y) = \tag{25.21}$$
$$p_1^{\max\{a_1,b_1\}} \cdots p_m^{\max\{a_m,b_m\}} \cdot p_1^{\min\{a_1,b_1\}} \cdots p_m^{\min\{a_m,b_m\}} = \tag{25.22}$$
$$p_1^{\max\{a_1,b_1\}+\min\{a_1,b_1\}} \cdots p_m^{\max\{a_m,b_m\}+\min\{a_m,b_m\}} = \tag{25.23}$$
$$p_1^{a_1+b_1} \cdots p_m^{a_m+b_m} = p_1^{a_1} \cdots p_m^{a_m} \cdot p_1^{b_1} \cdots p_m^{b_m} = x \cdot y \tag{25.24}$$

Die Zeile (25.23) erhält man aus (25.22), indem man die Primzahlpotenzen umsortiert und auf jeden Primfaktor das Potenzgesetz $z^u \cdot z^v = z^{u+v}$ anwendet, während in (25.24) in umgekehrter Richtung umsortiert wird. Damit ist Gl. (9.4) bewiesen.

i) (alter MaRT-Fall) Dividiert man in Gl. (9.4) beide Seiten durch $\text{ggT}(x, y)$, erhält man

$$\text{kgV}(x, y) = \frac{xy}{\text{ggT}(x, y)} \quad \text{für alle} \quad x, y \in \mathbb{N} \tag{25.25}$$

Einsetzen von $x = 31\,031\,596$, $y = 11\,021\,650$ und $\text{ggT}(x, y) = 274$ (Kap. 24, Aufgabe j)) in (25.25) ergibt

$$\text{kgV}(31\,031\,596, 11\,021\,650) = \frac{342\,019\,390\,053\,400}{274} = 1\,248\,245\,949\,100 \tag{25.26}$$

Der gesuchte Hauptnenner ist also $1\,248\,245\,949\,100$. Ergänzend sei angemerkt, dass $\frac{1}{31\,031\,596} + \frac{1}{11\,021\,650} = \frac{153\,479}{1\,248\,245\,949\,100}$ ist.

Anmerkung: Setzt man in (25.25) große Zahlen x und y ein und ist der Nenner $\text{ggT}(x, y)$ nicht sehr klein, kann es günstiger sein, zunächst $\frac{x}{\text{ggT}(x,y)}$ zu berechnen und danach diesen Quotienten mit y zu multiplizieren, weil dies für kleinere Zwischenergebnisse sorgt. Dieser Aspekt wurde in der Musterlösung nicht adressiert, um diese nicht zu überfrachten.

Aufgabe j) ist relativ einfach. Im Wesentlichen genügt es, im Beweis von Aufgabe c) „Minimum" durch „Maximum" zu ersetzen. Das gibt den Schüler die Gelegenheit, den Beweis von Aufgabe c) noch einmal zu rekapitulieren. In Aufgabe k) wird die Aussage von Aufgabe j) praktisch angewendet.

j) Mit den Bezeichnungen aus (25.6) erhält man analog zu Aufgabe c)

$$\text{kgV}(x, y, z) = p_1^{\max\{a_1,b_1,c_1\}} \cdot p_2^{\max\{a_2,b_2,c_2\}} \cdot \ldots \cdot p_m^{\max\{a_m,b_m,c_m\}} \qquad (25.27)$$

$$\text{kgV}(y, z) = p_1^{\max\{b_1,c_1\}} \cdot p_2^{\max\{b_2,c_2\}} \cdot \ldots \cdot p_m^{\max\{b_m,c_m\}} \quad \text{und damit} \qquad (25.28)$$

$$\text{kgV}(x, \text{kgV}(y, z)) = p_1^{\max\{a_1,\max\{b_1,c_1\}\}} \cdot \ldots \cdot p_m^{\max\{a_m,\max\{b_m,c_m\}\}} \qquad (25.29)$$

Ebenso wie das Minimum dreier Zahlen kann man auch deren Maximum schrittweise berechnen. Es ist

$$\max\{a_j, \max\{b_j, c_j\}\} = \max\{a_j, b_j, c_j\} \quad \text{für alle} \quad j = 1, 2, \ldots, m \qquad (25.30)$$

Daher besitzt jede Primzahl p_j in Gl. (25.27) und in (25.29) denselben Exponenten. Also ist $\text{kgV}(x, y, z) = \text{kgV}(x, \text{kgV}(y, z))$, womit Formel (9.5) bewiesen ist.

k) Gl. (9.5) erlaubt, den $\text{kgV}(x, y, z)$ in zwei Schritten zu berechnen. Dazu setzen wir $x = 410\,839$, $y = 34\,969$ und $z = 294\,151$. Mit dem Euklidischen Algorithmus erhält man

$$294\,151 = 8 \cdot 34\,969 + 14\,399, \qquad 34\,969 = 2 \cdot 14\,399 + 6171 \qquad (25.31)$$

$$14\,399 = 2 \cdot 6171 + 2057, \qquad 6171 = 3 \cdot 2057 \qquad (25.32)$$

Also ist $\text{ggT}(y, z) = 2057$. Einsetzen in Gl. (9.4) ergibt

$$\text{kgV}(y, z) = \frac{yz}{\text{ggT}(y, z)} = \frac{34\,969 \cdot 294\,151}{\text{ggT}(34\,969, 294\,151)} = \frac{10\,286\,166\,319}{2057} = 5\,000\,567$$

$$(25.33)$$

Im nächsten Schritt wenden wir den Euklidischen Algorithmus auf die Zahlen x und $\text{kgV}(y, z)$ an.

$$5\,000\,567 = 12 \cdot 410\,839 + 70\,499, \qquad 410\,830 = 5 \cdot 70\,499 + 58\,344 \qquad (25.34)$$

$$70\,499 = 1 \cdot 58\,344 + 12\,155, \qquad 58\,344 = 4 \cdot 12\,155 + 9724 \qquad (25.35)$$

$$12\,155 = 1 \cdot 9724 + 2431, \qquad 9724 = 4 \cdot 2431 \qquad (25.36)$$

Also ist $\text{ggT}(x, \text{kgV}(y, z)) = 2431$. Einsetzen in (9.4) liefert

$$\text{kgV}(x, y, z) = \frac{x \cdot \text{kgV}(y, z)}{\text{ggT}(x, \text{kgV}(y, z))} = \frac{410\,839 \cdot 5\,000\,567}{\text{ggT}(410\,839, 5\,000\,567)}$$

$$= \frac{2\,054\,427\,945\,713}{2431} = 845\,095\,823 \qquad (25.37)$$

Also ist $\text{kgV}(410\,839, 34\,969, 294\,151) = 845\,095\,823$.

Didaktische Anregung Die Lösung von Aufgabe l) erfordert mehrere Schritte und sollte den leistungsstärksten Kursteilnehmern vorbehalten sein.

l) Dividiert man die Gl. (9.4) durch $(\mathrm{ggT}(x, y))^2$, erhält man

$$\frac{\mathrm{kgV}(x, y)}{\mathrm{ggT}(x, y)} = \frac{xy}{(\mathrm{ggT}(x, y))^2} \tag{25.38}$$

Setzt man in die rechte Seite von (25.38) die Zahlenwerte ein und bestimmt vom Ergebnis der Division die Primfaktorzerlegung, erhält man

$$\frac{\mathrm{kgV}(x, y)}{\mathrm{ggT}(x, y)} = \frac{xy}{(\mathrm{ggT}(x, y))^2} = \frac{16\,687\,049\,515\,747}{158\,171^2} = 667 = 23 \cdot 29 \tag{25.39}$$

Multipliziert man den ersten und letzten Term von (25.39) mit $\mathrm{ggT}(x, y)$, ergibt das

$$\mathrm{kgV}(x, y) = 23 \cdot 29 \cdot \mathrm{ggT}(x, y) \tag{25.40}$$

Also kommt der Primfaktor 23 in $\mathrm{kgV}(x, y)$ einmal häufiger vor als in $\mathrm{ggT}(x, y)$. Daher tritt 23 in der Primfaktorzerlegung von x entweder einmal mehr oder einmal weniger auf als in der Primfaktorzerlegung von y. Das gleiche gilt für 29, während alle übrigen Primfaktoren von x und y (sofern es solche gibt) gleich häufig auftreten (d. h. mit denselben Exponenten), und genauso häufig treten sie auch in $\mathrm{ggT}(x, y)$ auf. Also ist

$$x, y \in \{\mathrm{ggT}(x, y), \mathrm{ggT}(x, y) \cdot 23, \mathrm{ggT}(x, y) \cdot 29, \mathrm{ggT}(x, y) \cdot 23 \cdot 29\}. \tag{25.41}$$

Der Wert von x legt y eindeutig fest. Aus dem zweiten und letzten Term in Gl. (25.39) folgt $xy = (\mathrm{ggT}(x, y))^2 \cdot 23 \cdot 29$ Vernachlässigt man zunächst die Voraussetzung $x > y$, gibt es 4 Lösungspaare für (x, y), und zwar ist $(x, y) \in \{(\mathrm{ggT}(x, y), \mathrm{ggT}(x, y) \cdot 23 \cdot 29), (\mathrm{ggT}(x, y) \cdot 23, \mathrm{ggT}(x, y) \cdot 29), (\mathrm{ggT}(x, y) \cdot 29, \mathrm{ggT}(x, y) \cdot 23), (\mathrm{ggT}(x, y) \cdot 23 \cdot 29, \mathrm{ggT}(x, y))\}$. Unter Berücksichtigung von $x > y$ bleiben das dritte und vierte Lösungspaar übrig, d. h.

$$(x, y) \in \{(\mathrm{ggT}(x, y) \cdot 29, \mathrm{ggT}(x, y) \cdot 23), (\mathrm{ggT}(x, y) \cdot 23 \cdot 29, \mathrm{ggT}(x, y))\} \tag{25.42}$$

Ersetzt man $\mathrm{ggT}(x, y)$ durch 158 171, folgt daraus, dass sich Patricia das Zahlenpaar $(x, y) = (4\,586\,959, 3\,637\,933)$ oder $(x, y) = (105\,500\,057, 158\,171)$ ausgedacht hat.

Mathematische Ziele und Ausblicke

Der Euklidische Algorithmus gehört zu den fundamentalsten Algorithmen in der Zahlentheorie. Der Euklidische Algorithmus kann nicht nur auf natürliche Zahlen, sondern auch in allgemeineren algebraischen Strukturen angewandt werden. Im Mittelstufenband wenden die Schüler den Euklidischen Algorithmus auf Polynome an, und sie lernen auch den erweiterten Euklidischen Algorithmus kennen. Den ersten Kontakt zu Algorithmen hatten die Schüler bereits im Grundschulband.

Der Euklidische Algorithmus ist normalerweise kein Schulstoff, wohl aber fester Bestandteil einführender Mathematikvorlesungen in die Zahlentheorie, und auch im

Informatikstudium steht er auf dem Lehrplan. Der Euklidische Algorithmus und der erweiterte Euklidische Algorithmus werden z. B. in der Kryptographie benötigt, etwa zum Erzeugen von RSA-Schlüsselpaaren.

Beschrieben wurde der Euklidische Algorithmus (genauer gesagt, eine geometrisch ausgerichtete Vorversion) bereits um 300 v. Chr. in Kap. VII (Prop. 2) in Euklids „Elementen", die zwei Jahrtausende großen Einfluss auf die Mathematik ausübten; vgl. z. B. (Crilly 2009) [14, S. 62 u. 108 ff.].

Kap. 10 befasst sich mit den binomischen Formeln. Es werden verschiedene Anwendungen behandelt. Ab Aufgabe g) verlassen die Anwendungen den üblichen Schulstoff. Sie entsprechen vielmehr fortgeschrittenen Aufgaben aus Mathematikwettbewerben.

Didaktische Anregung In a) und b) wiederholen die Schüler zunächst das Ausmultiplizieren von Klammertermen. Schüler in der Klassenstufe 7 sollten die binomischen Formeln bereits kennen, während sie für die jüngeren Schüler vermutlich Neuland sind. Daher werden sie in Kap. 10 vorgestellt und in c) und d) angewandt und nachgerechnet. Der Kursleiter kann Schülern, die die binomischen Formeln noch nicht kennen, individuell weitere einfache Übungsaufgaben zum Ausmultiplizieren und Anwenden der binomischen Formeln geben.

a) Es ist

$$3(x+5) = 3 \cdot x + 3 \cdot 5 = 3x + 15 \qquad (26.1)$$
$$6(6+y) = 6 \cdot 6 + 6 \cdot y = 36 + 6y \qquad (26.2)$$
$$3z(4+a) = 3z \cdot 4 + 3z \cdot a = 12z + 3az \qquad (26.3)$$

b) Es ist

$$(b-c)a = b \cdot a - c \cdot a = ab - ac \qquad (26.4)$$
$$(a+b)(c+d) = a \cdot c + a \cdot d + b \cdot c + b \cdot d = ac + ad + bc + bd \qquad (26.5)$$
$$(a-b)(-c+d) = -a \cdot c + a \cdot d + b \cdot c - b \cdot d = -ac + ad + bc - bd \quad (26.6)$$

S. Schindler-Tschirner und W. Schindler, *Mathematische Geschichten für begabte Schülerinnen und Schüler in der Unterstufe*,
https://doi.org/10.1007/978-3-658-50396-3_26

c) In Aufgabe c) werden die binomischen Formeln angewandt. Es ist

$$(x + 5)^2 = x^2 + 2 \cdot 5 \cdot x + 5^2 = x^2 + 10x + 25 \tag{26.7}$$
$$(a - 7)^2 = a^2 - 2 \cdot 7a + 7^2 = a^2 - 14a + 49 \tag{26.8}$$
$$(100 + z)(100 - z) = 100^2 - z^2 = 10\,000 - z^2 \tag{26.9}$$

d) Die binomischen Formeln verifiziert man durch das Ausmultiplizieren der Klammern und das anschließende Zusammenfassen von Termen.

$$(x + y)^2 = (x + y)(x + y) = x^2 + xy + yx + y^2 = x^2 + 2xy + y^2 \tag{26.10}$$
$$(x - y)^2 = (x - y)(x - y) = x^2 - xy - yx + (-y)^2 = x^2 - 2xy + y^2 \tag{26.11}$$
$$(x + y)(x - y) = x^2 - xy + yx + -y^2 = x^2 - y^2 \tag{26.12}$$

Didaktische Anregung In e) werden Brüche mit Hilfe binomischer Formeln gekürzt. Das ist standardmäßiger Schulstoff. In f) sehen wir, dass binomische Formeln auch beim Kopfrechnen nützlich sind. Obwohl naheliegend, scheint diese Anwendung weniger verbreitet zu sein. Die Aufgaben e) und f) sollten von allen Schülern ohne größere Probleme gelöst werden können.

e) Mit der ersten bzw. der dritten binomischen Formel erhält man

$$\frac{x + 2}{x^2 + 4x + 4} = \frac{x + 2}{(x + 2)^2} = \frac{1}{x + 2} \tag{26.13}$$
$$\frac{a^2 - b^2}{a + b} = \frac{(a + b)(a - b)}{a + b} = a - b \tag{26.14}$$

f) Es ist

$$102 \cdot 98 = (100 + 2)(100 - 2) = 100^2 - 2^2 = 10\,000 - 4 = 9996 \tag{26.15}$$
$$999 \cdot 1001 = (1000 - 1)(1000 + 1) = 1000^2 - 1^2 = 999\,999 \tag{26.16}$$
$$101^2 = (100 + 1)^2 = 100^2 + 2 \cdot 100 \cdot 1 + 1^2 = 10\,000 + 200 + 1 = 10\,201 \tag{26.17}$$

Die restlichen Aufgaben gehen über den Schulstoff hinaus. Die Suche nach Extremwerten (Minima und Maxima) findet normalerweise in der Oberstufe im Rahmen von Kurvendiskussionen statt. Beim alten MaRT-Fall, in Aufgabe h) und in Aufgabe i) werden binomische Formeln verwendet, um Minima und Maxima von quadratischen Termen zu bestimmen.

g) (alter MaRT-Fall) Ein Rechteck wird durch seine Seitenlängen a und b beschrieben. Wenn Willi ein quadratisches Beet anlegt, ist $a = b = 3$ m. Im allgemeinen Fall ist $a = 3 + x$, wobei x eine rationale Zahl > -3 ist. (Die Einheit m lassen wir

Abb. 26.1 Rechteckiges Radieschenbeet mit den Seitenlängen $3 + x$ und $3 - x$; quadratisches Beet mit Umfang 12 ist gestrichelt

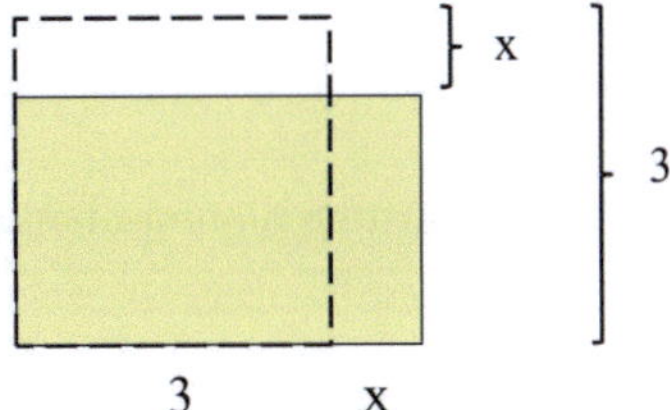

hier und im Folgenden weg.) Da der Umfang des Beetes 12 ist, gilt $2a + 2b = 12$, also $2b = 12 - 2a$ und damit $b = 6 - a$. Es folgt

$$b = 6 - a = 6 - (3 + x) = 6 - 3 - x = 3 - x \qquad (26.18)$$

Abb. 26.1 ergänzt 10.1. Für die Fläche A des Beetes folgt

$$A = (3 + x)(3 - x) = 9 - x^2 \qquad (26.19)$$

Da $x^2 \geq 0$ für alle $x \in Q$ gilt, erhält Willi das größte Beet, wenn $x^2 = 0$ ist. Das ist aber nur für $x = 0$ der Fall. Willi sollte daher ein quadratisches Beet mit der Seitenlänge 3 m anlegen.

h) Aus der zweiten binomischen Formel folgt

$$x^2 - 6x + 9 = (x - 3)^2 \qquad (26.20)$$

Da $(x - 3)^2 \geq 0$ ist, ist (26.20) minimal, wenn $x - 3 = 0$, d. h. falls $x = 3$ ist.

i) Diese Aufgabe löst man wie h). Allerdings ist hier ein zusätzlicher Schritt notwendig, um eine binomische Formel anwenden zu können. Dazu wird in (26.21) zunächst 2 addiert und gleich wieder subtrahiert.

$$x^2 + 4x + 2 = x^2 + 4x + 2 + 2 - 2 = x^2 + 4x + 4 - 2 \quad \text{und damit} \quad (26.21)$$
$$x^2 + 4x + 2 = (x + 2)^2 - 2 \qquad (26.22)$$

Wie in h) ist (26.22) minimal, falls $(x + 2)^2 = 0$ ist. Das ist für $x + 2 = 0$ der Fall, also für $x = -2$. Setzt man in (26.22) $x = -2$, erhält man $((-2) + 2)^2 - 2 = -2$. Daher ist -2 der kleinste Wert, den $x^2 + 4x + 2$ annehmen kann.

In den drei letzten Aufgaben lernen die Schüler einen neuen „Trick" kennen, nämlich das Faktorisieren. Faktorisieren ist häufig zielführend, wenn man ganzzahlige Lösungen einer Gleichung sucht. Dazu formt man eine Summe oder Differenz in ein Produkt um. Damit dieses Produkt einen bestimmten Wert annehmen kann (z. B. 101 in Aufgabe j)), müssen die Faktoren diesen Wert teilen. Dies schränkt die Anzahl der Lösungen deutlich ein. Faktorisieren ist ein geeigneter Ansatz zum Berechnen konkreter Lösungen, aber auch zum Führen von Beweisen.

Didaktische Anregung Vermutlich sind bei den Aufgaben j)–l) Hilfestellungen notwendig. Andererseits ist das prinzipielle Vorgehen, wenn man es erst einmal

gesehen hat, leicht zu verstehen (wenngleich nicht immer einfach anzuwenden). In
j) und k) treten als zusätzliche Schwierigkeit zwei lineare Gleichungen auf.

j) Mit der dritten binomischen Formel erhält man

$$n^2 - m^2 = (n + m)(n - m) = 101 \tag{26.23}$$

Für $n, m \in \mathbb{N}$ ist $n + m > 1$. Da 101 eine Primzahl ist, muss $n - m = 1$ sein,
weil 101 sonst ein Produkt von zwei natürlichen Zahlen wäre, die beide > 1
sind. Aus $n - m = 1$ folgt $n = m + 1$. Ersetzt man in Gl. (26.23) n durch $m + 1$,
erhält man $(n + m) \cdot 1 = (m + 1 + m) = 2m + 1 = 101$. Daraus folgt $m = 50$
und damit $n = 50 + 1 = 51$. Also ist $(n, m) = (51, 50)$ das einzige Lösungspaar.

k) Wie in Aufgabe j) erhält man zunächst

$$n^2 - m^2 = (n + m)(n - m) = 95 \tag{26.24}$$

Es ist $95 = 5 \cdot 19$ (Primfaktorzerlegung). Daher besitzt 95 vier Teiler, und zwar
$1, 5, 19$ und 95. Wegen $n + m > 0$ muss auch $n - m > 0$ sein. Da $n + m$ und
$n - m$ ganze Zahlen sind, folgt aus Gl. (26.24) $n + m, n - m \in \{1, 5, 19, 95\}$.
Wegen $n - m < n + m$ ist entweder $n - m = 1$ und $n + m = 95$, oder es ist $n - m = 5$ und $n + m = 19$. Im ersten Fall ist $n = m + 1$ und damit $2m + 1 = 95$,
also $m = 47$ und $n = 48$. Im zweiten Fall ist $n = m + 5$ und damit $2m + 5 = 19$,
also $m = 7$ und $n = 12$. Anders als in j) gibt es hier zwei Lösungspaare, und zwar
$(n, m) = (48, 47)$ und $(n, m) = (12, 7)$.

l) Ist $p + 1$ eine Quadratzahl, so existiert eine natürliche Zahl $n \in \mathbb{N}$, für die

$$p + 1 = n^2 \quad \text{und damit} \quad p = n^2 - 1 = (n + 1)(n - 1) \tag{26.25}$$

gilt. Es ist $n + 1 > 1$ für alle $n \in \mathbb{N}$, und weil p eine Primzahl ist, muss $n - 1 = 1$
sein. Daher kommt nur $n = 2$ als Lösung in Frage. Dann ist $p = 2^2 - 1 = 3$,
und 3 ist tatsächlich eine Primzahl. Daher ist $p = 3$ die einzige Primzahl, die die
geforderte Eigenschaft erfüllt.

Hinweis: Die Probe, ob $p = n^2 - 1$ eine Primzahl ist, ist notwendig. Man
betrachte z. B. die geänderte Aufgabenstellung, in der nicht $p + 1$, sondern
$p + 16$ eine Quadratzahl sein soll. Wie oben erhält man $p = (n + 4)(n - 4)$,
so dass nur $n = 5$ als Lösung in Frage kommt. Dann wäre $p = 9$, aber 9 ist keine
Primzahl.

Mathematische Ziele und Ausblicke

Die binomischen Formeln besitzen viele Anwendungsmöglichkeiten, die über den
normalen Schulunterricht hinausgehen. Daher haben sie Aufnahme in dieses Buch
gefunden. Die Schüler haben grundlegende Beweistechniken gelernt, die auch in
fortgeschrittenen Aufgaben von Mathematikwettbewerben in der Unter-, Mittel- und
Oberstufe regelmäßig vorkommen. Wie in den letzten Aufgaben liefert die geeignete
Anwendung einer binomischen Formel dort meist nur einen Beweisschritt, aber nicht

die gesamte Lösung. Der interessierte Leser sei z. B. auf die Mathematik-Olympiaden [44,45] (581 231, 521 141, 510 923 usw.) verwiesen. Fortgeschrittene Aufgaben zum Faktorisieren findet man z. B. in (Meier 2003) [47, Kap. 6]. Binomische Formeln existieren nicht nur für den Exponenten 2, sondern für alle natürlichen Zahlen. Der Mittelstufenband widmet dieser Thematik zwei Kapitel.

In den Mathematische Geschichten für begabte Grundschülerinnen und Grundschüler (Schindler-Tschirner und Schindler 2025) [64] wurde die Modulo-Rechnung in Kap. 17 und 18 eingeführt und angewandt. Im Unterstufenband behandeln Kap. 11 und 12 die Modulo-Rechnung. Aufgrund der altersbedingt größeren intellektuellen Reife der Schüler und wegen des in der Zwischenzeit erlernten Schulstoffs wird das Verständnis der Modulo-Rechnung deutlich vertieft, und es werden schwierigere Aufgaben behandelt.

Anmerkung: Viele Lehrwerke führen die Modulo-Rechnung wie folgt ein: Es ist $a \equiv b \bmod m$, falls m die Differenz $a - b$ teilt (z. B. (Menzer et al. 2014) [48, Definition 2.4.1]). Dies ist jedoch zur modulo-Definition in Definition 11.2 äquivalent, wovon man sich leicht überzeugen kann (vgl. [48, Satz 2.4.1]). Wir haben uns für Definition 11.2 entschieden, weil sie sich unmittelbar an Divisionsresten orientiert und für Unterstufenschüler anschaulicher sein sollte.

Didaktische Anregung Natürlich sind Schüler, die bereits mit dem Grundschulband gearbeitet haben, gegenüber den anderen Kursteilnehmern zunächst im Vorteil. Allerdings werden diese Vorkenntnisse nicht vorausgesetzt. In Kap. 11 wiederholen Anna und Bernd in einem Dialog mit Theresa die wichtigsten Eigenschaften der Modulo-Rechnung, die sie im Grundschulband [64] gelernt haben. Die Aufgabe a) ist ziemlich einfach und dient zur Wiederholung bzw. zum Erlernen, wie man die Modulo-Rechnung auf nicht-negative Zahlen anwendet. Abhängig von der Zusammensetzung des Kurses kann es hilfreich sein, wenn der Kursleiter noch weitere Übungsaufgaben stellt.

S. Schindler-Tschirner und W. Schindler, *Mathematische Geschichten für begabte Schülerinnen und Schüler in der Unterstufe*, https://doi.org/10.1007/978-3-658-50396-3_27

a) Die Aufgabe a) beschränkt sich auf positive Zahlen.

$$\text{Es ist } 20 : 12 = 1 \text{ Rest } 8. \text{ Daher ist } 20 \equiv 8 \bmod 12 \qquad (27.1)$$
$$\text{Es ist } 32 : 12 = 2 \text{ Rest } 8. \text{ Daher ist } 32 \equiv 8 \bmod 12 \qquad (27.2)$$
$$\text{Es ist } 20 : 7 = 2 \text{ Rest } 6. \text{ Daher ist } 20 \equiv 6 \bmod 7 \qquad (27.3)$$
$$\text{Es ist } 20 : 8 = 2 \text{ Rest } 4. \text{ Daher ist } 20 \equiv 4 \bmod 8 \qquad (27.4)$$

Es sind also $a = 8$, $b = 8$, $c = 6$ und $d = 4$.

b) Aufgabe b) ist ebenfalls eine Rechenaufgabe. Allerdings werden jetzt die Reste von negativen Zahlen berechnet. Dazu stellen wir diese Zahlen dar, wie Theresa dies in Kap. 11 erklärt hat.

$$\text{Es ist } -20 = (-2) \cdot 12 + 4. \text{ Daher ist } -20 \equiv 4 \bmod 12 \qquad (27.5)$$
$$\text{Es ist } -32 = (-3) \cdot 12 + 4. \text{ Daher ist } -32 \equiv 4 \bmod 12 \qquad (27.6)$$
$$\text{Es ist } -20 = (-3) \cdot 7 + 1. \text{ Daher ist } -20 \equiv 1 \bmod 7 \qquad (27.7)$$
$$\text{Es ist } -20 = (-3) \cdot 8 + 4. \text{ Daher ist } -20 \equiv 4 \bmod 8 \qquad (27.8)$$

Es sind also $a = 4$, $b = 4$, $c = 1$ und $d = 4$.

c) In Aufgabe c) nutzen wir den „Additionstrick", den Theresa erklärt und in (11.6) und (11.7) angewandt hat. Dies kann auch schrittweise geschehen (3. Teilaufgabe).

$$-120 \equiv -120 + 10 \cdot 13 \equiv -120 + 130 \equiv 10 \bmod 13 \qquad (27.9)$$
$$-1232 \equiv -1232 + 124 \cdot 10 \equiv -1232 + 1240 \equiv 8 \bmod 10 \qquad (27.10)$$
$$-1000 \equiv -1000 + 700 \equiv -300 \equiv -300 + 350 \equiv 50 \equiv 1 \bmod 7 \quad (27.11)$$
$$-20 \equiv -20 + 23 \equiv 3 \bmod 23 \qquad (27.12)$$

Es sind also $a = 10$, $b = 8$, $c = 1$ und $d = 3$.

d) Es ist $7 : 4 = 1$ Rest 3, also ist $7 \equiv 3 \bmod 4$. Daher ist 7 zu jeder ganzen Zahl modulo 4 kongruent, die bei einer Division durch 4 den Rest 3 besitzt. Also ist $7 \equiv y \bmod 4$ für alle $y \in M$, wobei

$$M = \{a \cdot 4 + 3 \mid a \in Z\}, \quad \text{d.h. } M = \{\ldots, -5, -1, 3, 7, 11, \ldots\} \qquad (27.13)$$

Didaktische Anregung Einen Beweis der Rechenregeln (11.3) und (11.5) findet man z. B. in (Menzer et al. 2014) [48, Satz 2.4.2, R4) u. R6)]. Der Beweis ist relativ einfach und kann auch als Aufgabe gestellt werden. Rechenregel (11.4) folgt direkt aus den Rechenregeln (11.3) und (11.5), da $-z = +(-1)z$ und $-z' = +(-1)z'$ ist. Falls Schüler dies nicht selbst ansprechen, braucht dies nicht thematisiert werden.

e) Es ist

$$15 + 128 \equiv 15 + 8 \equiv 23 \bmod 24 \quad \text{und} \tag{27.14}$$

$$15 - 49 \equiv 15 - 1 \equiv 14 \bmod 24 \quad \text{und} \tag{27.15}$$

Also ist es in 128 h ist es 23 Uhr, und vor 49 h war es 14 Uhr. In (27.15) wurde ausgenutzt, dass $49 = 2 \cdot 24 + 1 \equiv 1 \bmod 24$ ist. Alternativ könnte man anstelle von -1 auch 23 addieren.

f) Es ist

$$365 = 52 \cdot 7 + 1 \equiv 1 \bmod 7 \quad \text{und} \quad 366 = 365 + 1 \equiv 1 + 1 \equiv 2 \bmod 7 \tag{27.16}$$

Georg wird am 17. April 2031 18 Jahre alt. Zwischen Georgs 12. und 18. Geburtstag liegen genau 6 Jahre. In diesem Zeitraum liegt ein Schalttag (29. Februar 2028). Die linke Summe in (27.17) entspricht der Anzahl der Tage zwischen Georgs 12. und 18. Geburtstag.

$$365 + 365 + 366 + 365 + 365 + 365 \equiv 1 + 1 + 2 + 1 + 1 + 1$$
$$\equiv 7 \equiv 0 \bmod 7 \tag{27.17}$$

Also feiert Georg seinen 18. Geburtstag ebenfalls an einem Donnerstag. Am 17. April 2025 ist Georg genau 12 Jahre alt. Ignoriert man zunächst die Schalttage, sind dies $12 \cdot 365$ Tage. Hinzu kommen drei Schalttage (29. Februar 2016, 29. Februar 2020, 29. Februar 2024). Das negative Vorzeichen ergibt sich aus der Tatsache, dass die Geburt in der Vergangenheit liegt.

$$-(12 \cdot 365 + 3) \equiv -(5 \cdot 1 + 3) \equiv -8 \equiv -1 \bmod 7 \tag{27.18}$$

Also wurde Georg an einem Mittwoch geboren.

Anmerkung: Der Rechenweg ist analog zum ersten Teil der Aufgabe, aber etwas geschickter, da die Schalttage separat zusammengefasst werden.

g) Für diese Aufgabe kann es natürlich keine Musterlösung geben.

Didaktische Anregung In Aufgabe h) wird die Rechenregel (11.10) bewiesen. Faktisch wird ein Induktionsbeweis geführt, ohne dass dies explizit thematisiert wird. Es ist zu erwarten, dass diese Aufgabe zumindest einigen Schülern Probleme bereiten wird. Der Kursleiter kann diesen Beweis zurückstellen oder auch ganz weglassen. Allerdings sollte die Rechenregel (11.10) auf jeden Fall an dieser Stelle besprochen werden, weil sie in den darauffolgenden Aufgaben benötigt wird.

h) Für $n = 1$ gibt es nichts zu zeigen, und für $n = 2$ ist $x^2 = x \cdot x$ und $(x')^2 = x' \cdot x'$, sodass Rechenregel (11.10) direkt aus der Multiplikationsregel (11.5) folgt. Ebenso gilt

$$x^3 \equiv x^2 \cdot x \equiv (x')^2 \cdot x' \equiv (x')^3 \bmod m \tag{27.19}$$

Dies folgt aus (11.5) für $y = x^2$, $y' = (x')^2$, $z = x$ und $z' = x'$, denn wir wissen ja bereits, dass $x^2 \equiv (x')^2$ mod m gilt. Wie in (27.19) zeigt man Schritt für Schritt, dass (11.10) nicht nur für $n = 1, 2, 3$ gilt, sondern auch für $n = 4, 5, \ldots$. Damit ist (11.10) bewiesen.

i) Wir müssen zeigen, dass die Summe $4^{2020} + 5^{2021}$ den Dreierrest 0 besitzt. Wendet man die Rechenregel für Potenzen (11.10) auf 4^{2020} und 5^{2021} an, erhält man

$$4^{2020} + 5^{2021} \equiv 1^{2020} + 2^{2021} \equiv 1 + 2^{2021} \text{ mod } 3 \tag{27.20}$$

Damit haben wir unser Problem schon deutlich vereinfacht. Es muss aber noch der Dreierrest von 2^{2021} berechnet werden. Hierzu bieten sich zwei Möglichkeiten an: So ist $-1 \equiv -1 + 3 \equiv 2$ mod 3. Ersetzt man in (27.20) in der letzten Potenz die Basis 2 durch -1, so folgt, weil 2021 ungerade ist,

$$4^{2020} + 5^{2021} \equiv 1 + 2^{2021} \equiv 1 + (-1)^{2021} \equiv 1 - 1 \equiv 0 \text{ mod } 3 \tag{27.21}$$

womit der Beweis abgeschlossen ist. (Hier hat sich die Kongruenz zu einer negativen Zahl als äußerst nützlich herausgestellt.)

Daneben existiert eine allgemeinere Beweisidee, die auch für Basen geeignet ist, die nicht kongruent -1 modulo m sind. Es ist nämlich $2^2 \equiv 4 \equiv 1$ mod 3 und $2021 = 1 + 1010 \cdot 2$. Wendet man die bekannten Potenzgesetze auf 2^{2021} an, folgt aus (27.20)

$$4^{2020} + 5^{2021} \equiv 1 + 2^{2021} \equiv 1 + 2^1 \cdot 2^{2020} \equiv 1 + 2 \cdot (2^2)^{1010}$$
$$\equiv 1 + 2 \cdot 1^{1010} \equiv 1 + 2 \cdot 1 \equiv 1 + 2 \equiv 0 \text{ mod } 3 \tag{27.22}$$

Damit ist ein zweiter Beweis für diese Aufgabe gelungen.

j) Wendet man die Rechenregel für Potenzen (11.10) auf 10^n an, erhält man wegen $10 \equiv 1$ mod 9

$$(10)^n \equiv 1^n \equiv 1 \text{ mod } 9 \quad \text{für alle } n \in \mathbb{N} \tag{27.23}$$

k) Vorüberlegung: Angenommen, die Zahl n besteht (von links nach rechts gelesen) aus den k Ziffern $b_{k-1} b_{k-2} \ldots b_0$, wobei $k \in \mathbb{N}$ ist. Dann ist

$$n = b_{k-1} \cdot 10^{k-1} + b_{k-2} \cdot 10^{k-2} + \cdots + b_1 \cdot 10 + b_0 \tag{27.24}$$

Diese Vorüberlegung wird auch in den folgenden Aufgaben verwendet.
In dieser Aufgabe gilt es, den 9er-Rest von (27.24) zu berechnen. Aus der Rechenregel (11.9) wissen wir, dass wir die Summanden und deren Faktoren in (27.24) getrennt behandeln dürfen. Die Koeffizienten $b_{k-1}, \ldots, b_0$ lassen wir einfach stehen (sie sind kongruent zu sich selbst), aber die Zehnerpotenzen ersetzen wir unter Berücksichtigung von (27.23) durch 1. Dies ergibt

$$n = b_{k-1} \cdot 10^{k-1} + b_{k-2} \cdot 10^{k-2} + \cdots + b_1 \cdot 10 + b_0 \equiv \tag{27.25}$$
$$b_{k-1} \cdot 1 + b_{k-2} \cdot 1 + \cdots + b_1 \cdot 1 + b_0 \equiv b_{k-1} + b_{k-2} + \cdots + b_1 + b_0 \text{ mod } 9$$

Damit ist k) bewiesen.

l) In l) führen wir die gleichen Teilschritte durch wie in j) und k), jedoch für den Modul 3 anstelle von 9.

$$(10)^j \equiv 1^j \equiv 1 \bmod 3 \quad \text{für alle } j \in \mathbb{N} \quad \text{und damit} \tag{27.26}$$

$$n \equiv b_{k-1} \cdot 1 + \cdots + b_1 \cdot 1 + b_0 \equiv b_{k-1} + \cdots + b_1 + b_0 \bmod 3 \tag{27.27}$$

m) Das allgemeine Vorgehen (zunächst die Zehnerpotenzen betrachten) kennen wir bereits. Da 10 ohne Rest durch 5 teilbar ist, ist $10 \equiv 0 \bmod 5$. Damit folgt aus (27.24)

$$(10)^j \equiv 0^j \equiv 0 \bmod 5 \quad \text{für alle } j \in \mathbb{N} \quad \text{und damit} \tag{27.28}$$

$$n \equiv b_{k-1} \cdot 0 + \cdots + b_1 \cdot 0 + b_0 \equiv b_0 \bmod 5 \tag{27.29}$$

n) Es ist $10 \equiv 0 \bmod 2$. Damit gilt auch $10^j \equiv 0^j \equiv 0 \bmod 2$ für alle $j \geq 1$. Daraus folgt

$$n = b_{k-1} \cdot 10^{k-1} + b_{k-2} \cdot 10^{k-2} + \cdots + b_1 \cdot 10 + b_0$$
$$\equiv b_{k-1} \cdot 0 + \cdots + b_1 \cdot 0 + b_0 \equiv b_0 \bmod 2 \tag{27.30}$$

o) Für $k = 1$ oder $k = 2$ ist die Teilbarkeitsregel offensichtlich richtig. Wir beweisen jetzt, dass sie auch für $k \geq 3$ richtig ist. Wegen $100 : 4 = 25$ ist $10^2 = 100 \equiv 0 \bmod 4$. Daraus folgt

$$(10)^j \equiv (10)^{j-2} \cdot 10^2 \equiv (10)^{j-2} \cdot 0 \equiv 0 \bmod 4 \quad \text{für alle } j \geq 2, \tag{27.31}$$

$$n \equiv b_{k-1} \cdot 0 + \cdots + b_2 \cdot 0 + b_1 \cdot 10 + b_0 \equiv b_1 \cdot 10 + b_0 \bmod 4 \tag{27.32}$$

p) (alter MaRT-Fall) Wir gehen wie in den vorherigen Aufgaben vor. Allerdings muss hier zwischen Zehnerpotenzen mit geradem und ungeradem Exponenten unterschieden werden. Aus $10 \equiv -1 \bmod 11$ folgt

$$10^j \equiv (-1)^j \bmod 11 \qquad \text{für alle } j \in \mathbb{N}, \quad \text{und damit} \tag{27.33}$$

$$n \equiv b_{k-1} \cdot 10^{k-1} + \cdots + b_2 \cdot 10^2 + b_1 \cdot 10 + b_0$$
$$\equiv b_{k-1} \cdot (-1)^{k-1} + b_{k-2} \cdot (-1)^{k-2} + \cdots + b_2 - b_1 + b_0 \bmod 11$$
$$\tag{27.34}$$

(In (27.34) wurde $(-1)^j$ für $j = 0, 1, 2$ ausgerechnet.) Schreibt man die rechte Seite von (27.34) in umgekehrter Reihenfolge, erhält man $n \equiv b_0 - b_1 + b_2 - \cdots + (-1)^{k-1} b_{k-1} \bmod 11$ (alternierende Vorzeichen ‚+' und ‚−'). Gleichung (27.35) illustriert die Teilbarkeitsregel für 11 an einem Beispiel. Dazu gehen wir die Ziffern von rechts nach links durch.

$$6\,529\,561 \equiv 1 - 6 + 5 - 9 + 2 - 5 + 6 \equiv -6 \equiv -6 + 11 \equiv 5 \bmod 11 \tag{27.35}$$

Um die Wette zu gewinnen, hätte Peter Sponsio innerhalb einer Minute lediglich 30 Ziffern addieren und subtrahieren und anschließend den 11er-Rest der Summe berechnen müssen. Mit etwas Übung sollte dies problemlos möglich sein. Deswegen hat die MaRT Ernst dringend davon abgeraten, die Wette anzunehmen.

Anmerkung: Wenn man nur mit nichtnegativen Resten rechnet, erhält man die Kongruenz $n \equiv b_0 + 10 \cdot b_1 + b_2 + 10 b_3 + \cdots \bmod 11$. Das ist ebenfalls korrekt, aber es treten beim Summieren größere Zwischenwerte auf.

Didaktische Anregung Die Teilbarkeitsregel (11.13) ist schwieriger zu beweisen als die anderen Teilbarkeitsregeln, die die Schüler in diesem Kapitel bereits kennengelernt haben. Es liegt im Ermessen des Kursleiters, die Aufgabe q) nur ausgewählten Schülern zu geben oder sie ganz wegzulassen.

q) vgl. die Musterlösung zu Aufgabe r)

r) Aus Theresas Hinweis, $1001 = 7 \cdot 11 \cdot 13$, folgt unmittelbar $1001 \equiv 0 \bmod 7$. Also ist $1000 \equiv -1 \bmod 7$ und $1000^j \equiv (-1)^j \bmod 7$ für $j \geq 1$. Mit dieser Vorüberlegung ist der Beweis von Aufgabe q) nicht mehr schwierig.

$$n = a_{k-1} \cdot 1000^{k-1} + a_{k-2} \cdot 1000^{k-2} + \cdots + a_1 \cdot 1000 + a_0$$
$$\equiv a_{k-1} \cdot (-1)^{k-1} + a_{k-2} \cdot (-1)^{k-2} + \cdots + a_1 \cdot (-1) + a_0 , \quad (27.36)$$

Anmerkung: (i) Die entscheidende Idee war $1000 \equiv -1 \bmod 7$. Es war also wieder nützlich, die Kongruenz zu einer negativen Zahl (-1) auszunutzen.

(ii) Diese Teilbarkeitsregel läßt sich leicht auf die Zahlen 11 und 13 übertragen. Allerdings kennen wir für die 11 aus dem alten MaRT-Fall schon eine Teilbarkeitsregel, die einfacher zu handhaben ist, weil kleinere Zahlen auftreten.

s) Einsetzen in (11.13) ergibt

$$123\,456\,789 \equiv 123 - 456 + 789 \equiv 456 \equiv 1 \bmod 7 \qquad (27.37)$$

Mathematische Ziele und Ausblicke

Die Modulo-Rechnung spielt in der Zahlentheorie eine wichtige Rolle (vgl. z. B. Menzer et al. [48]) und wird in einführenden Universitätsvorlesungen zur Zahlentheorie gelehrt. Es existieren Verallgemeinerungen der Modulo-Rechnung über die ganzen Zahlen hinaus in allgemeineren algebraischen Strukturen. Die Modulo-Rechnung findet auch in der Kryptographie reichlich Anwendung, vor allem bei den sogenannten asymmetrischen Algorithmen. Das bekannteste Beispiel ist der RSA-Algorithmus.

Die Modulo-Rechnung wird im Mathematikunterricht normalerweise nicht behandelt. Sie ist aber für viele Aufgaben in Mathematikwettbewerben äußerst nützlich. Beispielhaft sei auf Aufgaben der Mathematik-Olympiaden [44,45] (z. B. 591 213, 520 844, 471 034, 440 932, 440 944, 371 335, 360 832) und des Bundeswettbewerbs

Mathematik [76] (z. B. 2014, 2. Runde, 1. Aufgabe; 2017, 1. Runde, 4. Aufgabe) verwiesen. Im Hinblick auf Mathematikwettbewerbe, aber auch wegen der vielfältigen Anwendungsmöglichkeiten in der Zahlentheorie, von denen Kap. 11 und 12 einen ersten Eindruck vermitteln, haben wir die Modulo-Rechnung in diesem Band erneut aufgegriffen. Im Vergleich zu den Mathematische Geschichten für begabte Grundschülerinnen und Grundschüler (Schindler-Tschirner und Schindler 2025) [64, Kap. 17 u. 18], wurde sie deutlich vertieft.

In Kap. 12 wird die Modulo-Rechnung fortgesetzt und weiter vertieft. Der größte Teil dieses Kapitels befasst sich mit quadratischen Resten. Damit kann man in vielen Fällen mit nur geringem Aufwand nachweisen, dass gegebene (große) Zahlen oder gar unendliche Mengen von Zahlen keine Quadratzahlen sein bzw. keine Quadratzahlen enthalten können.

Didaktische Anregung Aufgabe a) wiederholt und übt Rechenregeln für die Modulo-Rechnung, die im letzten Kapitel besprochen wurden. Je nach dem Leistungsstand der Schüler kann es hilfreich oder notwendig sein, wenn der Kursleiter weitere ähnlich gelagerte, einfache Übungsaufgaben stellt.

a) Hier werden die Rechenregeln für die Modulo-Rechnung aus Kap. 11 angewendet.

$$102 : 4 = 25 \text{ Rest } 2. \text{ Daher ist } 102 \equiv 2 \bmod 4 \tag{28.1}$$

$$-319 \equiv -319 + 30 \cdot 11 \equiv -319 + 330 \equiv 11 \equiv 0 \bmod 11 \tag{28.2}$$

$$34 \cdot 56 + 27 \cdot 58 - 23 \cdot 98 \equiv 8 \cdot 4 + 1 \cdot 6 - 10 \cdot 7 \equiv 32 + 6 - 70 \equiv$$
$$-32 \equiv -32 + 39 \equiv 7 \bmod 13 \tag{28.3}$$

$$7^{294} + 9^{312} \equiv (-1)^{294} + 1^{312} \equiv 1 + 1 \equiv 2 \bmod 8 \tag{28.4}$$

Es sind also $a = 2$, $b = 0$, $c = 7$ und $d = 2$.

Anmerkung: Definition 12.1 folgt (Menzer et al. 2014) [48, Definition 5.3.3]. In vielen Werken zur Zahlentheorie wird in der Definition der quadratischen Reste die zusätzliche Eigenschaft $\mathrm{ggT}(y, m) = 1$ verlangt. Natürlich beeinflusst die Wahl der Definition nicht die Lösungen der Aufgaben.

S. Schindler-Tschirner und W. Schindler, *Mathematische Geschichten für begabte Schülerinnen und Schüler in der Unterstufe*, https://doi.org/10.1007/978-3-658-50396-3_28

b) Wir bestimmen die Mengen QR_3 und QR_4. Wegen (12.5) genügt es, alle Elemente aus Z_3 bzw. Z_4 zu quadrieren und dann die 3er- bzw. 4er-Reste der Quadrate zu bestimmen.

  (i) $0^2 \equiv 0 \bmod 3$, $1^2 \equiv 1 \bmod 3$, $2^2 \equiv 4 \equiv 1 \bmod 3$. Also ist $QR_3 = \{0, 1\}$.

  (ii) $0^2 \equiv 0 \bmod 4$, $1^2 \equiv 1 \bmod 4$, $2^2 \equiv 4 \equiv 0 \bmod 4$, $3^2 \equiv 9 \equiv 1 \bmod 4$. Also ist $QR_4 = \{0, 1\}$.

Didaktische Anregung Da Anna und Bernd die Aufgabe c) zunächst nicht lösen können, nimmt dies Theresa zum Anlass, an dieser Stelle gemeinsam mit Anna und Bernd den Zusammenhang zwischen quadratischen Resten und Quadratzahlen genauer zu beleuchten. Sofern kein Schüler eine Lösung zu c) präsentiert, erscheint es sinnvoll, wenn der Kursleiter diese Überlegungen parallel zur Lösung von c) bespricht. Er kann auch darauf hinweisen, dass auch Anna und Bernd nicht alle Aufgaben selbstständig lösen können.

c) Aus der Teilbarkeitsregel für die Zahl 4 (vgl. Kap. 11, Aufgabe o)) folgt zunächst

$$z = 9999\ldots999 \equiv 99 \equiv 3 \bmod 4 \qquad (28.5)$$

Aus Aufgabe b) wissen wir, dass $3 \notin QR_4$ ist. Da 3 kein quadratischer Rest modulo 4 ist, kann z keine Quadratzahl sein.

Didaktische Anregung Aufgabe d) ähnelt c), und e) stellt den Bezug zu den binomischen Formeln her, die in Kap. 10 behandelt wurden. Außerdem erinnert e) die Schüler daran, stets wachsam zu sein und „ergebnisoffen" zu denken.

d) Während wir in c) modulo 4 gerechnet haben, führt hier der Dreierrest zum Ziel.

$$3^{2021} - 4 \equiv 0^{2021} - 4 \equiv -4 \equiv -4 + 6 \equiv 2 \bmod 3 \qquad (28.6)$$

Aus Aufgabe b) wissen wir bereits, dass $2 \notin QR_3$ ist. Daher kann $3^{2021} - 4$ keine Quadratzahl sein.

e) Wegen

$$z = 2^{2022} - 2^{1012} + 1 = \left(2^{1011}\right)^2 - 2 \cdot 2^{1011} + 1 = (2^{1011} - 1)^2 \qquad (28.7)$$

ist z eine Quadratzahl.

Anmerkung: Anders als in c) und d) ist z eine Quadratzahl. Es liegt auf der Hand, dass alle Versuche, mit Hilfe von quadratischen Resten das Gegenteil nachzuweisen, scheitern müssen.

f) Es ist

$$0^2 \equiv 0 \bmod 10, \quad 1^2 \equiv 1 \bmod 10, \quad 2^2 \equiv 4 \bmod 10, \quad 3^2 \equiv 9 \bmod 10,$$
$$4^2 \equiv 16 \equiv 6 \bmod 10, \quad 5^2 \equiv 25 \equiv 5 \bmod 10, \quad 6^2 \equiv 36 \equiv 6 \bmod 10,$$
$$7^2 \equiv 49 \equiv 9 \bmod 10, \quad 8^2 \equiv 64 \equiv 4 \bmod 10, \quad 9^2 \equiv 81 \equiv 1 \bmod 10,$$
$$\text{also ist} \quad \mathrm{QR}_{10} = \{0, 1, 4, 5, 6, 9\} \tag{28.8}$$

g) Wir bestimmen zunächst QR_9. Wegen (12.6) genügt es, die Quadrate von $r = 0, 1, 2, 3, 4$ zu berechnen. Für $r = 5, 6, 7, 8$ ist das nicht nötig, weil $9 - 4 = 5$, $9 - 3 = 6, 9 - 2 = 7$ und $9 - 1 = 8$ ist. Mit diesen Vorüberlegungen folgt

$$0^2 \equiv 0 \bmod 9, \quad 1^2 \equiv 1 \bmod 9, \quad 2^2 \equiv 4 \bmod 9,$$
$$3^2 \equiv 9 \equiv 0 \bmod 9, \quad 4^2 \equiv 16 \equiv 7 \bmod 9,$$
$$\text{also ist} \quad \mathrm{QR}_9 = \{0, 1, 4, 7\} \tag{28.9}$$

Um QR_{16} zu bestimmen, genügt es, die Quadrate für $r = 0, \ldots, 8$ zu berechnen.

$$0^2 \equiv 0 \bmod 16, \quad 1^2 \equiv 1 \bmod 16, \quad 2^2 \equiv 4 \bmod 16,$$
$$3^2 \equiv 9 \bmod 16, \quad 4^2 \equiv 16 \equiv 0 \bmod 16, \quad 5^2 \equiv 25 \equiv 9 \bmod 16$$
$$6^2 \equiv 36 \equiv 4 \bmod 16, \quad 7^2 \equiv 49 \equiv 1 \bmod 16, \quad 8^2 \equiv 64 \equiv 0 \bmod 16,$$
$$\text{also ist} \quad \mathrm{QR}_{16} = \{0, 1, 4, 9\} \tag{28.10}$$

Man beachte: Obwohl $16 > 10$ ist, ist die Menge QR_{16} kleiner als QR_{10}.

h) Es sei $r \in \mathrm{QR}_m$. Dann gibt es ein $z \in \mathbb{Z}$, für das $z^2 \equiv r \bmod m$ gilt. Wegen $(-z)^2 = z^2$ können wir $z \geq 0$ wählen. Daraus folgt

$$(z + km)^2 \equiv z^2 + 2zkm + k^2 m^2 \equiv z^2 + 0 + 0 \equiv z^2$$
$$\equiv r \bmod m \quad \text{für alle } k \in \mathbb{N} \tag{28.11}$$

Da $(z + km)$ für wachsendes k immer größer wird, gibt es unendlich viele Quadratzahlen, die kongruent r modulo m sind. Damit ist die Aussage bewiesen.

Nach diesen Vorarbeiten sollte der alte MaRT-Fall nicht mehr allzu schwierig sein.

i) (alter MaRT-Fall) Wir nutzen die gleiche Beweisidee wie in c) und d), um zu beweisen, dass $7n + 3$ für keine natürliche Zahl n eine Quadratzahl sein kann. Eine zusätzliche Schwierigkeit besteht darin, einen geeigneten Modul m zu finden. Es bietet sich an, $m = 7$ auszuprobieren, weil $7n \equiv 0 \bmod 7$ für alle $n \in \mathbb{N}$ ist. Die Menge QR_7 berechnet man wie in Aufgabe g): $0^2 \equiv 0 \bmod 7$, $1^2 \equiv 1 \bmod 7, 2^2 \equiv 4 \bmod 7, 3^2 \equiv 9 \equiv 2 \bmod 7$. Es ist also

$$7n + 3 \equiv 0 \cdot n + 3 \equiv 3 \bmod 7 \quad \text{und} \quad \mathrm{QR}_7 = \{0, 1, 2, 4\} \tag{28.12}$$

Die Zahl 3 ist kein quadratischer Rest modulo 7, und deshalb kann es keine Quadratzahl der Form $7n + 3$ geben. Das hat die MaRT Emilia erklärt, und Emilia hat die (aussichtslose) Suche dann beruhigt aufgegeben.

Anmerkung: Der Wahl eines geeigneten Moduls m kommt entscheidende Bedeutung zu. Beispielsweise wären wir mit $m = 4$ nicht zum Ziel gekommen, weil für $n = 1, 2, 3, 4$ der Term $7n + 3$ alle möglichen Reste modulo 4 annimmt.

j) Es ist $7n + 1 \equiv 1 \bmod 7$, und alle natürlichen Zahlen, die kongruent 1 modulo 7 sind, sind von dieser Form (für ein $n \in \mathbb{N}_0$). Aus (28.12) wissen wir bereits, dass $1 \in \mathrm{QR}_7$ ist. Die Behauptung folgt dann unmittelbar aus h).

Anmerkung: Den Beweis kann man auch direkt führen, ohne auf h) und i) zurückzugreifen: Es ist $36 = 6^2$ eine Quadratzahl, für die $36 \equiv 1 \bmod 7$ gilt. Die Menge $\{(6 + 7k)^2 \mid k \in \mathbb{N}_0\}$ enthält unendlich viele Quadratzahlen, deren 7er-Rest 1 ist.

Didaktische Anregung Zur Veranschaulichung von Aufgabe l) kann es hilfreich sein, wenn die Schüler dies zunächst an einem Whiteboard oder auf einem Blatt Papier praktisch ausprobieren.

k) Für alle $y \in Z$ gilt $2y \equiv 2 \cdot y \equiv 0 \bmod 2$. Daraus folgt, dass modulo 2 Addieren und Subtrahieren gleichwertig sind, was z. B. in l) ausgenutzt wird:

$$x - y \equiv x - y + 2y \equiv x + y \bmod 2 \tag{28.13}$$

l) Zur Lösung der Aufgabe stellen wir zunächst eine Vorüberlegung an.
Vorüberlegung: Angenommen, es stehen noch $k \geq 2$ ganze Zahlen $b_1, \ldots, b_k$ auf dem Whiteboard. Wenn der nächste Schüler z. B. die Zahlen b_{k-1} und b_k durchstreicht und deren Differenz $b_{k-1} - b_k$ hinschreibt, stehen die Zahlen $b_1, \ldots, b_{k-2}, b_{k-1} - b_k$ auf dem Whiteboard (für $k = 2$ nur noch $b_{k-1} - b_k$). Gl. (28.13) besagt, dass wir $2b_k$ addieren dürfen, ohne dass dies die Summe modulo 2 ändert. Daraus folgt

$$b_1 + \cdots + b_{k-2} + (b_{k-1} - b_k) \equiv b_1 + \cdots + b_{k-2} + b_{k-1} - b_k + 2b_k \equiv \tag{28.14}$$
$$b_1 + \cdots + b_{k-2} + b_{k-1} + b_k \bmod 2 \tag{28.15}$$

Folglich bleibt die Summe der Zahlen modulo 2 konstant, wenn man b_{k-1} und b_k durch $b_{k-1} - b_k$ ersetzt. Die gleiche Argumentation gilt, wenn der Schüler $b_k - b_{k-1}$ anschreibt oder zwei andere Zahlen als b_{k-1} und b_k auswählt.

Aus der Vorüberlegung folgt, dass die Summe der Zahlen, die auf dem Whiteboard stehen, modulo 2 die ganze Zeit konstant bleibt, während die 11 Schüler nacheinander jeweils zwei Zahlen durch deren Differenz ersetzen. Bezeichnen wir mit z_1 die Zahl, die zum Schluss auf dem Whiteboard steht, so ist

$$z_1 \equiv 1 + 2 + \cdots + 11 + 12 \equiv 78 \equiv 0 \bmod 2 \tag{28.16}$$

Die letzte Zahl z_1 ist also gerade, und die Aufgabe ist bewiesen.
Anmerkung: Das zweite Kongruenzzeichen in (28.16) erhält man z. B. mit der

Gaußschen Summenformel. Alternativ kann man auch die einzelnen Summanden durch ihre Zweierreste ersetzen.

Mathematische Ziele und Ausblicke
Vgl. Kap. 27.

In Kap. 13 dreht sich alles um Zahlensysteme, genauer gesagt, um Stellenwertsysteme. Die letzten Aufgaben greifen zudem Themen aus den vorangegangenen Aufgabenkapiteln auf.

Didaktische Anregung Stellenwertsysteme dürften allen Kursteilnehmern aus dem Unterricht bekannt sein. Die Aufgaben a) und b) dienen der Auffrischung. Während das Vorgehen in a) und b) eher ‚straight-forward' ist, wird in c) und d) ein systematisches Verfahren gewählt, das in Kap. 13 von Mentor Hanno erklärt wurde. Bei Bedarf kann der Kursleiter weitere Aufgaben dieses Typs stellen.

a) Wir stellen die Zahlen 63, 64 und 65 als Summen von Zweierpotenzen dar.

$$63 = 1 \cdot 2^5 + 1 \cdot 2^4 + 1 \cdot 2^3 + 1 \cdot 2^2 + 1 \cdot 2^1 + 1 \,, \text{ also } 63 = (111111)_2 \tag{29.1}$$

$$64 = 1 \cdot 2^6 \,, \text{ also } 64 = (1000000)_2 \tag{29.2}$$

$$65 = 1 \cdot 2^6 + 1 \,, \text{ also } 65 = (1000001)_2 \tag{29.3}$$

b) Wir gehen wie in Aufgabe a) vor.

$$53 = 1 \cdot 7^2 + 0 \cdot 7 + 4 \,, \text{ also } 53 = (104)_7 \tag{29.4}$$

$$53 = 6 \cdot 8 + 5 \,, \text{ also } 53 = (65)_8 \tag{29.5}$$

$$53 = 5 \cdot 9 + 8 \,, \text{ also } 53 = (58)_9 \tag{29.6}$$

c) Eine fortgesetzte Division durch die Basis 2 mit Rest liefert die gesuchte Darstellung von 275 im 2er-System. In (29.7)–(29.11) bezeichnen $b_0, b_1, \ldots$ die Ziffern der gesuchten 2-adischen Darstellung, und in (29.12)–(29.14) sind $c_0, c_1, \ldots$ die

Ziffern einer 7-adischen Darstellung.

$$275 = 2 \cdot 137 + 1, \quad \text{also } b_0 = 1, \quad 137 = 2 \cdot 68 + 1, \quad \text{also } b_1 = 1 \quad (29.7)$$
$$68 = 2 \cdot 34 + 0, \quad \text{also } b_2 = 0, \quad 34 = 2 \cdot 17 + 0, \quad \text{also } b_3 = 0 \quad (29.8)$$
$$17 = 2 \cdot 8 + 1, \quad \text{also } b_4 = 1, \quad 8 = 2 \cdot 4 + 0, \quad \text{also } b_5 = 0 \quad (29.9)$$
$$4 = 2 \cdot 2 + 0, \quad \text{also } b_6 = 0, \quad 2 = 2 \cdot 1 + 0, \quad \text{also } b_7 = 0 \quad (29.10)$$
$$1 = 1, \quad \text{also } b_8 = 1, \quad \text{insgesamt: } 275 = (100010011)_2 \quad (29.11)$$

d) Wie in c) erhält man schrittweise die 7-adische Darstellung von 452, wobei man
jetzt durch 7 (anstatt durch 2) teilen muss.

$$452 = 7 \cdot 64 + 4, \quad \text{also } c_0 = 4, \quad 64 = 7 \cdot 9 + 1, \quad \text{also } c_1 = 1 \quad (29.12)$$
$$9 = 7 \cdot 1 + 2, \quad \text{also } c_2 = 2, \quad 1 = 1, \quad \text{also } c_3 = 1 \quad (29.13)$$
$$\text{insgesamt: } 452 = (1214)_7 \quad (29.14)$$

In Aufgabe e) wird der erste Beweis dieses Kapitels geführt.

e) In Aufgabe e) beweisen wir die Gleichwertigkeit der Aussagen (i) und (ii). Dazu
wenden wir eine typische Beweisstrategie an. Im ersten Schritt beweisen wir,
dass aus der Aussage (i) die Aussage (ii) folgt. Das bedeutet, dass die Aussage
(i) mindestens so stark ist wie Aussage (ii). Im zweiten Beweisschritt zeigen wir,
dass aus der Aussage (ii) die Aussage (i) folgt. Damit ist dann die Gleichwertigkeit
der beiden Aussagen bewiesen.
Erfüllt n die Bedingung (i), existieren $k \in \mathbb{N}$ und Ziffern $b_{k-1}, \ldots, b_t$, für die

$$n = (b_{k-1} \ldots b_t 0 \ldots 0)_2 = b_{k-1} g^{k-1} + \cdots + b_t g^t \quad (29.15)$$
$$= g^t (b_{k-1} g^{k-1-t} + \cdots + b_t \cdot 1) \quad (29.16)$$

gilt. Daher ist n durch g^t teilbar und erfüllt damit auch die Bedingung (ii).
Erfüllt n umgekehrt die Bedingung (ii), so ist $n = g^t a$ für eine Zahl $a \in \mathbb{N}_0$. Dann ist $a = (b'_{\ell-1} \ldots b'_0)_2$ für geeignete $\ell, b'_{\ell-1}, \ldots, b'_0$. Dann ist $n = (b'_{\ell-1} \ldots b'_0 0 \ldots 0)_2$ (mit t Nullen am Ende), und n erfüllt Bedingung (i).
Damit ist gezeigt, dass die Bedingungen (i) und (ii) gleichwertig sind.

In f) werden Zahlen aus dem 16er-System in das 2er-System und in g) aus dem
2er-System in das 16er-System umgewandelt. Dafür könnte man das allgemeine
Verfahren nutzen, das in den Aufgaben c) und d) angewandt wurde. Allerdings geht
dies hier noch einfacher. Die in den Aufgaben angegebenen Umrechnungsregeln
(„Tipps") werden später in den Aufgaben h) und i) bewiesen.

f) Folgt man dem Tipp aus der Aufgabenstellung, erhält man (z. B. mit Tab. 13.1)
ohne größere Mühe

$$(A86D)_{16} = (1010100001101101)_2 \quad (29.17)$$
$$(FFF)_{16} = (111111111111)_2 \quad (29.18)$$

g) Wir verwenden den angegebenen Tipp. Der Übersichtlichkeit halber fügen wir Trennstriche zwischen den 4er-Blöcken ein.

$$(10|0111|0111)_2 = (277)_{16} \tag{29.19}$$

$$(11|0000|0001|1101)_2 = (301\mathrm{D})_{16} \tag{29.20}$$

Didaktische Anregung Die Aufgaben h) und i) sind Zusatzaufgaben, in denen die „Tipps" aus den Aufgaben f) und g) bewiesen werden. In h) und i) treten Doppelindizes auf, die die Schüler verwirren könnten. Falls diese Aufgaben bearbeitet werden, sollte dies eingehend erklärt werden.

h) Es ist

$$n = b_{k-1} \cdot 16^{k-1} + \cdots + b_1 \cdot 16 + b_0 \quad \text{mit } b_0, \ldots, b_{k-1} \in \mathbb{Z}_{16} \tag{29.21}$$

Das Vorgehen ist „straight-forward", aber die bereits erwähnten Doppelindizes könnten bei den Schülern für Probleme sorgen. Wir ersetzen 16 durch 2^4, und für jedes $j \in \{0, \ldots, k-1\}$ ersetzen wir b_j durch

$$b_j = c_{j,3} \cdot 2^3 + c_{j,2} \cdot 2^2 + c_{j,1} \cdot 2^1 + c_{j,0} \cdot 2^0 , \tag{29.22}$$

d. h., $(c_{j,3}c_{j,2}c_{j,1}c_{j,0})_2$ ist die Binärstellung von b_j. Der vordere Index j der Binärziffer $c_{j,i}$ gibt an, welche Hexadezimalziffer b_j durch ihre 2-adische Darstellung ersetzt wird, und der hintere Index i bezeichnet die Position von $c_{j,i}$ in dieser 2-adischen Darstellung. Aus den Potenzgesetzen erhält man $\left(2^4\right)^j = 2^{4j}$ und $2^i \cdot 2^{4j} = 2^{4j+i}$. Dies ergibt schließlich

$$\begin{aligned}
n &= b_{k-1} \cdot 16^{k-1} + \cdots + b_1 \cdot 16 + b_0 \\
&= (c_{k-1,3} \cdot 2^3 + c_{k-1,2} \cdot 2^2 + c_{k-1,1} \cdot 2^1 + c_{k-1,0}) \cdot \left(2^4\right)^{k-1} + \cdots \\
&\quad + (c_{1,3} \cdot 2^3 + c_{1,2} \cdot 2^2 + c_{1,1} \cdot 2^1 + c_{1,0}) \cdot 2^4 \\
&\quad + (c_{0,3} \cdot 2^3 + c_{0,2} \cdot 2^2 + c_{0,1} \cdot 2^1 + c_{0,0}) \\
&= c_{k-1,3} \cdot 2^{4(k-1)+3} + c_{k-1,2} \cdot 2^{4(k-1)+2} + \cdots c_{0,1} \cdot 2^1 + c_{0,0}
\end{aligned} \tag{29.23}$$

Die Koeffizienten b_j aus der ersten Zeile von (29.23) wurden in der zweiten Zeile durch (29.22) ersetzt. Aus (29.23) kann man die Binärdarstellung $n = (c_{k-1,3}c_{k-1,2} \ldots c_{0,1}c_{0,0})_2$ ablesen.

Anmerkung: Ist $b_{k-1} < 8$, treten Führungsnullen auf. (Insbesondere ist dann $c_{k-1,3} = 0$.) Diese können in der Binärdarstellung weggelassen werden.

i) Es sei $n = (b_{k-1} \ldots b_0)_2$, also

$$n = b_{k-1} \cdot 2^{k-1} + \cdots + b_1 \cdot 2^1 + b_0 \tag{29.24}$$

Wie unterteilen die Binärdarstellung $n = (b_{k-1} \ldots b_0)_2$ von rechts in Blöcke zu je 4 Binärziffern, also $(b_{k-1} \ldots b_8 | b_7 b_6 b_5 b_4 | b_3 b_2 b_1 b_0)_2$. Wir nummerieren diese Blöcke von rechts nach links, wobei der Block $(b_3 b_2 b_1 b_0)$ die Nummer 0 erhält. In der Binärentwicklung entspricht jeder 4-Bit-Block einer Summe von 4 Summanden. Der j-te Block hat die folgende Gestalt

$$b_{4j+3} \cdot 2^{4j+3} + b_{4j+2} \cdot 2^{4j+2} + b_{4j+1} \cdot 2^{4j+1} + b_{4j} \cdot 2^{4j}$$
$$= \left(b_{4j+3} \cdot 2^3 + b_{4j+2} \cdot 2^2 + b_{4j+1} \cdot 2^1 + b_{4j}\right) \cdot 16^j \tag{29.25}$$

Es ist $0 \leq b_{4j+3} \cdot 2^3 + b_{4j+2} \cdot 2^2 + b_{4j+1} \cdot 2^1 + b_{4j} \leq 15$. Setzt man $c_j := b_{4j+3} \cdot 2^3 + b_{4j+2} \cdot 2^2 + b_{4j+1} \cdot 2^1 + b_{4j}$, erhält man die Hexadezimaldarstellung $n = (c_{\ell-1} \ldots c_0)_{16}$, wobei ℓ der Anzahl der 4-Bitblöcke entspricht. Damit ist Aufgabe i) bewiesen.

Anmerkung: Wir haben gesehen, dass das Umrechnen aus dem 16er-System in das 2er-System und umgekehrt, aus dem 2er-System in das 16er-System, einfach ist. In Kap. 13 hat Hanno auch schon den Grund genannt, es ist nämlich 16 eine Potenz von 2. Derselbe Sachverhalt gilt allgemein für Umrechnungen zwischen Stellenwertsystemen zu den Basen b_1 und b_2, wenn b_1 eine Potenz von b_2 ist, d. h., wenn $b_1 = b_2^a$ für ein $a \in \mathbb{N}$ ist. Hierfür kann man die Beweise aus den Aufgaben h) und i) einfach übertragen und anpassen.

Beispiel: $b_1 = 16$, $b_2 = 2$ und $a = 4$; $b_1 = 9$, $b_2 = 3$ und $a = 2$.

Didaktische Anregung Die Rechenaufgaben in j) illustrieren einmal mehr die Systematik von Stellenwertsystemen. Der Kursleiter sollte die einzelnen Schritte besprechen, die Analogien zum wohlbekannten Zehnersystem aufzeigen und ggf. weitere Rechenaufgaben dieses Typs stellen.

j) In (29.26) werden alle vier Rechenaufgaben gelöst. Wir gehen auf einige zentrale Punkte ein. Die erste Addition beginnt in der letzten Spalte mit der Berechnung von $(1)_2 + (1)_2 = (10)_2$. Die 0 ist die Einerziffer der Summe, während die 1 den Übertrag in der nächsten Spalte („Zweier") darstellt. Dieses Vorgehen setzt man nach links fort. Die Additionsaufgabe in Hexadezimalsystem geht prinzipiell genauso. Ein Übertrag findet statt, wenn eine Summe > 15 ist; es ist $16 = (10)_{16}$. Bei der Subtraktionsaufgabe ist die Einerziffer unproblematisch: $(2)_4 - (1)_4 = (1)_4$. In der zweiten Spalte („Vierer") steht $(1)_4 - (3)_4$. Analog zum 10er-System rechnet man $(1)_4 + (10)_4 - (3)_4 = (2)_4$, was den Übertrag von $(1)_4$ in der nächsten Spalte („Sechzehner") bedingt. Bei der Multiplikationsaufgabe rechnet man in der zweiten Zeile zunächst $(3)_7 \cdot (5)_7 = (21)_7$ (Übertrag: $(2)_7$), was schließlich $(5)_7 \cdot (5)_7 + (2)_7 = (36)_7$ ergibt. Bei der abschließenden

Addition der beiden Zeilen treten keine besonderen Schwierigkeiten auf.

$$
\begin{array}{r}
(1\ 0\ 1\ 1\ )_2 \\
+\ (1\ 0\ 0\ 1\ )_2 \\
1\quad 1\ 1 \\
\hline
(1\ 0\ 1\ 0\ 0\ )_2
\end{array}
\qquad
\begin{array}{r}
(2\ 1\ 1\ 2\ )_4 \\
-\ (1\ 0\ 3\ 1\ )_4 \\
1 \\
\hline
(1\ 0\ 2\ 1\ )_4
\end{array}
\qquad
\begin{array}{r}
(5\ 3\ )_7 \cdot (2\ 5\ )_7 \\
\hline
(1\ 3\ 6\quad)_7 \\
(\quad 3\ 6\ 1\ )_7 \\
1\ 1 \\
\hline
(2\ 0\ 5\ 1\ )_7
\end{array}
$$

$$
\begin{array}{r}
(A\ F\ F\ E\ )_{16} \\
+\ (\quad B\ A\ D\ )_{16} \\
1\ 1\ 1 \\
\hline
(B\ B\ A\ B\ )_{16}
\end{array}
$$

$$\tag{29.26}$$

Didaktische Anregung Aufgabe k) löst den alten MaRT-Fall. Die Aufgaben l) bis o) verbinden Stellenwertsysteme mit Fragestellungen aus den vorangegangenen Kapiteln. Diesen Aufgaben sollte genügend Zeit eingeräumt werden, da sie auch der Wiederholung dienen.

k) (alter MaRT-Fall) Weil 56 um 1 kleiner als 57 ist, endet 57 genau dann mit einer 1, falls 56 die Einerziffer 0 hat. Das bedeutet: Es ist $57 = (b_{k-1} \ldots b_1 1)_g$, also $57 = b_{k-1} \cdot g^{k-1} + \cdots + b_1 \cdot g + 1$, genau dann, wenn

$$56 = b_{k-1} \cdot g^{k-1} + \cdots + b_1 \cdot g + 0 = g \left(b_{k-1} \cdot g^{k-2} + \cdots + b_1 \right) \tag{29.27}$$

Die Basen der gesuchten Stellenwertsysteme sind also die Teiler von 56, die größer als 1 sind. Das heißt: 57 besitzt die Einerziffer 1, falls $g \in \{2, 4, 7, 8, 14, 28, 56\}$.
Der Vollständigkeit halber findet man in (29.28) für alle Basen g die g-adische Darstellung der Zahl 57.

$$57 = (111001)_2 = (321)_4 = (111)_7 = (71)_8 = (41)_{14} = (21)_{28} = (11)_{56} \tag{29.28}$$

l) Wendet man Aufgabe e) auf $(g, t) = (6, 2)$ und $(g, t) = (8, 1)$ an, so folgt, dass eine natürliche Zahl n genau dann im 6er-System mit mindestens zwei Nullen und im 8er-System mit mindestens einer Null endet, falls n durch $6^2 = 36$ und durch 8 teilbar ist. Das ist genau dann der Fall, wenn n durch kgV$(36, 8) =$ kgV$(2^2 \cdot 3^2, 2^3) = 2^3 \cdot 3^2 = 72$ teilbar ist. Mit anderen Worten: Die gesuchten Zahlen sind die Vielfachen von 72, die zwischen 100 und 500 liegen, also $\{2 \cdot 72, \ldots, 6 \cdot 72\}$. Das sind 5 Zahlen.

m) Der Beweis dieser Teilbarkeitsregel funktioniert wie der Beweis der Teilbarkeitsregel für die Zahl 9 im 10er-System (vgl. Kap. 11, Aufgabe k)). Der einzige Unterschied besteht darin, dass n in (29.30) im 7er-System dargestellt wird. Wir stellen zunächst fest, dass

$$7^j \equiv 1^j \equiv 1 \bmod 6 \quad \text{für alle } j \in \mathbb{N} \tag{29.29}$$

gilt. Ist nun $n = (b_{k-1} \ldots b_0)_7$, so folgt aus (29.29)

$$n = b_{k-1} \cdot 7^{k-1} + \cdots + b_1 \cdot 7 + b_0 \equiv b_{k-1} \cdot 1 + \cdots + b_1 \cdot 1 + b_0$$
$$\equiv b_{k-1} + \cdots + b_1 + b_0 \bmod 6 \tag{29.30}$$

Damit ist die Teilbarkeitsregel bewiesen.

n) Es ist $n = b_{k-1} \cdot 2^{k-1} + \cdots + b_2 \cdot 2^2 + 1 \cdot 2 + b_0$, wobei die Stellenanzahl k und $b_{k-1}, \ldots, b_2, b_0$ unbekannt sind. Da alle 2er-Potenzen, deren Exponent ≥ 2 ist, durch 4 teilbar sind (also $\equiv 0 \bmod 4$) sind), erhalten wir zunächst

$$n = b_{k-1} \cdot 2^{k-1} + \cdots + b_2 \cdot 2^2 + 1 \cdot 2 + b_0 \equiv 0 + 2 + b_0 \bmod 4 \tag{29.31}$$

Die unbekannte Zahl n besitzt also den 4er-Rest 2 oder 3. In Kap. 12, Aufgabe b), haben wir gezeigt, dass $\mathrm{QR}_4 = \{0, 1\}$ ist. Daher kann n keine Quadratzahl sein.

o) Zum Nachweis, dass eine Zahl n keine Primzahl ist, genügt es, zwei natürliche Zahlen $k > 1$ und $m > 1$ zu bestimmen, für die $n = km$ ist. Für n_1 ist dies relativ einfach, und zwar ist $n_1 = 9 \cdot 11 \ldots 11$, wobei der rechte Faktor aus 2026 Einsen besteht.

Anmerkung: Auf die gleiche Weise kann man zeigen, dass z. B. auch $n_3 = (33 \ldots 33)_4 = 3 \cdot (11 \ldots 11)_4$ oder allgemein $n_4 = ((g-1)(g-1) \ldots (g-1) (g-1))_g = (g-1) \cdot (11 \ldots 11)_g$ keine Primzahlen sind, falls $g > 2$ ist.
Für die Basis $g = 2$ funktioniert diese Beweisidee nicht, da $2 - 1 = 1$ ist. Allerdings führt hier die dritte binomische Formel zum Ziel:

$$n_2 = (11 \ldots 11)_2 = 2^{2026} - 1 = \left(2^{1013} + 1\right)\left(2^{1013} - 1\right) \tag{29.32}$$

Anmerkung: Alternativ könnte man n_2 in das 4er-System überführen. Das funktioniert wie die Umwandlung in das 16er-System, wobei hier jeweils Blöcke aus 2 Ziffern der Binärdarstellung in das 4er-System umgewandelt werden. Es ist $n_2 = (33 \ldots 33)_4$ (insgesamt 1013 Dreien), und damit $n_2 = 3 \cdot (11 \ldots 11)_4$.

Mathematische Ziele und Ausblicke

In Kap. 13 wurde bereits die große Bedeutung des Binärsystems (2er-System) und des Hexadezimalsystems (16er-System) in der Informatik hervorgehoben. Daher sind Stellenwertsysteme auch Bestandteil von einführenden Informatikvorlesungen. Das 2er-System findet auch in der Kryptographie Anwendung. Beim weitverbreiteten RSA-Algorithmus wird eine (sehr große) Basis mit einem (sehr großen) Exponenten modulo einer (sehr großen) Zahl potenziert. Das gelingt nicht in einem Schritt. Stattdessen wird der Exponent üblicherweise im 2er-System dargestellt, wobei die einzelnen Ziffern oder kleine Ziffernblöcke sukzessiv „abgearbeitet" werden. Der Oberstufenband behandelt einen Algorithmus zur modularen Exponentiation.

Kap. 14 enthält Aufgabentypen, die man oft in mathematischen Rätselecken oder als Denksportaufgaben findet. Die Schüler üben den Umgang mit linearen Gleichungen und linearen Gleichungssystemen. Neuer Stoff wird in diesem Kapitel nicht eingeführt.

Didaktische Anregung In den vorangegangenen Kapiteln haben die Schüler viele neue mathematische Techniken kennengelernt. In dieser Hinsicht erhalten sie in Kap. 14 eine „Atempause". Wie in Kap. 3 werden Sachaufgaben in Gleichungen oder Gleichungssysteme „übersetzt", wonach keine weiteren Schwierigkeiten mehr auftreten. In diesem Kapitel kann der Kursleiter versuchen, leistungsschwächeren Kursteilnehmern eine größere Rolle zukommen lassen.

a) Es bezeichnet x das Alter von Ginas Opa in Jahren. Das Alter x entspricht der Summe aller Lebensabschnitte, die in der Aufgabe beschrieben sind.

$$x = \frac{1}{5}x + 7 + \left(\frac{1}{5}x + 7\right) + 25 = \frac{2}{5}x + 39 \tag{30.1}$$

Löst man die lineare Gl. (30.1) nach x auf, erhält man zunächst $\frac{3}{5}x = 39$ und schließlich $x = 65$. Ginas Opa ist also 65 Jahre alt.

b) Es bezeichnet x die Anzahl aller Gummibärchen. Zuerst bekommt Ena $\frac{1}{4}x + 3$ Gummibärchen. In der Tüte verbleiben $x - (\frac{1}{4}x + 3) = \frac{3}{4}x - 3$ Gummibärchen. Daher bekommt Stine

$$\frac{1}{4}\left(\frac{3}{4}x - 3\right) + 6 = \frac{3}{16}x - \frac{3}{4} + 6 = \frac{3}{16}x + \frac{21}{4} \tag{30.2}$$

S. Schindler-Tschirner und W. Schindler, *Mathematische Geschichten für begabte Schülerinnen und Schüler in der Unterstufe*, https://doi.org/10.1007/978-3-658-50396-3_30

Gummibärchen. Da Nicola alle verbleibenden Gummibärchen aus der Tüte nimmt, erhält man die folgende lineare Gleichung

$$x = \left(\frac{1}{4}x + 3\right) + \left(\frac{3}{16}x + \frac{21}{4}\right) + 12 = \frac{7}{16}x + \frac{81}{4} \qquad (30.3)$$

Löst man (30.3) nach x auf, erhält man $x = \frac{16 \cdot 81}{9 \cdot 4} = 36$. In der Tüte waren zu Beginn also 36 Gummibärchen. Setzt man in die obigen Terme für x den Wert 36 ein, erkennt man, dass auch Ena und Stine 12 Gummibärchen bekommen haben. Nicola hat die Gummibärchen fair verteilt.

In Aufgabe c) wird implizit der Begriff der Winkelgeschwindigkeit verwendet. Außerdem üben die Schüler das Umrechnen von Einheiten, das sie schon aus Kap. 3 kennen.

c) In zwölf Stunden dreht sich der Stundenzeiger einmal herum, während der Minutenzeiger 12 Mal herumwandert. Also bewegt sich der Minutenzeiger 12 Mal so schnell wie der Stundenzeiger, wenn man die überstrichenen Winkel betrachtet. Um 1 Uhr stehen der Stundenzeiger auf der 1 und der Minutenzeiger auf der 12. Der Stunden- und der Minutenzeiger weisen zum ersten Mal zwischen 1 Uhr und 2 Uhr in dieselbe Richtung. Bezeichnet α den Winkel, den der Stundenzeiger bis dahin zurückgelegt, erhält man aus den obigen Überlegungen die lineare Gleichung

$$360° + \alpha = 12\alpha \qquad (30.4)$$

Auflösen nach α ergibt $\alpha = \frac{360°}{11}$. Da der Winkel $360°$ genau 12 h entspricht (Stundenzeiger), erhält man aus dem Winkel $\frac{360°}{11}$ die Uhrzeit.

$$\frac{12\,\text{h}}{11} = \frac{11\,\text{h}}{11} + \frac{1\,\text{h}}{11} = 1\,\text{h} + \frac{1 \cdot 3600\,\text{sec}}{11} = 1\,\text{h} + 327,\overline{27}\,\text{sec} \qquad (30.5)$$

Also weisen der Stunden- und Minutenzeiger erstmals um 1 Uhr, 5 min und (ungefähr) 27 sec wieder in dieselbe Richtung.

In den Aufgaben d)–i) werden mehr als eine Gleichung benötigt, um den Sachverhalt zu beschreiben. Aufgabe e) ist eine typische Rätselaufgabe zu Lebensaltern.

d) Es bezeichnen e die Anzahl der Enten und k die Anzahl der Kaninchen. Die Informationen kann man durch zwei lineare Gleichungen ausdrücken.

$$e + k = 64 \qquad (30.6)$$
$$2e + 4k = 216 \qquad (30.7)$$

Löst man Gl. (30.6) nach e auf, erhält man $e = 64 - k$. Einsetzen in (30.7) ergibt $2(64 - k) + 4k = 128 + 2k = 216$. Subtrahiert man von beiden Seiten 128, führt dies zu $2k = 88$, also $k = 44$. Einsetzen in (30.6) ergibt $e = 64 - 44 = 20$. Also leben 20 Enten und 44 Kaninchen im Streichelzoo.

e) Es bezeichnen x das aktuelle Alter von Geraldine und y das aktuelle Alter von Onkel Gerd. Vor 3 Jahren waren Geraldine und ihr Onkel $x - 3$ Jahre bzw. $y - 3$ Jahre alt. Aus Geraldines erster Aussage folgt Gl. (30.8). Ebenso erhält man die Gl. (30.9), da Geraldine und ihr Onkel in 2 Jahren $x + 2$ bzw. $y + 2$ Jahre alt sind.

$$5(x - 3) = y - 3 \tag{30.8}$$
$$3(x + 2) = y + 2 \tag{30.9}$$

Löst man Gl. (30.8) nach y auf, erhält man $y = 5(x - 3) + 3$. Setzt man diesen Term für y in (30.9) ein, erhält man die Gleichung $3(x + 2) = 5(x - 3) + 3 + 2$. Zusammenfassen ergibt $16 = 2x$, also $x = 8$. Einsetzen liefert $y = 5(8 - 3) + 3 = 28$. Also ist Geraldine 8 Jahre alt, während ihr Onkel Gerd 28 Jahre alt ist.

f) Wir bezeichnen die Anzahl der Kinder, die gemeinsam im Garten spielen, mit k, und b bezeichnet die Anzahl der Bonbons, die jedes Kind bekommt. In der Dose befinden sich kb Bonbons. Aus Christophs und Doras Aussage erhält man die beiden folgenden Gleichungen.

$$(k - 1) \cdot (b + 7) = kb \tag{30.10}$$
$$(k + 1) \cdot (b - 5) = kb \tag{30.11}$$

Die beiden Gleichungen ergeben sich aus der Tatsache, dass stets alle Bonbons (also kb Bonbons) an die anwesenden Kinder verteilt werden. Die Produkte $(k - 1) \cdot (b + 7)$, kb und $(k + 1) \cdot (b - 5)$ entsprechen der Anzahl der Bonbons in der Dose. Multipliziert man die linken Seiten der Gl. (30.10) und (30.11) aus und subtrahiert man kb, erhält man zwei lineare Gleichungen

$$-b + 7k - 7 = 0 \tag{30.12}$$
$$b - 5k - 5 = 0 \tag{30.13}$$

Löst man die Gl. (30.12) nach b auf, erhält man $b = 7k - 7$. Setzt man dies in (30.13) ein, ergibt dies $7k - 7 - 5k - 5 = 2k - 12 = 0$, d. h. $k = 6$. Daraus folgt $b = 7 \cdot 6 - 7 = 35$. In der Bonbondose waren $6 \cdot 35 = 210$ Bonbons, und $k = 6$ Kinder haben zusammen im Garten gespielt.

g) vgl. Aufgabe h)

h) Es gibt vier Arten von Murmeln: (groß, bunt), (groß, einfarbig), (klein, bunt) und (klein, einfarbig). Die Anzahl, mit der die einzelnen Murmelarten auftreten, bezeichnen wir in dieser Reihenfolge mit w, x, y und z. Das lineare Gleichungssystem (30.14)–(30.17) beschreibt die gegebenen Informationen. Gl. (30.16) ergibt sich aus der Tatsache, dass Murmeln genau dann weder groß noch bunt sind, wenn sie klein und einfarbig sind.

$$w + x + y + z = 53 \tag{30.14}$$

$$w = 17 \tag{30.15}$$

$$z = 13 \tag{30.16}$$

$$w + y = 32 \tag{30.17}$$

Setzt man (30.15) in (30.17) ein, ergibt dies $17 + y = 32$, also $y = 15$. Setzt man die (bereits bekannten) Werte für w, y, z in (30.14) ein, erhält man $17 + x + 15 + 13 = x + 45 = 53$, woraus $x = 8$ folgt. Also gibt es $y + z = 15 + 13 = 28$ kleine Murmeln.

Anmerkung: Die entscheidende Idee besteht darin, zu erkennen, dass es genau vier unterschiedliche Arten von Murmeln gibt; vgl. Hinweis in Kap. 14.

i)(i) Es bezeichnen s, t und u die Anteile von Sabine, Thea und Ulrike an den gesammelten Walnüssen $(= n)$. (Sabine, Thea und Ulrike erhalten sn, tn und un Walnüsse.) Aus den Verteilungsregeln ergeben sich die folgenden Gleichungen.

$$s + t + u = 1 \tag{30.18}$$

$$\frac{s}{t} = \frac{4}{3} \quad \Leftrightarrow \quad t = \frac{3}{4}s \qquad (t \neq 0) \tag{30.19}$$

$$\frac{s}{u} = \frac{6}{7} \quad \Leftrightarrow \quad u = \frac{7}{6}s \qquad (u \neq 0) \tag{30.20}$$

Setzt man in die rechten Seiten von (30.19) und (30.20) in (30.18) ein, erhält man

$$s + t + u = s + \frac{3}{4}s + \frac{7}{6}s = \left(1 + \frac{3}{4} + \frac{7}{6}\right) s = \frac{35}{12}s = 1 \tag{30.21}$$

Aus (30.21), (30.19) und (30.20) folgt

$$s = \frac{12}{35}, \quad t = \frac{3}{4} \cdot \frac{12}{35} = \frac{9}{35} \quad \text{und} \quad t = \frac{7}{6} \cdot \frac{12}{35} = \frac{14}{35} = \frac{2}{5} \tag{30.22}$$

(ii) Damit alle drei Mädchen eine ganzzahlige Anzahl von Walnüssen bekommen, müssen $\frac{12}{35}n$, $\frac{9}{35}n$ und $\frac{2}{5}n$ ganze Zahlen sein. Da die Brüche vollständig gekürzt sind, ist dies genau der Fall, wenn n ein Vielfaches von $\mathrm{kgV}(35, 35, 5) = 35$ ist. Also gibt $\{35k \mid k \in \mathbb{N}\}$ alle möglichen Walnussanzahlen an.

(iii) Es bezeichnen x, y, z das Alter von Sabine, Thea und Ulrike. Es ist $z = \frac{7}{6}x = \frac{7}{6} \cdot \frac{4}{3}y = \frac{14}{9}y$. Da 14 und 9 teilerfremd ist, muss y ein Vielfaches von 9 sein. Wegen der Altersbeschränkung (für Thea) muss $y = 9$ gelten. Durch Einsetzen folgen $x = 12$ und $z = 14$.

Mathematische Ziele und Ausblicke

Kap. 14 übt das „Übersetzen" von Sachaufgaben in lineare Gleichungen oder in lineare Gleichungssysteme. Diese kann man mit einfachen „Kochrezepten" leicht lösen. Aufgaben dieses Typs finden sich in einigen Bänden der (Mathematik-Olympiaden e. V. 1996–2025) [44,45]. Eine Vielzahl ansprechend formulierter Anwendungsaufgaben findet der interessierte Leser z. B. auch in (Loyd & Gardner 1979) [40]. Aufgabe i) ist übrigens eine Erweiterung von Rätsel 54 in [40].

In Kap. 15 und 16 steht räumliche Geometrie auf dem Programm. Genauer gesagt, dreht sich alles um den Eulerschen Polyedersatz. In diesem Kapitel wird der Eulersche Polyedersatz eingeführt und auf einfache Beispiele angewandt.

Didaktische Anregung Dieses Kapitel ist für die Schüler keine leichte Kost. Das liegt auch daran, dass in mehreren Definitionen zunächst einige neue Begriffe eingeführt werden, damit die Schüler die Voraussetzungen und die Aussage des Eulerschen Polyedersatzes verstehen können. Es sollte nicht zu schnell über die Definitionen hinweggegangen werden, und auch den ersten (einfachen) Aufgaben sollte genügend Zeit eingeräumt werden. Um die Schüler nicht mit den formalen Definitionen zu überfordern, weist Carl Friedrich zwischen den Definitionen in Dialogform auf Spezialfälle hin, die Anna und Bernd bereits kennen, und er stellt Fragen, die die Sachverhalte verdeutlichen.

Die Aufgaben a)–c) sollen die Schüler zunächst mit den Begriffen ‚regelmäßiges Vieleck‘, ‚Polyeder‘ und ‚konvex‘ vertraut machen.

a) Abb. 31.1 zeigt beispielhaft vier unterschiedliche Vierecke. Viereck (a) ist ein regelmäßiges Viereck (Quadrat). Es besitzt vier gleich lange Seiten, und alle (Innen-) Winkel sind 90° groß. Beim Rechteck (b) sind alle Winkel 90°, aber angrenzende Seiten sind ungleich lang. Die Raute (c) besitzt vier gleich lange Seiten, wobei gegenüberliegende Seiten parallel sind. Allerdings sind die Winkel nicht gleich. Das Viereck (d) weist keine Besonderheiten auf. Vom Quadrat abgesehen, können die Lösungen der Schüler sehr unterschiedlich ausfallen. Möglicherweise haben manche Schüler ein Parallelogramm oder ein Trapez gezeichnet; vgl. auch die Übersicht in Abb. 4.4.

b)   – Beispiele für konvexe Körper: Würfel, Quader, Kreiszylinder, Pyramide mit quadratischer Grundfläche, Kugel, Ellipsoid.

© Der/die Autor(en), exklusiv lizenziert an Springer Fachmedien Wiesbaden GmbH, 185
ein Teil von Springer Nature 2026
S. Schindler-Tschirner und W. Schindler, *Mathematische Geschichten für begabte Schülerinnen und Schüler in der Unterstufe*,
https://doi.org/10.1007/978-3-658-50396-3_31

Abb. 31.1 ein regelmäßiges und drei unregelmäßige Vierecke: (a) Quadrat (regelmäßiges Viereck), (b) Rechteck, (c) Raute, (d) Viereck

Abb. 31.2 nicht-konvexe Körper: (a) Torus, (b) räumliches „U"; erstellt mit 3D-CAD-Software FreeCAD

- Beispiele für nicht-konvexe Körper: Würfel mit ausgeschnittenem Quader, Kugel mit einer Vertiefung, Torus (erinnert an einen Donut, Abb. 31.2(a)), räumliches „U" (Abb. 31.2(b)).

c) Die Musterlösung zu b) enthält mehrere Beispiele für konvexe Körper. Darunter sind auch einige beschränkte konvexe Polyeder: Würfel, Quader, Pyramide mit quadratischer Grundfläche.

Didaktische Anregung Es ist sehr wichtig, dass die Schüler die Begriffe „beschränkt", „Polyeder" und „konvex" verinnerlichen, um die Voraussetzungen des Eulerschen Polyedersatzes zu verstehen und ihn sicher und korrekt anwenden zu können. Wichtig ist auch der Begriff eines regelmäßigen Vielecks, da regelmäßige Vielecke in Kap. 16 bei den platonischen Körpern auftreten. Sollte der Kursleiter hierbei Schwierigkeiten erkennen, empfehlen wir, mit den Schülern zusätzliche Beispiele zu besprechen. So kann man die Aufgabe a) z. B. zusätzlich auch für Dreiecke lösen. Es sind nur die gleichseitigen Dreiecke regelmäßig.

Die Aufgaben d)–f) geben den Schülern ein Gefühl für den Eulerschen Polyedersatz, der an konkreten Beispielen ‚bestätigt' wird. Am zweiten Beispiel in der Musterlösung von f) kann man den Schülern zeigen, dass unterschiedliche Körper (z. B. Würfel, Quader, Pyramidenstumpf) durchaus identische Flächen-, Ecken- und Kantenzahlen haben können. Möglicherweise gelingt dies aber auch an Beispielen, die die Schüler präsentiert haben.

Anmerkung: Der Eulersche Polyedersatz wird in diesem Buch nicht bewiesen. Der interessierte Leser sei z. B. auf (Glaeser 2014) [22, S. 87 f.] oder [29, Heft 119, S. 7–10], verwiesen.

d)   – Für einen Quader gilt $f = 6$, $e = 8$ und $k = 12$. Einsetzen in die linke Seite von (15.1) ergibt $f + e - k = 6 + 8 - 12 = 2$.
    – Für eine Pyramide mit einer quadratischen Grundfläche ist $f = 5$, $e = 5$ und $k = 8$. Einsetzen in die linke Seite von (15.1) ergibt $f + e - k = 5 + 5 - 8 = 2$.

e) Da die Schüler sich ihre Polyeder selbst aussuchen dürfen, ist eine Musterlösung im eigentlichen Sinn natürlich nicht möglich. Stattdessen wird der Eulersche Polyedersatz beispielhaft auf zwei weitere konvexe Polyeder angewendet.

    – Zwei Pyramiden mit kongruenten quadratischen Grundflächen, die an den Grundflächen zusammengeklebt sind. Hier ist $f = 8$, $e = 6$ und $k = 12$.
    – Pyramidenstumpf einer Pyramide mit quadratischer Grundfläche. Auch hier ist $f = 6$, $e = 8$ und $k = 12$.

Anmerkung: Würfel, Quader, Doppel-Pyramiden mit quadratischer Grundfläche und Pyramidenstümpfe mit quadratischer Grundfläche sehen sehr unterschiedlich aus, haben aber dennoch die gleiche Anzahl an Flächen, Ecken und Kanten.

f) In den beiden vorangegangenen Aufgaben haben die Schüler für verschiedene konvexe Polyeder die Tripel (f, e, k) bestimmt und die Formel (15.1) mit diesen Werten nachgerechnet. In dieser Aufgabe erhalten wir durch die Anwendung des Eulerschen Polyedersatzes erstmals neue Erkenntnisse, und zwar folgt aus Gl. (15.1)

$$f + e - k = 8 + e - 12 = e - 4 = 2 \qquad (31.1)$$

Aus der rechten Gleichung erhält man, dass der Polyeder $e = 6$ Ecken besitzt.
In der Anmerkung in Aufgabe e) wurde bereits hervorgehoben, dass unterschiedliche Polyeder $f = 8$ Flächen, $e = 6$ Ecken und $k = 12$ Kanten besitzen. Aus dem Tripel $(f, e, k) = (8, 6, 12)$ können wir daher nicht auf die geometrische Form des Polyeders schließen.

g) Diese Aufgabe bietet keine neuen Schwierigkeiten. Einsetzen in die Gl. (15.1) liefert

$$f + e - k = 26 + 24 - k = 50 - k = 2 \qquad (31.2)$$

Also besitzt dieser Polyeder $k = 48$ Kanten.
Anmerkung: Ein Beispiel hierfür ist ein Rhombenkuboktaeder, dessen Seitenflächen aus 8 gleichseitigen Dreiecken und 18 Quadraten bestehen.

h) Im ersten Schritt bestimmen wir die Anzahl der Flächen, Ecken und Kanten des Riesendiamanten (also f, e, k). Offensichtlich ist $f = 28$. Etwas schwieriger ist es, e und k zu bestimmen. Jede der 28 Seitenflächen des Polyeders besitzt 7 Seiten, und an jeder Kante des Polyeders treffen zwei Seiten zusammen. Oder anders ausgedrückt: Jede Kante des Polyeders gehört zu zwei Seitenflächen. Aus dieser Überlegung folgt $k = \frac{28 \cdot 7}{2} = 14 \cdot 7 = 98$. (Wir haben einfach die Seiten aller Seitenflächen zusammengezählt und dann durch zwei geteilt. Diese Überlegung werden wir im Folgenden immer wieder anwenden.) Auf dieselbe Weise berechnet man die Anzahl der Ecken. Es ist $e = \frac{28 \cdot 7}{7} = 28$, weil an jeder Ecke des

Polyeders 7 Seitenflächen zusammentreffen und damit jede Ecke des Polyeders eine Ecke von 7 Seitenflächen ist. Einsetzen in die Eulersche Polyederformel liefert schließlich

$$f + e - k = 28 + 28 - 98 = -42 \neq 2 \qquad (31.3)$$

Der Eulersche Polyedersatz führt zu einem Widerspruch. Daher kann es keinen Riesendiamanten geben, wie er in der Schriftrolle beschrieben ist.

i) Wie in Aufgabe h) bestimmen wir zunächst f, e und k, und danach wenden wir hierauf den Eulerschen Polyedersatz an. Es ist $k = \frac{f \cdot 7}{2}$ und $e = \frac{f \cdot 7}{7} = f$. Setzt man diese Werte in die Eulersche Polyederformel (15.1) ein, müsste

$$2 = f + e - k = f + f - \frac{7f}{2} = -\frac{3f}{2} \qquad (31.4)$$

gelten, falls ein solcher konvexer Polyeder tatsächlich existiert. Da $-\frac{3f}{2}$ negativ ist, führt dies zu einem Widerspruch. Damit ist endgültig gezeigt, dass die Schriftrolle, die dem Museumsdirektor René Antikus angeboten wurde, eine Fälschung war. Es gibt keinen solchen konvexen Polyeder, ganz gleich, durch welche Zahl f man die schlecht lesbare 28 ersetzt.

Mathematische Ziele und Ausblicke

Der Eulersche Polyedersatz stellt den Zusammenhang zwischen der Anzahl der Flächen, Ecken und Kanten von beschränkten konvexen Polyedern her. Er ist sehr nützlich, um interessante und anspruchsvolle Aufgaben aus der räumlichen Geometrie zu lösen. Die Schüler haben den Eulerschen Polyedersatz in diesem Aufgabenkapitel verwendet, um u. a. einen alten MaRT-Fall zu lösen. Er wird auch in Kap. 16 eine zentrale Rolle spielen.

Der Eulersche Polyedersatz besitzt eine Version für planare Graphen, die z. B. auch in Universitätsvorlesungen zur Graphentheorie eine Rolle spielt. Hierauf werden wir nicht eingehen. Daneben existieren verschiedene Verallgemeinerungen des Eulerschen Polyedersatzes. Für die Zielgruppe dieses Buches sind diese Verallgemeinerungen jedoch viel zu kompliziert.

Bei Mathematikwettbewerben kommen gelegentlich Aufgaben vor, zu deren Lösung die Kenntnis des Eulerschen Polyedersatzes notwendig ist oder das Lösen der Aufgabe zumindest deutlich erleichtert; etwa im Bundeswettbewerb Mathematik (1983, 1. Runde, 1. Aufgabe; 1999, 1. Runde, 4. Aufgabe).

Auch in Kap. 16 dreht sich alles um den Eulerschen Polyedersatz, den die Schüler in Kap. 15 kennengelernt und in einigen Aufgaben angewandt haben. Dieses Kapitel besteht aus zwei komplexen (in der Literatur wohlbekannten) Aufgaben, die durch eine Folge zahlreicher Einzelaufgaben gelöst werden.

Didaktische Anregung Natürlich stehen auch in diesem Kapitel die Aufgaben und deren Lösungen im Vordergrund. Allerdings sollte der Kursleiter zu Beginn genügend viel Zeit einkalkulieren, damit die Schüler eine räumliche Vorstellung von den platonischen Körpern erlangen und deren Besonderheiten verstehen und verinnerlichen. Dazu dienen die Darstellungen der platonischen Körper in Abb. 16.1 und Tab. 16.1. Es gibt verschiedene Webseiten wie z. B. [92], die platonische Körper durch Animationen visualisieren und damit die räumliche Vorstellung erleichtern. Dort können die Schüler platonische Körper drehen und Seitenflächen oder Rotationsachsen ein- und ausblenden. Natürlich sind auch etwaig vorhandene Modelle von platonischen Körpern hilfreich. Eine andere Möglichkeit, Polyeder im wahrsten Sinne des Wortes zu „begreifen", besteht darin, Polyeder mit Magnetbausystemen zusammenzustecken oder aus Papier zu basteln; vgl. (Beutelspacher et al. 2010) [10, Kap. 5].

Didaktische Anregung Kap. 16 ist vor allem wegen der Vielzahl an Beweisschritten recht anspruchsvoll. Es bietet sich daher fakultativ als Ergänzungskapitel für besonders leistungsstarke Schüler an. Allerdings sollten alle Kursteilnehmer die platonischen Körper kennenlernen (vgl. vorherige Didaktische Anregung). Der Kursleiter kann auch einzelne Aufgaben nach eigenem Ermessen weglassen.

S. Schindler-Tschirner und W. Schindler, *Mathematische Geschichten für begabte Schülerinnen und Schüler in der Unterstufe*, https://doi.org/10.1007/978-3-658-50396-3_32

a) Es ist $m \geq 3$, weil jedes Vieleck wenigstens 3 Ecken hat. Außerdem ist $p \geq 3$: Treffen in einem Punkt P nur zwei Seitenflächen zusammen, liegt P zwar auf einer Kante, ist aber keine Ecke des Polyeders.

b) Mit derselben Argumentation wie in den Aufgaben h) und i) in Kap. 15 gelten

$$e = \frac{f \cdot m}{p} \quad \text{und} \quad k = \frac{f \cdot m}{2} \,. \tag{32.1}$$

Der einzige Unterschied besteht darin, dass in (32.1) anstelle der Zahl 7 die Variablen m und p eingesetzt wurden.

c) Ersetzt man in der Eulerschen Polyederformel (15.1) e und k durch (32.1), erhält man nach Ausklammern von f Gl. (16.2)

$$f + e - k = f + \frac{f \cdot m}{p} - \frac{f \cdot m}{2} = f \left(1 + \frac{m}{p} - \frac{m}{2}\right) = 2 \tag{32.2}$$

d) vgl. Musterlösung zu Aufgabe e)

Didaktische Anregung Durch das Einsetzen in die Eulersche Polyederformel konnte die lineare Gl. (32.2) hergeleitet werden, die einen Zusammenhang zwischen f, m und p herstellt. Das ist ein wichtiger Zwischenschritt. Wären in (32.2) rationale Zahlen zugelassen, gäbe es unendlich viele Lösungstripel (f, m, p). Allerdings kommen hier nur natürliche Zahlen in Frage, die bestimmte Randbedingungen erfüllen $(m, p \geq 3)$. Da der nächste Schritt für die Schüler nicht auf der Hand liegt, treten Anna, Bernd und Carl Friedrich auf den Plan. Anna und Bernd haben in Gl. (32.2) nicht f ausgeklammert, was für die folgenden Beweisschritte wichtig ist. Dies gibt Carl Friedrich die Gelegenheit, einen Hinweis zur Beweisidee zu geben. Für die Schüler ist es sicherlich beruhigend, dass auch Anna und Bernd nicht alle Aufgaben lösen können.

Um den Schülern die Gelegenheit zu geben, die Beweisidee (ggf. mit Hilfestellung) selbst zu entwickeln oder zumindest die Musterlösung von e) zu verstehen, sollte den nächsten Überlegungen genügend Zeit eingeräumt werden.

e) Wir nutzen Carl Friedrichs Hinweis, dass $0 < 1 + \frac{m}{p} - \frac{m}{2}$ gelten muss. Klammert man aus den beiden letzten Termen m aus, erhält man

$$0 < 1 + \frac{m}{p} - \frac{m}{2} = 1 + m \left(\frac{1}{p} - \frac{1}{2}\right) \tag{32.3}$$

Aus a) wissen wir bereits, dass $p \geq 3$ ist. Also ist $\frac{1}{p} \leq \frac{1}{3}$, und daraus folgt $\frac{1}{p} - \frac{1}{2} < 0$. Die Ungleichung (32.3) kann nicht erfüllt sein, wenn m „groß" ist. (Das hatte Carl Friedrich bereits in Kap. 16 erklärt.) Wir bestimmen jetzt, wie groß m höchstens sein kann. Wegen $p \geq 3$ ist

$$0 < 1 + m \left(\frac{1}{p} - \frac{1}{2}\right) \leq 1 + m \left(\frac{1}{3} - \frac{1}{2}\right) = 1 - \frac{m}{6} \tag{32.4}$$

Der letzte Term $1 - \frac{m}{6}$ kann aber nur positiv sein, wenn m nicht größer als 5 ist. Aus a) wissen wir, dass m mindestens 3 sein muss. Wir haben damit gezeigt, dass m nur die Werte 3, 4 oder 5 annehmen kann. Oder anders ausgedrückt: Bei platonischen Körpern können nur (regelmäßige) Dreiecke, Vierecke und Fünfecke als Seitenflächen auftreten.

Anmerkung: In den Aufgaben a)–e) wurde mit dem Eulerschen Polyedersatz bewiesen, dass als Seitenflächen von platonischen Körpern nur regelmäßige Dreiecke, Vierecke und Fünfecke in Frage kommen. Dies kann man auch zeigen, indem man die Winkelsumme der Seitenflächen betrachtet, die an den Ecken eines platonischen Körpers zusammentreffen. Da der hier geführte Beweis weder die Regelmäßigkeit noch die Kongruenz der Seitenflächen ausnutzt, beweist dies sogar einen allgemeineren Sachverhalt: Wenn alle Seitenflächen eines konvexen Polyeders (nicht notwendigerweise regelmäßige und kongruente) m-Ecke sind und an jeder Ecke p Seiten zusammentreffen, muss $3 \leq m \leq 5$ sein.

f) Man sieht in Abb. 16.2 (und Carl Friedrich hat das ja auch schon gesagt), dass an jeder Ecke des Fußballs (und des zugehörigen Polyeders) 3 Seitenflächen zusammenstoßen. Die w Sechsecke und die s Fünfecke besitzen zusammen $6w + 5s$ Seiten und Ecken. Nach mittlerweile bekanntem Muster erhält man hieraus

$$f = w + s\,, \quad e = \frac{6w + 5s}{3}\,, \quad k = \frac{6w + 5s}{2} \tag{32.5}$$

g) Setzt man f, e und k in die Eulersche Polyederformel (15.1) ein, folgt aus Gl. (32.5)

$$\begin{aligned} f + e - k &= w + s + \frac{6w + 5s}{3} - \frac{6w + 5s}{2} \\ &= w\,(1 + 2 - 3) + s\left(1 + \frac{5}{3} - \frac{5}{2}\right) = s \cdot \frac{1}{6} = 2 \end{aligned} \tag{32.6}$$

h) Multipliziert man die letzte Gleichung mit 6, erhält man $s = 12$.
i) Gl. (32.6) hilft zunächst nicht weiter, die Anzahl der weißen Sechsecke zu bestimmen, weil w dort nicht vorkommt. Stattdessen schauen wir uns noch einmal den Fußball an. Jede Seite eines schwarzen 5-Ecks grenzt an eine Seite eines weißen Sechsecks an. Insgesamt sind dies $5s = 5 \cdot 12 = 60$ Seiten. Andererseits haben w Sechsecke insgesamt $6w$ Seiten, und die Hälfte dieser Seiten, also $3w$ Seiten, grenzen an eine Seite eines schwarze Fünfecks an. Wegen $s = 12$ folgt daraus

$$3w = 5s = 5 \cdot 12 = 60 \tag{32.7}$$

Teilt man die Gl. (32.7) durch 3, erhält man $w = 20$. Der Fußball besteht also aus 20 weißen Sechsecken und 12 schwarzen Sechsecken.
Anmerkung: Der Schlüssel zur Lösung bestand darin, die Anzahl der Kanten zu betrachten, an denen ein weißes Sechseck mit einem schwarzem Fünfeck

zusammentrifft. Weil wir deren Anzahl auf direktem Weg (aus Gl. (32.6)) nicht bestimmen konnten, haben wir diese Kanten einmal aus Sicht der Sechsecke und ein weiteres Mal aus Sicht der Fünfecke gezählt und so die Gl. (32.7) hergeleitet. Diese Beweistechnik tritt in der Kombinatorik häufiger auf und wird als „doppeltes Abzählen" bezeichnet.

Die letzten Aufgaben widmen sich wieder den platonischen Körpern. Sie schließen den Beweis ab, welche platonischen Körper es gibt. Die Aufgaben j)–l) unterscheiden die Fälle $m = 3$, $m = 4$ und $m = 5$.

j) Der Beweis von j) ähnelt dem Beweis der Aufgaben c) und e) Zunächst setzen wir $m = 3$ in (16.2) (bzw. (32.2)) ein. Daraus folgt die Gleichung

$$f\left(1 + \frac{3}{p} - \frac{3}{2}\right) = f\left(\frac{3}{p} - \frac{1}{2}\right) = 2 \tag{32.8}$$

Dadurch, dass wir für m den festen Wert $m = 3$ eingesetzt haben, treten in (32.8) nur noch zwei statt drei Unbekannte und in der Klammer sogar nur eine Unbekannte auf. Ist (f, p) eine Lösung von (32.8), muss p die äquivalenten Ungleichungen

$$\left(0 < \frac{3}{p} - \frac{1}{2}\right) \Leftrightarrow \left(\frac{3}{p} > \frac{1}{2}\right) \Leftrightarrow (p < 6) \tag{32.9}$$

erfüllen. (Das ist ein ähnlicher Schluss wie in Aufgabe e)). Wegen $p \geq 3$ folgt daraus $p \in \{3, 4, 5\}$. Setzt man in (32.8) $p = 3$ ein, erhält man nach dem Ausrechnen der Klammer die lineare Gleichung $f \cdot \frac{1}{2} = 2$, woraus $f = 4$ folgt. Für $p = 4$ erhält man $f \cdot \frac{1}{4} = 2$, d.h. $f = 8$, und für $p = 5$ ergibt sich $f \cdot \frac{1}{10} = 2$, d.h. $f = 20$. Somit erfüllen für $m = 3$ die Tripel $(f, m, p) \in \{(4, 3, 3), (8, 3, 4), (20, 3, 5)\}$ die Eulersche Polyederformel.

k) Der Beweis geht genauso wie in Aufgabe j). Einsetzen von $m = 4$ in (16.2) (bzw. (32.2)) liefert die Gleichung

$$f\left(1 + \frac{4}{p} - \frac{4}{2}\right) = f\left(\frac{4}{p} - 1\right) = 2 \tag{32.10}$$

Hier muss p die äquivalenten Ungleichungen

$$\left(0 < \frac{4}{p} - 1\right) \Leftrightarrow \left(\frac{4}{p} > 1\right) \Leftrightarrow (p < 4) \tag{32.11}$$

erfüllen. Wegen $p \geq 3$ folgt hier $p = 3$. Setzt man in (32.10) $p = 3$ ein, erhält man die lineare Gleichung $f \cdot \frac{1}{3} = 2$, woraus $f = 6$ folgt. Für $m = 4$ erfüllt also nur das Tripel $(f, m, p) = (6, 4, 3)$ die Eulersche Polyederformel.

l) Der Beweis geht genauso wie in den Aufgaben j) und k). Wir setzen $m = 5$ in (16.2) (bzw. (32.2)) ein. Daraus folgt die Gleichung

$$f\left(1 + \frac{5}{p} - \frac{5}{2}\right) = f\left(\frac{5}{p} - \frac{3}{2}\right) = 2 \qquad (32.12)$$

Hier muss p die äquivalenten Ungleichungen

$$\left(0 < \frac{5}{p} - \frac{3}{2}\right) \Leftrightarrow \left(\frac{5}{p} > \frac{3}{2}\right) \Leftrightarrow \left(p < \frac{10}{3}\right) \qquad (32.13)$$

erfüllen. Wegen $p \geq 3$ muss auch hier $p = 3$ gelten. Setzt man in (32.12) $p = 3$ ein, erhält man die lineare Gleichung $f \cdot \frac{1}{6} = 2$, woraus $f = 12$ folgt. Also erfüllt für $m = 5$ nur das Tripel $(f, m, p) = (12, 5, 3)$ die Eulersche Polyederformel. Zusammenfassung der Aufgaben j)–l): Für jeden Platonischen Körper gilt

$$(f, m, p) \in \{(4, 3, 3), (8, 3, 4), (20, 3, 5), (6, 4, 3), (12, 5, 3)\} \qquad (32.14)$$

Didaktische Anregung Mit Hilfe des Eulerschen Polyedersatzes wurde in den Aufgaben a)–e) gezeigt, dass die Seitenflächen eines platonischen Körpers nur $m \in \{3, 4, 5\}$ Ecken haben können. Platonische Körper, deren Seitenflächen 6 oder mehr Ecken besitzen, kann es also nicht geben. In den Aufgaben j)–l) wurde der Euler-sche Polyedersatz erneut verwendet, um zu beweisen, dass nur 5 Tripel (f, m, p) die Eulersche Polyederformel erfüllen. Daraus folgt aber *nicht,* dass zu allen Tripeln *tatsächlich* platonische Körper existieren. Dies wird auch in Kap. 16 vor Aufgabe m) thematisiert und erklärt. Der letzte Schritt wird erst in Aufgabe m) ausgeführt.

In der „Fußballaufgabe" wurde mit dem Eulerschen Polyedersatz ein ‚positives‘ Ergebnis erzielt, nämlich, aus wie vielen 5- und 6-Ecken die Oberfläche eines Fuß-balls besteht. Das liegt daran, dass es hier außer Frage steht, ob ein Fußball mit den in der Aufgabe spezifizierten Eigenschaften tatsächlich existiert.

Diese Aspekte sollten mit den Schülern ausführlich besprochen werden.

m) Es genügt ein Blick in Tab. 16.1 oder auf dreidimensionale Modelle der platoni-schen Körper, um zu sehen, dass zu jedem Tripel (f, m, p) in (16.3) tatsächlich ein platonischer Körper existiert. Genauer gesagt, beschreiben die Tripel (f, m, p) in (16.3) einen Tetraeder, einen Oktaeder, einen Ikosaeder, einen Würfel und einen Dodekaeder.

Didaktische Anregung Die Schüler haben (mit gezielter Anleitung durch die Auf-gaben und Hinweise) bewiesen, dass es genau 5 verschiedene platonische Körper gibt. Für Schüler der Unterstufe ist dies eine schöne Leistung und sollte vom Kurs-leiter entsprechend gewürdigt werden.

Abb. 32.1 Briefmarken zu Ehren Leonhard Eulers; Eulerscher Polyedersatz als Teil des Motivs

Mathematische Ziele und Ausblicke

Es wurde bereits im Aufgabenkapitel 16 herausgearbeitet, dass platonische Körper ein hohes Maß an Symmetrie aufweisen. So gibt es beispielsweise 24 Drehungen und Spiegelungen, die den Würfel auf sich selbst abbilden. Diese bilden die sogenannte Symmetriegruppe des Würfels. Die Symmetriegruppe des Ikosaeders besteht sogar aus 120 Drehungen und Spiegelungen.

Die Symmetrieeigenschaften haben schon in der Antike besonderes Interesse an den platonischen Körper geweckt. Benannt sind sie nach dem griechischen Philosophen Platon (ca. 427–347 v. Chr.). Er gab Konstruktionsvorschriften an und ordnete vier platonischen Körpern die vier Elemente der griechischen Naturphilosophie zu: Tetraeder (Feuer), Würfel (Erde), Oktaeder (Luft), Ikosaeder (Wasser). Den Dodekaeder verwendete er bei der Konstruktion des Weltalls (Platon, *Timaios* 53b–56c). Euklid hat bereits um 300 v. Chr. in seinen „Elementen" in Kap. XIII bewiesen, dass es nur 5 verschiedene platonische Körper gibt.

Aufgrund ihrer Symmetrie spielen platonische und archimedische Körper auch bei chemischen Verbindungen eine Rolle. Kochsalz und Alaun bilden Würfelkristalle, und reines Alaun kristallisiert als Oktaeder. Pyritkristalle können die Form eines Würfels oder Dodekaeders annehmen; vgl. auch (Glaeser 2014) [22, Abschn. 3.3]. Im Jahr 1996 erhielten drei Forscher aus Großbritannien und den USA den Nobelpreis für Chemie für die Entdeckung und Erforschung der Fullerene. Hierzu gehört u. a. das C_{60}-Molekül, eine stabile Kohlenstoffverbindung, dessen Strukturmodell die Form eines Ikosaederstumpfs besitzt und auch als Fußballmolekül bezeichnet wird; siehe auch (Beutelspacher et al. 2010) [10].

Abb. 32.1 zeigt zwei Briefmarken, die zu Ehren des großen schweizer Mathematikers Leonhard Euler (1707–1783) herausgegeben wurden. Auf beiden Briefmarken erkennt man die Eulersche Polyederformel, und die linke Briefmarke zeigt zudem einen Ikosaeder.

Die Fußballaufgabe kam übrigens unter anderem (in allgemeinerer Form) im Bundeswettbewerb Mathematik 1983 vor (1. Runde, 1. Aufgabe). Dieser „Fußball-Polyeder" ist kein platonischer Körper. Es ist ein Ikosaederstumpf und zählt zu den sogenannten archimedischen Körpern.

In Kap. 17 lernen die Schüler keine neuen mathematischen Techniken kennen. Sie bearbeiten Aufgaben aus vielen verschiedenen Themengebieten, um den bereits erlernten Stoff zu wiederholen und zu vertiefen.

Didaktische Anregung Das abschließende Kap. 17 zeichnet sich durch einen hohen Umfang aus und umfasst insgesamt 26 Aufgaben. Davon entfallen fünf Aufgaben auf die Modulo-Rechnung, während vier Aufgaben Bewegungsprobleme adressieren. Die verbleibenden inhaltlichen Schwerpunkte sind jeweils durch ein bis drei Aufgaben vertreten. Bei vollständiger Bearbeitung aller Aufgaben durch die Lernenden ist ein zeitlicher Rahmen von etwa fünf Unterrichtseinheiten zu veranschlagen. Die Aufgaben sind thematisch sortiert und innerhalb der jeweiligen Themenblöcke in einer progressiven Schwierigkeit angeordnet.

Im Rahmen der Kursgestaltung kann der Kursleiter eine gezielte Auswahl an Aufgaben treffen oder ergänzende Aufgabenstellungen einbringen, um den Lernprozess differenziert zu fördern. Besonders in diesem abschließenden Kapitel sollte angestrebt werden, allen Kursteilnehmerinnen und Kursteilnehmern positive Lernerfahrungen zu ermöglichen. Dies lässt sich durch adaptive Maßnahmen realisieren, etwa indem Schülerinnen und Schüler mit geringeren Leistungsvoraussetzungen individuell ausgewählte, leichtere Aufgaben bearbeiten. Zur gezielten Vorbereitung auf die abschließenden Aufgaben kann der Kursleiter den Schülerinnen und Schülern auftragen, spezifische Inhalte einzelner Kapitel eigenständig und vertieft zu rekapitulieren, um eine fundierte Auseinandersetzung im folgenden Kurstreffen zu gewährleisten.

Die Aufgaben a)–d) sind Bewegungsaufgaben. Die Schüler stellen Gleichungen auf, die sie dann lösen. Außerdem wandeln sie Einheiten in andere um (z. B. Kilometer in Meter). Aufgabe a) ist ziemlich einfach und sollte daher bevorzugt leistungsschwächeren Schülern gegeben werden. Auf die Bewegungsaufgaben folgen zwei

195

S. Schindler-Tschirner und W. Schindler, *Mathematische Geschichten für begabte Schülerinnen und Schüler in der Unterstufe*, https://doi.org/10.1007/978-3-658-50396-3_33

Aufgaben zur ebenen Geometrie. Für die Aufgaben a)–f) benötigen die Schüler die mathematische Methoden, die sie in den Kap. 3, 4 und 5 gelernt haben.

a) Setzt man die Zahlenwerte der Aufgabe in (3.2) ein und rechnet die Einheiten km und h in m und s um, erhält man

$$s = vt = 93\,\frac{\text{km}}{\text{h}} \cdot 2\,\text{s} = 93 \cdot \frac{1000\,\text{m}}{3600\,\text{s}} \cdot 2\,\text{s} = \frac{186 \cdot 1000}{3600}\,\text{m}$$

$$= \frac{155}{3}\,\text{m} \approx 51{,}67\,\text{m} \tag{33.1}$$

Gepard Speedy hat in den beiden Sekunden also $51{,}67\,\text{m}$ zurückgelegt.

Zur Erinnerung: Formel (3.2) erhält man, indem man $v = \frac{s}{t}$ nach s auflöst.

b) Diese Aufgabe ähnelt Aufgabe 1) in Kap. 3. Der Schlüssel zur Lösung liegt hier in der Zeit, die Cuzco in den einzelnen Streckenabschnitten benötigt. Wir nutzen die Formel $t = \frac{s}{v}$, die man erhält, indem man die „Standardformel" $v = \frac{s}{t}$ nach t umstellt (siehe (3.3)). Cuzcos Gehzeiten auf dem ersten, zweiten und dritten Streckenabschnitt bezeichnen wir mit t_1, t_2 und t_3. Im Folgenden bezeichnet s die Länge der Gesamtstrecke, so dass die einzelnen Streckenabschnitte die Länge $\frac{s}{3}$ besitzen. Die gesamte Wanderzeit t beträgt

$$t = t_1 + t_2 + t_3 = \frac{\frac{s}{3}}{v_1} + \frac{\frac{s}{3}}{v_2} + \frac{\frac{s}{3}}{v_3} = \frac{s}{3}\left(\frac{1}{v_1} + \frac{1}{v_2} + \frac{1}{v_3}\right)$$

$$= \frac{s}{3}\left(\frac{1}{2\,\frac{\text{km}}{\text{h}}} + \frac{1}{5\,\frac{\text{km}}{\text{h}}} + \frac{1}{3\,\frac{\text{km}}{\text{h}}}\right) = s\left(\frac{1}{3\cdot2} + \frac{1}{3\cdot5} + \frac{1}{3\cdot3}\right)\frac{1}{\frac{\text{km}}{\text{h}}}$$

$$= s\left(\frac{15 + 6 + 10}{90}\right)\frac{1}{\frac{\text{km}}{\text{h}}} = s\left(\frac{31}{90}\right)\frac{1}{\frac{\text{km}}{\text{h}}} \tag{33.2}$$

Für Cuzcos Durchschnittsgeschwindigkeit gilt der Zusammenhang $t = \frac{s}{v} = s\frac{1}{v}$. Der letzte Term in (33.2) besitzt die Form $s\frac{1}{v}$. Durch eine elementare Umformung erhält man einen Doppelbruch

$$\frac{1}{v} = \left(\frac{31}{90}\right)\frac{1}{\frac{\text{km}}{\text{h}}} = \left(\frac{1}{\frac{90}{31}}\right)\frac{1}{\frac{\text{km}}{\text{h}}} = \left(\frac{1}{\frac{90}{31}\,\frac{\text{km}}{\text{h}}}\right) \tag{33.3}$$

Daher beträgt Cuzcos Durchschnittsgeschwindigkeit $v = \frac{90}{31}\,\frac{\text{km}}{\text{h}} \approx 2{,}90\,\frac{\text{km}}{\text{h}}$. Anmerkung: Die Durchschnittsgeschwindigkeit v hängt nicht von der Länge s des Wanderwegs ab.

c) Es bezeichnet s die Strecke, die die Wanderer zurücklegen, bis der Radfahrer die Spitze der Wanderergruppe erreicht hat und t die hierfür benötigte Zeit. Die

Länge der Gruppe beträgt $s_W = 30$ m. Der Radfahrer hat in der Zeit die Strecke $s + s_W$ zurückgelegt. Daraus ergeben sich die Gleichungen

$$s = v_W t \quad \text{(Wanderer)} \quad \text{und} \quad s + s_G = v_R t \quad \text{(Radfahrer)} \tag{33.4}$$

Setzt man die erste Gleichung von (33.4) in die zweite ein und löst nach t auf, erhält man

$$v_W t + s_G = v_R t \quad \text{und} \quad s_G = (v_R - v_W)t \quad \text{und} \quad t = \frac{s_G}{v_R - v_W} \tag{33.5}$$

Setzt man die Zahlenwerte in die rechte Gleichung von (33.5) ein, erhält man

$$t = \frac{30\,\text{m}}{(12-5)\,\frac{\text{km}}{\text{h}}} = \frac{30\,\text{m}}{7\frac{1000}{3600}\,\frac{\text{m}}{\text{sec}}} = \frac{30 \cdot 3600\,\text{sec}}{7 \cdot 1000} = \frac{108}{7}\,\text{sec} \approx 15{,}43\,\text{sec}$$
$$\tag{33.6}$$

Setzt man $t = \frac{108}{7}$ sec in die linke Gleichung in (33.4) ein, erhält man die Strecke, die die Wanderer in dieser Zeit zurückgelegt haben.

$$s = 5\,\frac{\text{km}}{\text{h}} \cdot \frac{108}{7}\,\text{sec} = \frac{5 \cdot 108 \cdot 1000}{7 \cdot 3600}\,\frac{\text{m} \cdot \text{sec}}{\text{sec}} = \frac{150}{7}\,\text{m} \approx 21{,}43\,\text{m} \tag{33.7}$$

d) Wir beginnen mit einigen Definitionen. Es bezeichnen $s_{1(G)}$ die Strecke, die Gerald im ersten Teil des Rennens zurücklegt, und $s_{2(G)}$ bezeichnet die Länge seines zweiten Streckenabschnitts. Die Terme $s_{1(C)}$ und $s_{2(C)}$ sind analog definiert und bezeichnen die Länge von Celias erstem und zweiten Streckenabschnitt. Ebenso bezeichnen $v_{1(G)}$ und $v_{2(G)}$ die Geschwindigkeiten von Gerald auf dem ersten bzw. zweiten Streckenabschnitt, während $v_{1(C)}$ und $v_{2(C)}$ die entsprechenden Geschwindigkeiten von Celia bezeichnen. Schließlich sind t_1 und t_2 die Fahrzeiten für den ersten bzw. für den zweiten Streckenabschnitt. Wir nutzen den Zusammenhang $s = vt$ und erhalten die beiden folgenden Gleichungen

$$s_{1(C)} = v_{1(C)}t_1 = 0{,}8 \cdot v_{1(G)}t_1 = 0{,}8 \cdot s_{1(G)}\,, \tag{33.8}$$
$$s_{2(C)} = v_{2(C)}t_2 = 1{,}4 \cdot v_{2(G)}t_2 = 1{,}4 \cdot s_{2(G)}\,, \tag{33.9}$$

Zur Zeit $t_1 + t_2$ haben Gerald und Celia die gleiche Strecke zurückgelegt, woraus das erste Gleichheitszeichen in (33.10) folgt. Das Einsetzen der rechten Seiten von (33.8) und (33.9) ergibt

$$s_{1(G)} + s_{2(G)} = s_{1(C)} + s_{2(C)} = 0{,}8 \cdot s_{1(G)} + 1{,}4 \cdot s_{2(G)}\,, \quad \text{also} \tag{33.10}$$
$$\left(0{,}2 \cdot s_{1(G)} = 0{,}4 \cdot s_{2(G)}\right) \Longleftrightarrow \left(s_{1(G)} = 2 \cdot s_{2(G)}\right)\,, \tag{33.11}$$

Somit ist $s_{1(G)} = 14\,\text{km}$ und $s_{2(G)} = 7\,\text{km}$. Also holt Celia Gerald nach insgesamt $14 + 7 = 21\,\text{km}$ ein.

Es folgen zwei Aufgaben zur ebenen Geometrie, die in Kap. 4 und 5 behandelt wurde.

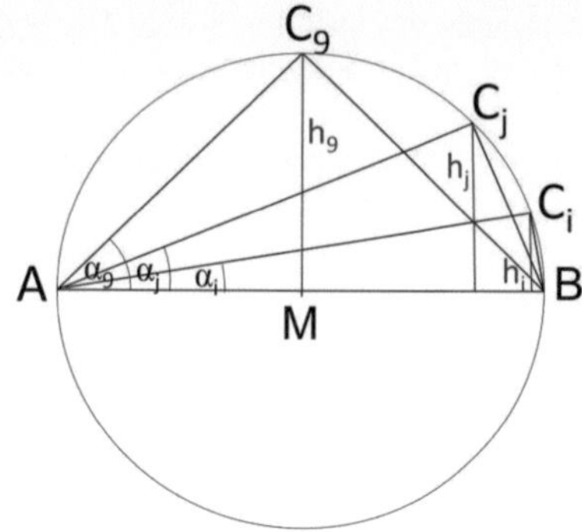

Abb. 33.1 Rechtwinklige Dreiecke $D_1, \ldots, D_9$ auf dem Thaleskreis mit den Höhen $h_1 \le h_i < h_j \le h_9$. Für $i < j$ ist $F(D_i) < F(D_j)$

e) Der Schlüssel zur Lösung ist die Flächenberechnungsformel für Parallelogramme. Für die Fläche des Parallelogramms gilt (vgl. Kap. 5, Aufgabe d))

$$F = ah_a \quad \text{und} \quad F = bh_b \tag{33.12}$$

Setzt man die rechten Seiten gleich und löst nach h_b auf, erhält man

$$h_b = \frac{ah_a}{b} = \frac{4 \cdot 2}{3} = \frac{8}{3} = 2{,}67 \tag{33.13}$$

f) Die Menge $L = \{5°, 10°, \ldots, 85°\} = \{1 \cdot 5°, 2 \cdot 5°, \ldots, 17 \cdot 5°\}$ enthält die Winkel α von allen Dreiecken, die Colin gezeichnet hat. Aus der zweiten Darstellung der Menge L sieht man sofort, dass Colin 17 Dreiecke gezeichnet hat. Wir bezeichnen diese Dreiecke mit $D_1, \ldots, D_{17}$. Das Dreieck D_j besitzt die Winkel $(\alpha_j = j \cdot 5°, \beta_j = 90° - j \cdot 5°, \gamma = 90°)$. Also ist $\alpha_1 = \beta_{17}$ und $\alpha_{17} = \beta_1$. Aus dem Kongruenzsatz WSW (wobei S der Hypotenuse c entspricht) folgt, dass D_1 und D_{17} kongruent sind und somit auch den gleichen Flächeninhalt besitzen. Ebenso sind die Dreiecke D_2 und $D_{16}, \ldots, D_8$ und D_{10} kongruent. Daher können die Dreiecke $D_1, \ldots, D_{17}$ höchstens 9 unterschiedliche Flächeninhalte annehmen. Im letzten Schritt zeigen wir, dass für die Flächen $F(D_1) < F(D_2) < \cdots < F(D_9)$ gilt. Weil bei allen Dreiecken die Hypotenuse 5 cm beträgt, genügt es $h_1 < h_2 < \cdots < h_9$ zu zeigen, wobei h_j die Höhe auf der Hypotenuse im Dreieck D_j bezeichnet. Wir können annehmen, dass die Hypotenuse $\overline{AB}$ für alle Dreiecke identisch ist. Dann liegen alle dritten Ecken $(C_1, \ldots, C_9)$ auf dem Kreis mit dem Durchmesser $\overline{AB}$ (Satz des Thales). Für $1 \le i < j \le 9$ ist $\alpha_i < \alpha_j$, und der Punkt C_i liegt auf dem Kreisbogen zwischen C_j und B, und das ist ein Teil des Kreisbogens zwischen C_9 und B. Abb. 33.1 illustriert den Sachverhalt. Daher ist $h_i < h_j$, und insbesondere ist $F(D_i) < F(D_j)$. Damit ist gezeigt, dass 9 unterschiedliche Flächeninhalte auftreten.

Die drei nächsten Aufgaben befassen sich mit binomischen Formeln. Während Aufgabe g) „Standard" ist, gehören die Aufgaben h) und i) zu den schwierigeren Aufgaben dieses Kapitels. Dagegen sollten die Aufgaben j) und k) zum Euklidischen

Algorithmus von allen Kursteilnehmern gelöst werden können, da hier nur gerechnet wird. Die Aufgaben g)–k) erfordern Techniken aus den Kap. 10, 8 und 9.

g) Ausmultiplizieren, Zusammenfassen und Ausklammern führen zu

$$(2x + 4)(x + 2) + 6 = 2x^2 + 4x + 4x + 8 + 6 = 2\left(x^2 + 4x + 7\right)$$
$$= 2\left((x + 2)^2 + 3\right) \tag{33.14}$$

Also nimmt der Term $(2x + 4)(x + 2) + 6$ für $x = -2$ sein Minimum an. Das Minimum ist $2((-2 + 2)^2 + 3) = 6$.

h) Diese Aufgabe entspricht den Aufgaben j) und k) in Kap. 10. Der einzige Unterschied besteht darin, dass hier $n, m \in \mathbb{Z}$ anstatt $n, m \in \mathbb{N}$ gilt, wodurch sich weitere Lösungspaare ergeben. Wie in Kap. 10 faktorisiert man zunächst mit Hilfe der 3. binomischen Formel die linke Seite.

$$n^2 - m^2 = (n + m)(n - m) = 71 \tag{33.15}$$

Da m und n ganze Zahlen sind, sind auch $n + m, n - m \in \mathbb{Z}$. Da 71 eine Primzahl ist, besitzt sie nur zwei positive Teiler: 1 und 71. Außerdem ist 71 auch durch die negativen Zahlen -1 und -71 teilbar. Tab. 33.1 listet alle Fälle auf, die auftreten können. Wir gehen nacheinander alle 4 Fälle durch.
Fall 1: Aus $n - m = 1$ folgt durch Auflösen $n = m + 1$. Ersetzt man in der ersten Gleichung n durch $m + 1$, erhält man $n + m = m + 1 + m = 2m + 1 = 71$. Dies ergibt $m = 35$ und $n = 35 + 1 = 36$. Also ist $(n, m) = (36, 35)$ das erste Lösungspaar. In den Fällen 2 bis 4 gehen wir genauso vor.
Fall 2: Es ist $n - m = 71$, d. h. $n = m + 71$. Einsetzen ergibt $n + m = m + 71 + m = 2m + 71 = 1$. Daraus erhält man $m = -35$ und $n = -35 + 71 = 36$. Also ist $(n, m) = (36, -35)$ das zweite Lösungspaar.
Fall 3: Es ist $n - m = -1$, d. h. $n = m - 1$. Einsetzen ergibt $n + m = m - 1 + m = 2m - 1 = -71$. Daraus erhält man $m = -35$ und $n = -35 - 1 = -36$. Also ist $(n, m) = (-36, -35)$ das dritte Lösungspaar.
Fall 4: Es ist $n - m = -71$, d. h. $n = m - 71$. Einsetzen ergibt $n + m = m - 71 + m = 2m - 71 = -1$. Daraus erhält man $m = 35$ und $n = 35 - 71 = -36$. Also ist $(n, m) = (-36, 35)$ das vierte Lösungspaar.
Alternativer Lösungsweg: Diese Aufgabe erlaubt auch eine elegantere Lösung, die ohne Fallunterscheidungen auskommt. Dazu betrachten wir die etwas allgemeinere Ausgangsgleichung $n^2 - m^2 = b$ für $b \in \mathbb{Z}$. Die Variablen n und m treten nur in zweiter Potenz auf. Ist also (n_0, m_0) ein Lösungspaar, dann auch

Tab. 33.1 Aufgabe h): Die Spalten geben mögliche Wertepaare für die Terme $n + m$ und $n - m$ an

	Fall 1	Fall 2	Fall 3	Fall 4
$n + m$	71	1	-71	-1
$n - m$	1	71	-1	-71

$(|n_0|, |m_0|)$. Mit anderen Worten: Zu jedem ganzzahligen Lösungspaar gibt es auch ein Lösungspaar mit nichtnegativen Zahlen. Mit derselben Überlegung kann man den nichtnegativen Zahlen beliebige Vorzeichen voranstellen und erhält so weitere Lösungspaare. Daher genügt es, die Ausgangsgleichung zunächst für $n, m \in \mathbb{N}_0$ zu lösen. Für diese Aufgabe bedeutet dies, dass man die Lösungspaare für die Fälle 2 bis 4 ohne weitere Rechnungen aus dem Lösungspaar $(36, 35)$ für Fall 1 herleiten kann. Dieses Vorgehen ist für beliebiges $b \in \mathbb{Z}$ möglich.

Beispiel: Lässt man in Kap. 10, Aufgabe k), ganzzahlige n und m zu, erhält man auf diese Weise aus den beiden Lösungspaaren $(48, 47)$ und $(12, 7)$ insgesamt acht Lösungspaare.

i) Wir beweisen zunächst die Behauptung aus dem Tipp. Es ist

$$(n + 1)^2 = n^2 + 2n + 1 < n^2 + 2n + 8 \quad \text{für alle } n \in \mathbb{N} \quad \text{und} \tag{33.16}$$
$$\big((n + 2)^2 = n^2 + 4n + 4 > n^2 + 2n + 8\big) \iff (2n > 4) \iff (n > 2) \tag{33.17}$$

Mit (33.16) und (33.17) haben wir also gezeigt, dass die folgende Ungleichung gilt.

$$(n + 1)^2 < n^2 + 2n + 8 < (n + 2)^2 \quad \text{für alle } n \in \mathbb{N};\ n > 2 \tag{33.18}$$

Die Zahlen $(n + 1)^2$ und $(n + 2)^2$ sind aufeinanderfolgende Quadratzahlen. Daher kann $n^2 + 2n + 8$ für $n > 2$ keine Quadratzahl sein. Es bleibt noch, die beiden Sonderfälle $n = 1$ und $n = 2$ zu untersuchen. Setzt man $n = 1$ ein, erhält man $1^2 + 2 \cdot 1 + 8 = 11$, was keine Quadratzahl ist. Für $n = 2$ ist $2^2 + 2 \cdot 2 + 8 = 16 = 4^2$.

Zusammengefasst: Der Term $n^2 + 2n + 8$ ergibt nur für $n = 2$ eine Quadratzahl.

j) Wie üblich, vertauschen wir zunächst die beiden Zahlen, damit die größere Zahl (hier: 101 175) vorne steht, weil dies einen Rechenschritt spart.

$$101\,175 = 2 \cdot 36\,920 + 27\,335, \qquad 36\,920 = 1 \cdot 27\,335 + 9585 \tag{33.19}$$
$$27\,335 = 2 \cdot 9585 + 8165, \qquad 9585 = 1 \cdot 8165 + 1420 \tag{33.20}$$
$$8165 = 5 \cdot 1420 + 1065, \qquad 1420 = 1 \cdot 1065 + 355 \tag{33.21}$$
$$1065 = 3 \cdot 355, \qquad \text{also ggT}(36\,920, 101\,175) = 355 \tag{33.22}$$

k) Der gesuchte Hauptnenner ist kgV$(199\,008, 259\,125)$. Hierfür verwenden wir die Gl. (9.4) bzw. (25.25). Im ersten Schritt berechnen wir ggT$(199\,008, 259\,125)$ mit dem Euklidischen Algorithmus.

$$259\,125 = 1 \cdot 199\,008 + 60\,117, \qquad 199\,008 = 3 \cdot 60\,117 + 18\,657 \tag{33.23}$$
$$60\,117 = 3 \cdot 18\,657 + 4146, \qquad 18\,657 = 4 \cdot 4146 + 2073 \tag{33.24}$$
$$4146 = 2 \cdot 2073, \tag{33.25}$$
$$\text{also ggT}(199\,008, 259\,125) = 2073 \tag{33.26}$$

Einsetzen von (33.26) in (25.25) (mit $x = 199\,008$ und $y = 259\,125$) ergibt

$$\mathrm{kgV}(199\,008, 259\,125) = \frac{199\,008 \cdot 259\,125}{2073} = 24\,876\,000 \qquad (33.27)$$

Im letzten Schritt berechnet man hieraus die Differenz der beiden Stammbrüche.

$$\frac{1}{199\,008} - \frac{1}{259\,125} = \frac{125 - 96}{24\,876\,000} = \frac{29}{24\,876\,000} \qquad (33.28)$$

Es folgen sechs Aufgaben zum Schubfachprinzip, dem Eulerschen Polyedersatz und zur Kombinatorik. Damit werden die Kap. 2, 15, 16, 6 und 7 abgedeckt.

l) (i) Hier kommt das Schubfachprinzip zur Anwendung. Die Schubfächer sind die zwölf Monate. In die Klasse gehen $11 + 14 = 25$ Kinder. Die Behauptung folgt aus der verallgemeinerten Version des Schubfachprinzips mit $n = 12$ und $k = 2$.

(ii) Jetzt gehen nur noch $10 + 14 = 24$ Kinder in Guntrams Klasse. Die Aussage (i) ist im Allgemeinen nicht mehr richtig. Es könnten nämlich in jedem Monat genau 2 Kinder Geburtstag haben.

m) Es bezeichne M die maximale Eckenanzahl aller Seitenflächen. Es sei F eine Seitenfläche mit maximaler Eckenanzahl (möglicherweise gibt es mehrere). Dann hat F auch M Kanten, und es grenzen M andere Seitenflächen an F an. Jede dieser angrenzenden M Seitenflächen besitzt zwischen 3 und M Ecken. Aus dem Schubfachprinzip ($M - 2$ Schubfächer, M Kugeln) folgt, dass darunter zwei Seitenflächen mit gleicher Eckenzahl sind.

n) Einsetzen in die Eulersche Polyederformel ergibt

$$f + 24 - 36 = 2 \qquad (33.29)$$

woraus unmittelbar $f = 2 + 12 = 14$ folgt.

Anmerkung: Solche beschränkten konvexen Polyeder gibt es tatsächlich. Ein Beispiel ist ein Oktaederstumpf.

o) Es ist $4 + 5 - 7 = 2$, d. h. das Tripel $(4, 5, 7)$ erfüllt die Gl. (15.1). Wir nehmen an, dass V ein beschränkter konvexer Polyeder mit 4 Flächen, 5 Ecken und 7 Kanten ist und führen dies zum Widerspruch. Da an jeder Polyederkante zwei Seitenflächen zusammentreffen, besitzen die 4 Seitenflächen von V zusammen $2 \cdot 7 = 14$ Kanten. Nach dem Schubfachprinzip gibt es eine Seitenfläche F_1, die mindestens 4 Kanten und ebenso viele Ecken besitzt.

Da V ein Polyeder ist, muss an jede Seite von F_1 eine Seitenfläche des Polyeders angrenzen. Dann müsste der Polyeder aber mindestens 5 Seitenflächen besitzen. Das ist der gewünschte Widerspruch. Es gibt also keinen beschränkten konvexen Polyeder mit 4 Flächen, 5 Ecken und 7 Kanten.

p) Für die Kreise, Quadrate, Rechtecke und Herzen stehen auf dem Spielbrett jeweils vier Positionen zur Verfügung. Es gibt $4! = 24$ Möglichkeiten die Quadrate zu platzieren. Dasselbe gilt für die Kreise, Sechsecke und Herzen. Da die Permutationen der unterschiedlichen geometrischen Figuren unabhängig gewählt werden können, gibt es $(4!)^4 = 24^4 = 331\,776$ Muster.

Anmerkung: Den zweiten Teil der Lösung kann man mit dem Urnenmodell „Ziehen mit Zurücklegen" beschreiben. In der Urne liegen 24 Kugeln, die mit Permutationen der Farben weiß, gelb, grün und blau beschriftet sind. Man zieht nacheinander (mit Zurücklegen) die Positionen der vier unterschiedlichen geometrischen Figuren, Kreis, Quadrat, Sechseck und Herz. (Es muss natürlich vorher festgelegt werden, wie die Permutationen der einzelnen geometrischen Figuren auf die Vertiefungen verteilt werden sollen. Beispielsweise kann man das Spielbrett zeilenweise von links oben nach rechts unten nach passenden Vertiefungen durchgehen.)

Die Lösung der Zusatzaufgabe geht analog. Zu beachten ist lediglich, dass es nur $\frac{4!}{2! \cdot 2!} = 6$ Möglichkeiten gibt, die Quadrate (Kreise, Sechsecke, Herzen) zu platzieren. Daher gibt es hier insgesamt nur $6^4 = 1296$ Muster.

q) Die Teilaufgaben (i)–(iv) werden schrittweise schwieriger.

(i) Gesucht ist die Anzahl der 5-elementigen Teilmengen einer 11-elementigen Menge. Aus Kap. 7 wissen wir bereits, dass dies

$$\binom{11}{5} = \frac{11!}{(11-5)! \cdot 5!} = 462 \tag{33.30}$$

sind. Es gibt also 462 Möglichkeiten.

(ii) Es gibt zwei Arten von 5-elementigen Teilmengen, die diese Anforderungen erfüllen: Entweder sind Thomas und Ina in der 5-elementigen Teilmenge enthalten, oder sie sind es beide nicht. In ersten Fall können von den übrigen 9 Klubmitgliedern noch drei weitere mitfahren, im zweiten Fall sind es sogar fünf. Beide Fälle beschreiben unterschiedliche Teilmengen. Daher erhält man die gesuchte Anzahl an Möglichkeiten, indem man beide Einzelanzahlen addiert.

$$\binom{9}{3} + \binom{9}{5} = \frac{9!}{(9-3)! \cdot 3!} + \frac{9!}{(9-5)! \cdot 5!} = 84 + 126 = 210 \tag{33.31}$$

Es gibt also 210 Möglichkeiten.

(iii) Von der Gesamtanzahl der Möglichkeiten aus Teilaufgabe (i) ziehen wir die Anzahl derjenigen 5-elementigen Teilmengen ab, die nicht zulässig sind, d. h. diejenigen, die sowohl Peter und Paul (und drei weitere Klubmitglieder) enthalten. Daraus folgt

$$462 - \binom{9}{3} = 462 - \frac{9!}{(9-3)! \cdot 3!} = 462 - 84 = 378 \tag{33.32}$$

Es gibt also 378 Möglichkeiten.

Anmerkung: Es gibt unterschiedliche Möglichkeiten, diese Teilaufgabe zu lösen. Beispielsweise könnte man die drei Fälle (nur Peter fährt mit, nur Paul fährt mit, beide fahren nicht mit) getrennt betrachten und die errechneten Anzahlen addieren. Die Musterlösung ist aber kürzer.

(iv) Wir nutzen Teilaufgabe (ii). Von den beiden Binomialkoeffizienten ziehen wir die Anzahl derjenigen Teilmengen ab, die zwar die Bedingung aus Teilaufgabe (ii) erfüllen, aber nicht die aus Teilaufgabe (iii), weil Peter und Paul mitfahren.

$$\binom{9}{3} - \binom{7}{1} + \binom{9}{5} - \binom{7}{3} = 84 - 7 + 126 - 35 = 168 \tag{33.33}$$

Es gibt also 168 Möglichkeiten.

Aufgabe r) ist eine „Rätselaufgabe". Dort wird schrittweise eine lineare Gleichung in einer Variablen aufgestellt. Es folgen fünf Aufgaben zur Modulo-Rechnung. Damit wiederholen die Schüler Stoff, den sie in den Kap. 14, 11 und 12 gelernt haben. Aufgabe r) ist relativ einfach und sollte von allen Kursteilnehmern gelöst werden können.

r) Es bezeichnet x die Anzahl der Schokolinsen, die am Anfang in der Tüte waren. Wie in der Musterlösung von Aufgabe b) in Kap. 14 drücken zunächst die Anzahl der Schokolinsen, die am Ende der einzelnen Tage verbleiben, durch Terme in x aus.

$$x - \frac{1}{4}x = \frac{3}{4}\,x \qquad \text{Anz. Schokolinsen Samstagabend} \tag{33.34}$$

$$\frac{3}{4}x - \frac{1}{5} \cdot \frac{3}{4}x = \frac{3}{5}\,x \qquad \text{Anz. Schokolinsen Sonntagabend} \tag{33.35}$$

$$\frac{3}{5}x - \frac{1}{2} \cdot \frac{3}{5}x = \frac{3}{10}\,x \qquad \text{Anz. Schokolinsen Donnerstagabend} \tag{33.36}$$

$$\frac{3}{10}x = 24 \qquad \text{Anz. Schokolinsen für Schwester} \tag{33.37}$$

Aus (33.37) folgt durch Umformen, dass zu Beginn $x = \frac{10}{3} \cdot 24 = 80$ Schokolinsen in der Tüte waren. Also hat Fridolin $80 - 24 = 56$ Schokolinsen selbst gegessen.

s) In dieser Aufgabe finden nacheinander die Teilbarkeitsregeln für die Zahlen 9, 5, 7, 3 und 11 Anwendung, die die Schüler aus Kap. 11 kennen.

(i) Es ist

$$z_1 = 123\,456\,789\,123\,456\,789 \equiv 1 + 2 + \cdots + 9 + 1 + \cdots + 9 \equiv 90 \equiv 0 \bmod 9 \tag{33.38}$$

Mit anderen Worten: z_1 ist ohne Rest durch 9 teilbar.

(ii) Die Zahl z_2 ist nicht durch 5 teilbar, weil die Einerziffer $\neq 0,5$ ist.
(iii) Es ist

$$z_3 = 23\,465\,874 \equiv 23 - 465 + 874 \equiv 432 \equiv 5 \bmod 7 \tag{33.39}$$

Die Zahl z_3 hat also den 7er-Rest 5.
(iv) Es ist

$$z_4 = 222 \ldots 222 \equiv 2 + \cdots + 2 \equiv 2025 \cdot 2 \equiv 4050 \equiv 9 \equiv 0 \bmod 3 \tag{33.40}$$

Die Zahl z_4 ist also ohne Rest durch 3 teilbar.
(v) Aus der Teilbarkeitsregel für die Zahl 11 folgt

$$z_5 = 1246b89 \equiv 9 - 8 + b - 6 + 4 - 2 + 1 \equiv b - 2 \bmod 11 \tag{33.41}$$

Aus (33.41) folgt, dass z_5 nur für $b = 2$ ohne Rest durch 11 teilbar ist.

t) Es liegt auf der Hand, dass zur Lösung dieser Aufgabe Teilbarkeitsregeln nützlich sind. Wir unterscheiden mehrere Fälle.

(i) $t \in \{2, 4, 6, 8, 10, 12\}$: Alle ganzzahligen Vielfachen einer geraden Zahl t sind gerade. Oder formaler:

$$mt \equiv m \cdot 0 \equiv 0 \bmod 2 \quad \text{für alle } m \in \mathbb{Z} \tag{33.42}$$

Eine ungerade Zahl n kann also nicht durch t teilbar sein. Etienne gewinnt, indem er in seinem ersten Zug die Einerziffer mit der Ziffer 3 (oder einer anderen ungeraden Ziffer) belegt.

(ii) $t = 5$: Aus Kap. 11, Aufgabe m) wissen wir, dass n genau dann durch 5 teilbar ist, wenn die Einerziffer 0 oder 5 ist. Also gewinnt Etienne, indem er in seinem ersten Zug die Einerziffer mit der Ziffer 3 belegt.

(iii) $t = 9$: Wir wissen aus Kap. 11, Aufgabe k), dass n genau dann durch 9 teilbar ist, wenn ihre Quersumme durch 9 teilbar ist. Angenommen, nach insgesamt 5 Zügen beträgt die Summe aller 5 Ziffern s. Dann fügt Franka in das letzte freie Feld die Ziffer u ein, falls $s + u$ ein Vielfaches von 9 ist. Da das immer möglich ist, kann Franka den Gewinn erzwingen.

(iv) $t = 3$: Wir wissen aus Kap. 11, Aufgabe l), dass n genau dann durch 3 teilbar ist, wenn ihre Quersumme durch 3 teilbar ist. Mit der gleichen Strategie wie für $t = 9$ kann Franka den Gewinn erzwingen.

(v) $t = 11$: Vorüberlegung: Angenommen, es ist $n = (aabbcc)_{10}$ die Dezimaldarstellung von n. Wir wissen aus Kap. 11, Aufgabe p), dass

$$n \equiv -a + a - b + b - c + c \equiv 0 \bmod 11 \tag{33.43}$$

ist. Diese Beobachtung liefert die Gewinnstrategie für Franka. Franka teilt die Positionen $0, 1, \ldots, 5$ in drei Zifferngruppen ein, wobei die Position 0 der Einerziffer entspricht. Die Zifferngruppen sind: $\{0, 1\}$, $\{2, 3\}$ und $\{4, 5\}$. Wenn Etienne an einer Position die Ziffer u einträgt, macht Franka an der anderen Position dieser Zifferngruppe dasselbe. Damit stellt Franka sicher, dass n von der Form $n = (aabbcc)_{10}$ ist. Auf diese Weise kann Franka den Gewinn erzwingen.

(vi) $t = 7$: Angenommen, es ist $n = (abcabc)_{10}$ die Dezimaldarstellung von n. Wir wissen aus Kap. 11, Aufgabe q), dass

$$n \equiv -(abc)_{10} + (abc)_{10} \equiv 0 \bmod 7 \tag{33.44}$$

Diese Beobachtung liefert die Gewinnstrategie für Franka. Wie für $t = 11$ teilt Franka die Positionen $0, 1, \ldots, 5$ in drei Gruppen ein. Für $t = 7$ lauten die Gruppen $\{0, 3\}$, $\{1, 4\}$ und $\{2, 5\}$. Wenn Etienne an einer Position die Ziffer u einträgt, macht Franka an der anderen Position dieser Gruppe dasselbe. Damit stellt Franka sicher, dass n von der Form $n = (abcabc)_{10}$ ist. Auf diese Weise kann Franka den Gewinn erzwingen.

Tab. 33.2 fasst die Erkenntnisse zusammen.

Anmerkung: Diese Aufgabe ist eine vereinfachte Version einer Aufgabe aus dem Bundeswettbewerb Mathematik 1980 (Runde 1, Aufgabe 1); (Specht et al. 2020) [76]. Dort waren allerdings alle Teiler ≤ 20 zu berücksichtigen. Die Fälle $t = 17$ und $t = 19$ sind deutlich schwieriger. Allerdings spricht der Bundeswettbewerb primär Oberstufenschüler an.

u) In dieser Aufgabe führen quadratische Reste zur Lösung. Mit den Rechenregeln für die Modulo-Rechnung, der Teilbarkeitsregel für die Zahl 3 (Quersummenregel angewandt auf 2010 und 2009; vgl. Kap. 11, Aufgabe l)) und wegen $-2 \equiv 1 \bmod 3$ erhält man

$$2010x^2 - 2009y^2 \equiv 0 \cdot x^2 - 2 \cdot y^2 \equiv 1 \cdot y^2 \equiv y^2 \equiv 50 \equiv 2 \bmod 3 \,. \tag{33.45}$$

Aus Kap. 12, Aufgabe b), wissen wir bereits, dass die Kongruenz $y^2 \equiv 2 \bmod 3$ keine Lösung besitzt, weil 2 kein quadratischer Rest modulo 3 ist. Damit ist die Aufgabe bewiesen.

Anmerkung: (i) Der Wahl eines geeigneten Moduls m (hier: $m = 3$) kommt entscheidende Bedeutung zu. In solchen Aufgaben bietet es sich an, einen Modul m auszuprobieren, für den ein Term verschwindet, d. h. dessen m-Rest 0 ist. Neben $m = 3$ kommt auch $m = 7$ in Betracht, da $2009 \equiv 0 \bmod m$ ist. Allerdings führt $m = 7$ hier nicht zum Ziel, weil $2010x^2 \equiv x^2 \equiv 50 \equiv 1 \bmod 7$ zu keinem Widerspruch führt. Es ist nämlich $\mathrm{QR}_7 = \{0, 1, 2, 4\}$.

(ii) Aufgabe u) entspricht Aufgabe 491331 in (Mathematik-Olympiaden e. V. 1996–2025) [44], die in der Landesrunde der 49. Mathematik-Olympiade in den Klassenstufen 12 und 13 gestellt wurde. Die Verwendung der Modulo-Rechnung vereinfacht die Musterlösung aus [44].

v) In Kap. 12 haben wir mit Hilfe quadratischer Reste (zu geeignet gewählten Moduli) gezeigt, dass bestimmte natürliche Zahlen keine Quadratzahlen sein können. Wir passen die Beweisidee an diese Aufgabenstellung an. Dazu definieren wir analog zu QR_m die Menge der kubischen Reste

$$\mathrm{KR}_m = \{r \in \mathbb{Z}_m \mid \text{ es existiert ein } y \in \mathbb{Z} \text{ mit } y^3 \equiv r \bmod m\} \qquad (33.46)$$

(Zur Definition von QR_m vergleiche man auch Kap. 12, Definition 12.1 u. Kap. 28, Anmerkung nach Musterlösung von Aufgabe a).) Es ist $z^3 \equiv (z + km)^3 \bmod m$ für alle $z, k \in \mathbb{Z}$. Damit kann man (wie in Kap. 12 die Beschreibung von QR_m) auch die Beschreibung der Menge KR_m vereinfachen. Es gilt

$$\mathrm{KR}_m = \{r \in \mathbb{Z}_m \mid \text{ es existiert ein } y \in \mathbb{Z}_m \text{ mit } y^3 \equiv r \bmod m\} \qquad (33.47)$$

Um KR_9 zu berechnen, genügt es also, die 9er-Reste der Kubikzahlen 0^3, $1^3, \dots,$ 8^3 zu berechnen. Auf diese Weise erhält man

$$\mathrm{KR}_9 = \{0, 1, 8\} \qquad (33.48)$$

Wäre $z = k^3$ für ein $k \in \mathbb{N}$, müsste $z \equiv j \bmod 9$ für ein $j \in \mathrm{KR}_9$ sein. Aus der Teilbarkeitsregel für die Zahl 9 (Quersummenregel) folgt aber $z \equiv 1 + 2025 \cdot 2 + 3 = 4054 \equiv 4 \bmod 9$. Damit ist bewiesen, dass z keine Kubikzahl sein kann.

w) Für $n \in \mathbb{N}$ bezeichnet $z_n = 44\dots41$ die Zahl, die mit $2n - 1$ Ziffern 4 beginnt und mit einer 1 endet. Wir folgen dem Tipp und berechnen zunächst den Elferrest von z_n. Hierzu verwenden wir die Teilbarkeitsregel für die Zahl 11, die die Schüler aus Kap. 11, Aufgabe p) (alter MaRT-Fall) selbst bewiesen haben. Da z_n aus einer geraden Anzahl von Ziffern besteht, erhält die höchstwertige Ziffer 4 ein negatives Vorzeichen. Also ist

$$\begin{aligned} z_n &\equiv -4 + 4 - 4 + 4 - \dots - +4 - 4 + 1 \equiv 0 + 0 + \dots + 0 - 4 + 1 \\ &\equiv -3 \equiv 8 \bmod 11 \end{aligned} \qquad (33.49)$$

Wie in Kap. 12 berechnen wir die quadratischen Reste modulo 11. Hierfür genügt es, $0^2 \bmod 11, \dots, 5^2 \bmod 11$ zu berechnen; vgl. (12.6) und die nachfolgenden Erläuterungen in Kap. 12. Es ist $0^2 \equiv 0 \bmod 11$, $1^2 \equiv 1 \bmod 11$, $2^2 \equiv 4 \bmod 11$, $3^2 \equiv 9 \bmod 11$, $4^2 \equiv 7 \bmod 11$ und $5^2 \equiv 3 \bmod 11$. Also ist $\mathrm{QR}_{11} = \{0, 1, 3, 4, 7, 9\}$. Daher ist 8 kein quadratischer Rest modulo 11. Das bedeutet, dass z_n für kein $n \in \mathbb{N}$ eine Quadratzahl ist.

Anmerkung: Abgesehen von dem Tipp entspricht Aufgabe w) einer Aufgabe des Bundeswettbewerbs Mathematik 2024 (Runde 1, Aufgabe 2).

Didaktische Anregung Aufgabe u) entspricht einer Oberstufenaufgabe aus der Mathematik-Olympiade, während die Aufgaben t) und w) zwei Aufgaben des Bundeswettbewerbs Mathematik entsprechen, wenn man einmal davon absieht, dass

Tab. 33.2 Übersicht zum Spiel aus Aufgabe t). „Gewinn" bedeutet, dass der Spieler bei bestem Spiel den Gewinn erzwingen kann. „E" steht für Etinenne und „F" für Franka

Teiler	2	3	4	5	6	7	8	9	10	11	12
Gewinn	E	F	E	E	E	F	E	F	E	F	E

Aufgabe t) vereinfacht wurde und Aufgabe w) ein Tipp hinzugefügt wurde. Das macht die Lösung der Aufgaben t) und w) natürlich deutlich einfacher. Dabei sollte aber nicht vergessen werden, dass der Bundeswettbewerb Mathematik vor allem Oberstufenschüler anspricht. Es darf die Unterstufenschüler durchaus stolz machen, dass sie schon mathematische Techniken kennen, um solche Aufgaben selbst lösen zu können. Hierauf sollte der Kursleiter hinweisen.

Den Abschluss bilden drei Aufgaben zu Stellenwertsystemen, womit schließlich auch Kap. 13 abgedeckt ist. Nach einigen schwierigen Aufgaben zur Modulo-Rechnung sind diese Aufgaben eher einfach.

x) Wie in Kap. 29 erhält man die 3-adische Darstellung von 842 durch schrittweises Dividieren mit Rest. Es bezeichnen $b_0, b_1, \ldots$ die Ziffern der 3-adischen Darstellung.

$$842 = 3 \cdot 280 + 2, \quad \text{also } b_0 = 2, \quad 280 = 3 \cdot 93 + 1, \quad \text{also } b_1 = 1 \quad (33.50)$$

$$93 = 3 \cdot 31 + 0, \quad \text{also } b_2 = 0, \quad 31 = 3 \cdot 10 + 1, \quad \text{also } b_3 = 1 \quad (33.51)$$

$$10 = 3 \cdot 3 + 1, \quad \text{also } b_4 = 1, \quad 3 = 3 \cdot 1 + 0, \quad \text{also } b_5 = 0 \quad (33.52)$$

$$1 = 0 \cdot 3 + 1, \quad \text{also } b_6 = 1, \quad \text{insgesamt: } 842 = (1011012)_3 \quad (33.53)$$

y) Zur Erinnerung: Für die Basis g ist $n = (1 \ldots 1)_g$ (k Einsen) gleichwertig zu

$$n = g^{k-1} + g^{k-2} + \cdots + g + 1 \qquad (33.54)$$

Im 10er-System ist $g = 10$, und daher ist n ungerade. Also kann n kein Vielfaches von 6 sein. Die Teilaufgabe (i) besitzt also keine Lösung.

(ii): Wir stellen zunächst fest, dass für alle $t \geq 1$ die Kongruenz $7^t \equiv 1^t \equiv 1 \bmod 6$ gilt. Für $n = (1 \ldots 1)_7$ (k Einsen) folgt daraus

$$n = 7^{k-1} + 7^{k-2} + \cdots + 7^1 + 1 \equiv 1 + 1 + \cdots + 1 + 1 \equiv k \bmod 6 \quad (33.55)$$

Also ist $n = (1 \ldots 1)_7$ genau dann durch 6 teilbar, wenn k ein Vielfaches von 6 ist. Teilaufgabe (ii) besitzt also sogar unendlich viele Lösungen. Die kleinste Lösung ist $n = 7^5 + 7^4 + 7^3 + 7^2 + 7^1 + 1 = 19\,608$.

Anmerkung: Die zweitkleinste Lösung ist $n_2 = 7^{11} + 7^{10} + \cdots + 7 + 1 = 2\,306\,881\,200$.

z) Es sei $z = (z_5, \ldots, z_0)_2$ die Binärdarstellung der natürlichen Zahl $z \in \{1, \ldots, 63\}$. (Für $z < 32$ sind eine oder mehrere führende Binärziffern 0.) Oder anders ausgedrückt:

$$z = z_5 \cdot 2^5 + z_4 \cdot 2^4 + z_3 \cdot 2^3 + z_2 \cdot 2^2 + z_1 \cdot 2^1 + z_0 \cdot 1 \qquad (33.56)$$

Ist $z_i = 1$, legt Andrea das 2^i g-Gewicht auf die Schale, andernfalls nicht. Roman hat Recht. Mit den Gewichten 1 g, 2 g, 4 g, 8 g, 16 g und 32 g kann man jede ganze Grammanzahl zwischen 1 g und 63 g exakt wiegen.

Mathematische Ziele und Ausblicke

Kap. 17 dient der Wiederholung und Vertiefung. Neuer Stoff wird nicht eingeführt.

Literatur

1. acatech & Joachim Herz Stiftung (2024). MINT Nachwuchsbarometer 2024. München. https://www.joachim-herz-stiftung.de/storys/mint-nachwuchsbarometer-2024 Aufgerufen am 28.09.2025.
2. Amann, F. (1993). Mathematik im Wettbewerb. Beispiele aus der Praxis. Stuttgart: Klett.
3. Amann, F. (2017). Mathematikaufgaben zur Binnendifferenzierung und Begabtenförderung. 300 Beispiele aus der Sekundarstufe I. Wiesbaden: Springer Spektrum.
4. Andrews, L., Faulhaber, A., Hell, B., Jainta, P., Streib, C. (2023). Aufgaben und Lösungen der Fürther Mathematik-Olympiade 2017–2022. Für Begabtenförderung, AGs und zur Vorbereitung auf Wettbewerbe. Springer Spektrum 2023.
5. Ballik, T. (2012). Mathematik-Olympiade. Brunn am Gebirge: Ikon.
6. Bardy, T. & Bardy, P. (2020). Mathematisch begabte Kinder und Jugendliche. Theorie und (Förder-)Praxis. Berlin: Springer Spektrum.
7. Bauersfeld, H. & Kießwetter, K. (Hrsg.) (2006). Wie fördert man mathematisch besonders befähigte Kinder? – Ein Buch aus der Praxis für die Praxis. Offenburg: Mildenberger.
8. Behrends, E. (2013). 5 Minuten Mathematik (3. Aufl.). Wiesbaden: Springer Spektrum.
9. Beutelspacher, A. (2020). Null, unendlich und die wilde 13. Die wichtigsten Zahlen und ihre Geschichten (2. Aufl.). München: Beck.
10. Beutelspacher, A. & Wagner, M. (2010). Wie man durch eine Postkarte steigt … und andere mathematische Experimente (2. Aufl.). Freiburg im Breisgau: Herder.
11. Brater, J. (2023). Mathe Magic. Spannendes und Kurioses aus der Welt der Zahlen (2. Aufl.). München: Yes Publishing.
12. Bruder, R., Hefendehl-Hebeker, L., Schmidt-Thieme, B., Weigand, H.-G. (Hrsg.) (2015). Handbuch der Mathematikdidaktik. Berlin: Springer Spektrum.
13. Bundeswettbewerb Mathematik. https://www.mathe-wettbewerbe.de/bundeswettbewerb-mathematik Aufgerufen am 28.09.2025.
14. Crilly, T. (2009). 50 Schlüsselideen Mathematik. Heidelberg: Springer Spektrum.
15. Dangerfield, J., Davis, H., Farndon, J., Griffith, J., Jackson, J., Patel, M. & Pope, S. (2020). Big Ideas. Das Mathematik – Buch. München: Dorling Kindersley.
16. Devendran, T. (1990). Das Beste aus dem Mathematischen Kabinett. Stuttgart: Deutsche Verlags-Anstalt.
17. https://www.mathematik.de/schuelerwettbewerbe Webseite der Deutschen Mathematiker-Vereinigung. Aufgerufen am 28.09.2025.
18. Düll, S. (2024). Mehr Mut zur Leistung. In: Die Politische Meinung 24/II, Nr. 585, S. 39–43. Osnabrück: Fromm + Rasch GmbH&Co.KG. Sankt Augustin
19. Engel, A. (1998). Problem-Solving Strategies. New York: Springer.

© Der/die Herausgeber bzw. der/die Autor(en), exklusiv lizenziert an Springer Fachmedien Wiesbaden GmbH, ein Teil von Springer Nature 2026
S. Schindler-Tschirner und W. Schindler, *Mathematische Geschichten für begabte Schülerinnen und Schüler in der Unterstufe,*
https://doi.org/10.1007/978-3-658-50396-3

20. Enzensberger, H. M. (2018). Der Zahlenteufel. Ein Kopfkissenbuch für alle, die Angst vor der Mathematik haben (3. Aufl.). München: dtv.

21. Fritzlar, T., Rodeck, K. & Käpnick, F. (Hrsg.) (2006). Mathe für kleine Asse. Empfehlungen zur Förderung mathematisch begabter Schülerinnen und Schüler im 5. und 6. Schuljahr. Berlin: Cornelsen.

22. Glaeser, G. (2014). Geometrie und ihre Anwendungen in Kunst, Natur und Technik (3. Aufl.). Wiesbaden: Springer Spektrum.

23. Glaeser, G., Polthier, K. (2014). Bilder der Mathematik (2. Aufl.). Berlin: Springer Spektrum.

24. Gritzmann, P., Brandenberg, R. (2005). Das Geheimnis des kürzesten Weges. Ein mathematisches Abenteuer. (3. Aufl.). Berlin: Springer.

25. Haftendorn, D., (2019). Mathematik sehen und verstehen. Werkzeuge des Denkens und Schlüssel zur Welt. (3. Aufl.). Berlin: Springer Spektrum.

26. Halmos, P. (1985). I Want to Be a Mathematician: An Automathography. Berlin: Springer.

27. Hartkens, J. (2018). Mathematische Reflexion als Standpunktwechsel und Argumentation. In: Mathematische Reflexion in argumentativ geprägten Unterrichtsgesprächen. Dortmunder Beiträge zur Entwicklung und Erforschung des Mathematikunterrichts, Band 29. Wiesbaden: Springer Spektrum.

28. Herrmann, D. (2024). Die antike Mathematik. Geschichte der Mathematik in Alt-Griechenland und im Hellenismus (3. Aufl.). Wiesbaden: Springer Spektrum.

29. Institut für Mathematik der Johannes-Gutenberg-Universität Mainz, Monoid-Redaktion (Hrsg.) (1981–2026). Monoid – Mathematikblatt für Mitdenker. Mainz: Institut für Mathematik der Johannes-Gutenberg-Universität Mainz, Monoid-Redaktion.

30. Jainta, P., Andrews, L., Faulhaber, A., Hell, B., Rinsdorf & E., Streib, C. (2018). Mathe ist noch mehr. Aufgaben und Lösungen der Fürther Mathematik-Olympiade 2012–2017. Wiesbaden: Springer Spektrum.

31. Jainta, P. & Andrews, L. (2020). Mathe ist noch viel mehr. Aufgaben und Lösungen der Fürther Mathematik-Olympiade 1992–1999. Berlin: Springer Spektrum.

32. Jainta, P. & Andrews, L. (2020). Mathe ist wirklich noch viel mehr. Aufgaben und Lösungen der Fürther Mathematik-Olympiade 1999–2006. Berlin: Springer Spektrum.

33. Joder, K. (2023). Mathematische Hochbegabung – die zehn erfolgreichsten Motivationskiller und wie man sie vermeidet. In: S. Schiemann (Hrsg.): Interesse für Mathematik wecken – Talente fördern (Kap. 5, S. 73–93). Berlin, Springer.

34. Käpnick, F. (2014). Mathematiklernen in der Grundschule. Wiesbaden: Springer Spektrum.

35. Käpnick, F. & österreichisches Zentrum für Begabtenförderung und Begabungsforschung (Hrsg.) (2024). Wege in der Begabungsförderung im Fach Mathematik. Begabungsförderliche Methoden im Mathematikunterricht (2. überarbeitete und ergänzte Auflage). Pädagogische Hochschule Salzburg Stefan Zweig.

36. Krutetskii, V. A. (1976). The Psychology of Mathematical Abilities in Schoolchildren (Englische übersetzung aus dem Russischen). Chicago: Chicago Press.

37. Leiken, R., Koichu, B. & Berman, A. (2009). Mathematical giftedness as a quality of problem solving acts. In Leiken, R. et al. (Hrsg.). Creativity in mathematics and the education of gifted students (S. 115–227). Rotterdam, Boston, Taipei: Sense Publishers.

38. Leppmeier, M. (2019). Mathematische Begabungsförderung am Gymnasium. Konzepte für Unterricht und Schulentwicklung. Wiesbaden: Springer Spektrum.

39. Löh, C., Krauss, S. & Kilbertus, N. (Hrsg.) (2019). Quod erat knobelandum. Themen, Aufgaben und Lösungen des Schülerzirkels Mathematik der Universität Regensburg (2. Aufl.). Berlin: Springer Spektrum.

40. Loyd, S. & Gardner M. (1979). Noch mehr mathematische Rätsel und Spiele (dt. Erstausgabe). Köln: DuMont Buchverlag.

41. Ludwig, M., Filler, A. & Lambert, A. (2015). Geometrie zwischen Grundbegriffen und Grundvorstellungen. Jubiläumsband des Arbeitskreises Geometrie in der Gesellschaft für Didaktik der Mathematik. Springer Spektrum: Wiesbaden.

42. Mania, H. (2018). Gauß: Eine Biographie (4. Aufl.). Reinbek: Rohwohlt Taschenbuch Verlag.

43. Mason, J., Burton, L., Stacey, K. (2012): Mathematisch denken – Mathematik ist keine Hexerei (6. Aufl.). München: Oldenbourg-Verlag.

44. Mathematik-Olympiaden e.V. Rostock (Hrsg.) (1996–2016). Die 35. Mathematik-Olympiade 1995/1996 – die 55. Mathematik-Olympiade 2015/2016. Glinde: Hereus.

45. Mathematik-Olympiaden e.V. Rostock (Hrsg.) (2017–2025). Die 56. Mathematik-Olympiade 2016/2017 – die 64. Mathematik-Olympiade 2024/2025. Adiant Druck, Rostock.

46. Mathematik-Olympiaden e.V. Rostock (Hrsg.). (2013). Die Mathematik-Olympiade in der Grundschule. Aufgaben und Lösungen 2005–2013 (2. Aufl.). Hamburg: Hereus.

47. Meier, F. (Hrsg.) (2003). Mathe ist cool! Junior. Eine Sammlung mathematischer Probleme. Berlin: Cornelsen.

48. Menzer, H. & Althöfer, I. (2014). Zahlentheorie und Zahlenspiele: Sieben ausgewählte Themenstellungen (2. Aufl.). München: De Gruyter Oldenbourg.

49. Miceli, N. (Hrsg.) (2023). Praxisbuch Begabungsfördernde Schulentwicklung. Weinheim, Basel: Beltz.

50. MINT Zukunft schaffen! (MINT Zukunft e. V.). https://mintzukunftschaffen.de Aufgerufen am 28.09.2025.

51. Noack, M, Unger, A., Geretschläger, R. & Stocker, H. (Hrsg.) (2014). Mathe mit dem Känguru 4. Die schönsten Aufgaben von 2012 bis 2014. München: Hanser.

52. Oswald, F. (2002). Begabtenförderung in der Schule. Entwicklung einer begabtenfreundlichen Schule. Wien: Facultas Universitätsverlag.

53. Padberg, F. & Benz C. (2011). Didaktik der Arithmetik – für Lehrerausbildung und Lehrerfortbildung. Wiesbaden: Springer Spektrum.

54. Plath, S. (1997). Briefe nach Hause. Herausgegeben von Aurelia Schober Plath. Frankfurt am Main: S. Fischer.

55. Pólya, G. (1979). Vom Lösen mathematischer Aufgaben. Einsicht und Entdeckung, Lernen und Lehren (2. Aufl.). Basel: Springer.

56. Rott, D. & Laudenberg, B. (Hrsg.). (2024). MINT-Begabungen fördern mit fiktionaler Literatur. Münster: Waxmann.

57. Rybakow, J., Astrina, M. & Jaskina, N. (2023). Mathematik. Die Geschichte der Ideen und Entdeckungen (2. Aufl.). Jacobi & Stuart: Berlin.

58. Samrowski, T. S. (2022). Matherätsel (nicht nur) für Begabte der Klassen 4 bis 6. Erst wiegen, dann wägen, dann wagen! (2. Aufl.). Berlin, Heidelberg: Springer Spektrum.

59. Scheid, H. & Schwarz, W. (2017): Grundlagen der ebenen euklidischen Geometrie. In: Scheid, H. & Schwarz, W. (2017) Elemente der Geometrie (5. Aufl.). Springer Spektrum: Berlin.

60. Schiemann, S. (geb. Wichtmann) (Hrsg.) (2009). Talentförderung Mathematik: ein Tagungsband anlässlich des 25-jährigen Jubiläums der Schülerförderung. Münster: LIT Verlag.

61. Schiemann, S. (Hrsg.) (2023). Interesse für Mathematik wecken – Talente fördern. Berlin, Springer.

62. Schiemann, St. & Wöstenfeld, R. (2017). Die Mathe-Wichtel. Band 1. Humorvolle Aufgaben mit Lösungen für mathematisches Entdecken ab der Grundschule (2. Aufl.). Wiesbaden: Springer Spektrum.

63. Schiemann, St. & Wöstenfeld, R. (2018). Die Mathe-Wichtel. Band 2. Humorvolle Aufgaben mit Lösungen für mathematisches Entdecken ab der Grundschule (2. Aufl.). Wiesbaden: Springer Spektrum.

64. Schindler-Tschirner, S. & Schindler, W. (2025). Mathematische Geschichten für begabte Grundschülerinnen und Grundschüler – Graphen, Spiele, Teiler und Beweise (2. Auflage). Wiesbaden: Springer Spektrum.

65. Schindler-Tschirner, S. & Schindler, W. (2021a). Mathematische Geschichten III – Eulerscher Polyedersatz, Schubfachprinzip und Beweise. Für begabte Schülerinnen und Schüler in der Unterstufe. Wiesbaden: Springer Spektrum.

66. Schindler-Tschirner, S. & Schindler, W. (2021b). Mathematische Geschichten IV – Euklidischer Algorithmus, Modulo-Rechnung und Beweise. Für begabte Schülerinnen und Schüler in der Unterstufe. Wiesbaden: Springer Spektrum.

67. Schindler-Tschirner, S. & Schindler, W. (2022a). Mathematische Geschichten V – Binome, Ungleichungen und Beweise. Für begabte Schülerinnen und Schüler in der Mittelstufe. Wiesbaden: Springer Spektrum.

68. Schindler-Tschirner, S. & Schindler, W. (2022b). Mathematische Geschichten VI – Kombinatorik, Polynome und Beweise. Für begabte Schülerinnen und Schüler in der Mittelstufe. Wiesbaden: Springer Spektrum.

69. Schindler-Tschirner, S. & Schindler, W. (2023). Mathematische Geschichten VII – Extremwerte, Modulo und Beweise. Für begabte Schülerinnen und Schüler in der Oberstufe. Wiesbaden: Springer Spektrum.

70. Schindler-Tschirner, S. & Schindler, W. (2024). Mathematische Geschichten VIII – Stochastik, trigonometrische Funktionen und Beweise. Für begabte Schülerinnen und Schüler in der Oberstufe. Wiesbaden: Springer Spektrum.

71. Schweizer Mathematik-Olympiade (SMO). https://mathematical.olympiad.ch Aufgerufen am 28.09.2025.

72. Schwippert, K., Kasper, D., Köller, O., McElvany, N., Selter, C., Steffensky, M. & Wendt, H. (Hrsg.) (2020). TIMSS 2019. Mathematische und naturwissenschaftliche Kompetenzen von Grundschulkindern in Deutschland im internationalen Vergleich. Münster: Waymann.

73. Schülerduden Mathematik I – Das Fachlexikon von A-Z für die 5. bis 10. Klasse (2011) (9. Aufl.). Mannheim: Dudenverlag.

74. Singh, S. (2001). Fermats letzter Satz. Eine abenteuerliche Geschichte eines mathematischen Rätsels (6. Aufl.). München: dtv.

75. Specht, E. & Stricht, R. (2009). Geometria – scientiae atlantis 1. 440+ mathematische Probleme mit Lösungen (2. Aufl.). Halberstadt: Koch-Druck.

76. Specht, E. , Quaisser, E. & Bauermann, P. (Hrsg.) (2020). 50 Jahre Bundeswettbewerb Mathematik. Die schönsten Aufgaben. Berlin: Springer Spektrum

77. Strick, H. K. (2017). Mathematik ist schön: Anregungen zum Anschauen und Erforschen für Menschen zwischen 9 und 99 Jahren. Heidelberg: Springer Spektrum.

78. Strick, H. K. (2018). Mathematik ist wunderschön: Noch mehr Anregungen zum Anschauen und Erforschen für Menschen zwischen 9 und 99 Jahren. Berlin: Springer Spektrum.

79. Strick, H.K. (2020). Mathematik ist wunderwunderschön. Berlin: Springer Spektrum.

80. Strick, H.K. (2020). Mathematik – einfach genial! Bemerkenswerte Ideen und Geschichten von Pythagoras bis Cantor. Berlin: Springer Spektrum.

81. Strick, H.K. (2023). Geschichten aus der Mathematik: Indien, China und das europäische Erwachen. Berlin: Springer.

82. Strick, H.K. (2024). Verkannt, verfemt, vergessen. Geschichten aus der europäischen Mathematik der Neuzeit. Berlin: Springer.

83. Strick, H.K. (2025). Mathematische Rätsel, Knobelaufgaben und Spiele. 101 Herausforderungen aus Arithmetik, Geometrie und Stochastik. Berlin: Springer.

84. Stewart, I. (2020). Größen der Mathematik. 25 Denker, die Geschichte schrieben (2. Aufl.). Reinbek: Rowohlt Verlag GmbH.

85. Ulm, V. & Zehnder, M. (2020). Mathematische Begabung in der Sekundarstufe. Modellierung, Diagnostik, Förderung. Berlin: Springer Spektrum.

86. Unger, A., Noack, M., Geretschläger, R., Akveld, M. (Hrsg.) (2020). Mathe mit dem Känguru 5. 25 Jahre Känguru-Wettbewerb: Die interessantesten und schönsten Aufgaben von 2015 bis 2019. München: Hanser.

87. Unger, A., Noack, M., Geretschläger, R., Akveld, M. (Hrsg.) (2024). Mathe mit dem Känguru 6: Die schönsten Aufgaben von 2020 bis 2024. München: Hanser.

88. Verein Fürther Mathematik-Olympiade e. V. (Hrsg.) (2013). Mathe ist mehr. Aufgaben aus der Fürther Mathematik-Olympiade 2007–2012. Hallbergmoos: Aulis.

89. Weigand, H.-G., Filler, A., Hölzl, R., Kuntze, S., Ludwig, M., Roth, J., Schmidt-Thieme, B. & Wittmann, G. (2018). Didaktik der Geometrie für die Sekundarstufe I (3. Aufl.). Springer Spektrum: Berlin.

90. Weitz, E., & Stephan, H. (2022). Gesichter der Mathematik: 111 Porträts und biographische Miniaturen. Berlin, Heidelberg: Springer.

91. Zehnder, M. (2022). Mathematische Begabung in den Jahrgangsstufen 9 und 10. Ein theoretischer und empirischer Beitrag zur Modellierung und Diagnostik. Wiesbaden: Springer Spektrum.
92. https://www.math.uni-bremen.de/didaktik/ma/ralbers/Materialien/PlatKoerper/index.html Visualisierung der platonischen Körper. Webseite der Universität Bremen. Aufgerufen am 28.09.2025.

Sachverzeichnis